U0378893

国家自然科学基金青年基金资助项目

张量数据补全理论与方法

赵永梅　拓明福　编著

西安电子科技大学出版社

内 容 简 介

本书主要介绍张量补全理论与方法以及其在数据缺失问题中的应用，内容包括向量、矩阵分解和张量分解等数据补全中的基本运算以及数据补全的基本方法。全书共9章，探讨了数据缺失机制；重点介绍了基于张量核范数、张量截断核范数以及 p 范数的低秩张量补全模型，并探讨了块状坐标下降法和交替方向乘子法的求解过程及精度差异；阐述了 WLRTC-TTNN 方法在处理航空发动机传感器数据和交通数据集方面的应用，验证了其较传统模型具有更高的重构精度和补全效果这一结论；讨论了 NWLRTC 算法在处理实际交通数据时的性能及未来研究方向；描述了 LLATC 方法在交通速度预测上的应用，并对比了补全数据与原始数据的预测精度；验证了多源数据补全单源数据的优势，以及张量表示和截断核范数在数据融合上的高效性。

本书可供数据分析、机器学习等数据相关领域的研究人员、工程师以及研究生参考阅读。

图书在版编目(CIP)数据

张量数据补全理论与方法 / 赵永梅，拓明福编著. -- 西安 ：西安电子科技大学出版社，2024.8. -- ISBN 978-7-5606-7328-8

Ⅰ. O183.2

中国国家版本馆 CIP 数据核字第 2024W1J515 号

策　　划　李惠萍
责任编辑　于文平
出版发行　西安电子科技大学出版社(西安市太白南路2号)
电　　话　(029)88202421　88201467　　邮　　编　710071
网　　址　www.xduph.com　　　　电子邮箱　xdupfxb001@163.com
经　　销　新华书店
印刷单位　咸阳华盛印务有限责任公司
版　　次　2024年8月第1版　2024年8月第1次印刷
开　　本　787毫米×1092毫米　1/16　印张　9.25
字　　数　208千字
定　　价　25.00元
ISBN 978-7-5606-7328-8

XDUP 7629001-1

本书编委会成员

赵永梅　空军工程大学副教授
拓明福　空军工程大学副教授
高凤银　空军工程大学副教授
张红梅　空军工程大学教授
武江南　上海大学博士研究生
张　晗　空军工程大学讲师
张晓丰　空军工程大学副教授

Preface 前　言

2020 年 4 月 9 日，中共中央、国务院《关于构建更加完善的要素市场化配置体制机制的意见》对外公布，其中把数据与土地、劳动力、资本、技术并列为生产要素，凸显了数据这一新型、数字化生产要素的重要性。作为“信息时代的石油”，数据已成为国家基础性战略资源，已快速融入生产、分配、流通、消费和社会服务管理等各环节，深刻改变着人们的生产方式、生活方式和社会治理方式。从某种意义上讲，谁能下好数据这个先手棋，谁就能在未来的竞争中占据优势、掌握主动。

通过数据，可以更好地了解用户，根据用户喜好进行推荐和定制；可以进行预测，提前布局和规划；可以不断改进和更新工具，不断创新产品和服务；可以更加精准地分析、规避、防范风险；等等。我们生活在一个由数据驱动的社会，其中数据不再局限于传统的二维表格，结构更复杂的数据(如张量)正变得日益普遍。然而，实际应用中噪声污染、传感器故障、存储设备损坏等往往会导致数据的大量缺失，需要进行补全处理。张量数据通常具有高维、多态等特性，加之缺失机制不同，因此缺失数据补全的难度较大。这使得全面理解和掌握张量补全技术变得尤为重要。

我们力图将张量补全理论的严谨性与技术的实用性相结合，从基础的张量概念出发，深入研究各种补全技术，并探讨这些方法的多种优化形式和应用背景。而这一切的出发点，都是为了解决实际应用中遇到的数据不完整性的难题。从机器学习、计算神经科学到社交网络分析，张量数据无处不在，比传统矩阵具有更丰富的表征能力。但是目前很少有系统介绍张量补全理论与进展的书籍，因此，我们将这方面的相关研究成果整理成书出版，希望能够为这一领域的研究者和实践者提供帮助。

本书向数据科学、机器学习等相关领域的研究人员、工程师以及大学高年级学生系统全面地介绍张量数据补全理论与方法。书中探讨了张量补全的数学基础，包括数据补全的代数结构与矩阵分解、常见的基本运算，并介绍了数据补全方法；重点介绍了低秩张量补全的算法，包括基于张量核范数和奇异值分解的低秩张量补全、p-shrinkage 范数张量数据补全方法，以及张量补全与预测、添加辅助信息的多源数据补全方法。

笔者期待本书能在激发读者对张量补全领域的研究热情，促进新算法和理论的探索与发展方面起到一点作用。对于从事多维数据分析工作的技术人员来说，希望本书能够助其一臂之力，解决实践中遇到的数据恢复问题。随着数据科学的不断进步，希望本书能够作为该领域内一个重要的参考和实践指南，带领读者进一步探索高维数据的奥秘。

本书的第 1 章由张红梅、张晗负责编写，第 2、3 章由高凤银负责编写，第 4 章由拓明福负责编写，第 5、6 章由武江南负责编写，第 7、8、9 章由赵永梅负责编写。全书由赵永梅统稿、定稿，张晓丰校对。

由于写作水平及时间所限，书中不妥之处在所难免，敬请广大读者批评指正。

作者

2024 年 2 月

CONTENTS 目　录

第1章

绪　论

大数据时代的来临，改变着人类的生产、生活方式，人们利用大数据赋能产业智能化发展，成为信息社会进入智能化阶段的关键要素。然而，无论是机械原因，还是人为原因，数据缺失难以完全避免，并已经成为影响数据质量的一大原因。缺失数据可能携带该数据对象的重要信息，缺失的数据量过大还会严重降低数据的质量与可信度。但是若直接利用算法分析不完整数据，不仅会增大建模难度和分析过程的复杂度，还会导致分析结果出现错误。如何有效处理缺失数据已成为数据分析亟待解决的关键问题，而探究缺失值的成因对于理解以及解决数据缺失问题有着积极作用。

1.1 数据补全的背景与意义

互联网、物联网、人工智能产业的深入发展催生了数据的爆炸式增长，无论是政府、企业还是个人都对大数据的概念和应用充满热情。习近平总书记在十九届中共中央政治局第二次集体学习时的重要讲话中指出："大数据是信息化发展的新阶段"，并作出了"推动大数据技术产业创新发展""构建以数据为关键要素的数字经济""运用大数据提升国家治理现代化水平""运用大数据促进保障和改善民生""切实保障国家数据安全"的战略部署，为我国构筑大数据时代国家综合竞争新优势指明了方向。

狄更斯在《双城记》中写道："这是一个最好的时代，也是一个最坏的时代。"这句话用以形容大数据的发展现状再贴切不过。一方面，海量数据的衍生价值能够促进人类文明的发展。从文明之初的"结绳记事"，到文字发明后的"文以载道"，再到近现代科学的"数据建模"，数据一直伴随着人类社会的发展变迁，承载了人类基于数据和信息认识世界的努力和取得的巨大进步。托马斯·斯特尔那斯·艾略特曾经提出DIKW(Data-to-Information-to-Knowledge-to-Wisdom)模型，阐述了由数据到智慧的演化进程，其将数据、信息、知识、智慧按自底向上的顺序纳入一个金字塔形的层次结构。该模型同时也展现了数据是如何一步步转化为信息、知识乃至智慧的方式。DIKW模型如图1-1所示。

数据位于该结构的底层，是信息的载体，是形成信息、知识与智慧的源泉；信息是有一定含义的、经过加工处理、对决策有价值的数据，信息＝数据＋处理，信息来源于数据又高于数据；知识是通过信息的使用，归纳、演绎的一个从定量到定性的抽象的、逻辑的有价值的信息沉淀；智慧是基于已有知识，根据获得的信息进行分析、对比、演绎，找到解决问题的方案地能力。

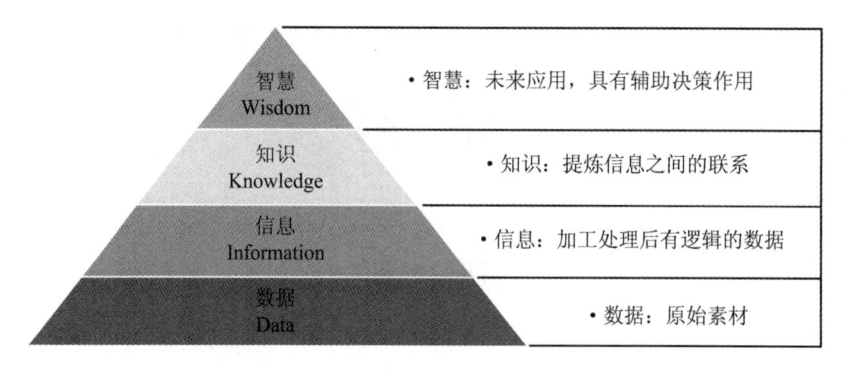

图 1-1 DIKW 模型

现实生活中采集的数据具有数据量大、类型繁多、价值密度低和处理速度快、时效性要求高等特点，人类传统的分析手段已经无法胜任大数据的挖掘工作。如何高效地利用海量数据并释放其衍生价值是目前面临的一项重要挑战。在此背景下，以机器学习、深度学习为代表的人工智能技术成为大数据挖掘和分析的重要手段，并且掀起了一场大规模的科技与产业革新。数据技术将与人工智能技术更紧密地结合在一起，并将具有理解、分析、发现数据和对数据做出决策的能力，从而能够从数据中获得更准确、更深入的知识，挖掘数据背后的价值，并产生新的知识。现如今，大数据与人工智能已经逐步惠及医学、金融、交通、通信等领域，在当今社会发挥着重要作用。

机器学习、深度学习是数据驱动的模型，基于完整的数据集才能发挥模型本身的价值。机器学习模型的性能很大程度上取决于训练数据的质量。当存在大量缺失数据时，若重新进行数据收集，则花费昂贵且耗时，而利用有效的数据补全方法能有效节省资源。补全缺失的数据有助于算法更准确地进行模式识别、预测等分析工作，在做出基于数据的决策时，完整的数据能够提供更全面的视角，提供更加可靠的决策策略。

然而，随着大数据的爆炸性增长，劣质数据也随之增多。例如，在社交推荐系统经典 Netflix 评分数据集中，已知评分项仅占约 1%，缺失数据为 99%。在美国的医疗信息系统中，存在高达 13.6%～81%的不完整或陈旧的关键数据，美国每年有 98 000 名患者死于由数据错误引发的医疗事故[1-2]。美国工业和零售业每年因错误和陈旧的数据造成了 6135 亿美元的损失。数据质量已成为影响行业智能化发展的重要因素，其中，数据缺失的处理是需要迫切解决的问题之一。

1.2 数据缺失原因及补全基本概念

1.2.1 数据缺失的原因

高质量的数据是推动人工智能发展的重要因素。然而，由于各种机器或人为因素的干扰，真实数据集中经常存在不同程度的数据缺失，以致出现数据质量下降等情况。数据缺失问题普遍存在于数据采集、录入、传输、存储及分析等环节。例如，某种产品的收益等数据具有滞后效应，造成信息暂时无法获取；数据因人为因素没有被记录、遗漏或丢失；数据采集设备故障及存储介质、传输媒体故障造成数据丢失；由于获取信息的代价太大造成某些对象属性值缺失等。数据值的缺失会造成数据挖掘建模时丢失大量的有用信息，这样表现出的不确定性会更加显著，模型中蕴涵的规律会更难把握，包含空值的数据会使建模过程陷入混乱，导致不可靠的输出。

以传感器网络为例，该场景下的数据缺失主要来自传感器与环境间的交互。例如，节点的硬件在日晒、风吹或雨淋等环境影响下易损坏，导致无法传回数据。节点携带的能量有限，其在能量消耗殆尽而未及时更换电池的情况下会导致部分数据丢失。节点的通信能力有限，其受障碍物、信号衰弱等影响，无法成功传输数据。节点的存储及处理能力有限，当其无法存储数据或及时运算时，会丢失部分数据[3]。

以社会调查为例，在调查统计过程中，要想得到一个完全有效的问卷是比较困难的，一是因为现代人员流动很大，常常会遇到被访者搬家或者不在家的情况，使得调查人员很难接触到被调查者；二是现代人对自己的隐私越来越重视，出于安全考虑会拒绝调查或者对调查不感兴趣；三是调查人员对数据处理不当，将不合逻辑的数据直接删除；四是数据的时效性没有得到重视，没有在规定的时间内采集数据。这些问题都会导致数据缺失。

在医疗领域，患者的医疗记录可能不完整，导致病史、药物使用历史或者过敏信息缺失，这可能是因为记录失误、信息转移过程中出现错误或患者未能提供完整信息。在金融领域，数据缺失可能发生在股市交易数据中，如某一天的交易数据因为技术故障而没有被记录。数据缺失已成为普遍存在的问题。

1.2.2 数据补全的基本概念

数据补全也称为数据插补，是一种数据预处理手段，指在数据集中补全缺失的或不完整的数据的过程。在现实世界中，由于各种原因(诸如数据被错误录入、数据存储设备被损坏或者数据收集时不完整)，收集的数据往往会有所缺失。数据补全的核心思想是以合理的方式填充数据集中缺失的部分。缺失值可能分散在数据集中的各个位置，在实际存储时，这些缺失值一般由“空格”“NaN”“NA”“?”等特殊符号或者“−1”等数值进行标记。

含有缺失值的数据集称为不完整数据集，假设 $X=\{\boldsymbol{x}_i \mid \boldsymbol{x}_i\in\mathbb{R}_s,\ i=1,\ 2,\ \cdots,\ n\}$ 表示样本数量为 n、属性数量为 s 的不完整数据集，其中第 i 个样本 $\boldsymbol{x}_i=[x_{i1},\ x_{i2},\ \cdots,\ x_{is}]^{\mathrm{T}}$ $(i=1,\ 2,\ \cdots,\ n)$。图 1-2 是数据集 X 的简单示意图，其中，第一行的元素 $A_i=(i=1,\ 2,\ \cdots,\ s)$ 表示第 i 个属性的名称。除这些元素外，图 1-2 中每一行代表 1 个样本，每一列代表一维属性，“?”表示缺失值，数值表示现有值。

A_1	A_2	A_3	A_i	…	A_s
23	?	76	?	90	0
45	55	68	90	45	66
?	12	88	98	?	32

图 1-2 数据集描述

从横向视角观察图 1-2 中的数据集，若样本在至少一个属性上存在缺失值，则称该样本为不完整样本；若样本在所有属性上均不存在缺失值，则称该样本为完整样本。根据样本内是否存在缺失值，不完整数据集 X 可划分为完整样本集合 X_{co} 和不完整样本集合 X_{in}。

其定义分别如式(1－1)和式(1－2)所示：

$$X_{co} = \{\boldsymbol{x}_i \mid \forall x_{ij} \neq ?,\ i = 1, 2, \cdots, n,\ j = 1, 2, \cdots, s\} \tag{1－1}$$

$$X_{in} = \{\boldsymbol{x}_i \mid \exists x_{ij} = ?,\ i = 1, 2, \cdots, n,\ j = 1, 2, \cdots, s\} \tag{1－2}$$

从纵向视角观察图1－2中的数据集，若某属性上存在至少一个缺失值，则称该属性为不完整属性，否则称该属性为完整属性。例如，属性 A_1 内存在1个缺失值，故 A_1 是不完整属性，而属性 A_3 内全部为现有值，故 A_3 是完整属性。

从单个元素的视角观察上述数据集，所有现有值构成了数据集的现有值集合 X_p，而所有缺失值构成了缺失值集合 X_m，定义如式(1－3)和式(1－4)所示：

$$X_p = \{x_{ij} \mid x_{ij} \neq ?,\ i = 1, 2, \cdots, n,\ j = 1, 2, \cdots, s\} \tag{1－3}$$

$$X_m = \{x_{ij} \mid x_{ij} = ?,\ i = 1, 2, \cdots, n,\ j = 1, 2, \cdots, s\} \tag{1－4}$$

缺失率是缺失值数量和属性值总数的比值。若 X 中存在 n_{miss} 个缺失值，则缺失率可表示为 $\frac{n_{miss}}{n \cdot s}$。缺失率可用于衡量数据集的不完整程度。缺失率越高，往往意味着数据的缺失情况越严重。

缺失值的存在增大了数据分析的难度，导致了分析结果的偏差。缺失值补全方法旨在为每个缺失值计算合理的补全值，并利用这些补全值替换数据集内的缺失值，由此生成与原始数据集规模一致的完整数据集。当所有缺失值被估算和替换后，可根据面向完整数据的分析方法对数据集展开后续研究。

假设样本 $\boldsymbol{x}_i$ 的第 j 维属性值 x_{ij} 为缺失值，则 x_{ij} 对应的补全值可表示为 $\hat{x}_{ij}$，补全后的样本可表示为 $\hat{X}_{in} = \{\hat{x}_{i1}, \cdots, \hat{x}_{ij}, \cdots, x_{is}\}$。所有不完整样本经补全后得到的样本构成集合 $\hat{X}_{in}$，定义如式(1－5)所示：

$$\hat{X}_{in} = \{\hat{\boldsymbol{x}}_i \mid \boldsymbol{x}_i \in X_{in}\} \tag{1－5}$$

原始完整样本集合 X_{co} 和补全后的样本集合 $\hat{X}_{in}$ 共同组成了补全数据集 $\hat{X}$。在数据集 $\hat{X}$ 中，所有补全值构成了如式(1-6)所示的补全值集合 $\hat{X}_m$：

$$\hat{X}_m = \{\hat{x}_{ij} \mid x_{ij} \in X_m\} \tag{1－6}$$

由缺失值补全方法最终得到了补全值集合 $\hat{X}_m$，用于替换数据集中的缺失值。由不同的缺失值补全方法所得的补全值集合 $\hat{X}_m$ 有所不同。理论上讲，补全值与缺失值的真实值应尽可能接近。然而，缺失值的真实取值无法获取。因此，实际应用时补全值的合理性往往体现在其能够使后续分析更加准确高效，并且使所得结果更加可靠。

1.3 数据补全的研究现状

从时间的角度出发，最早发展起来的数据补全方法基于数学模型，它的核心思想是运用数据内部的某种相关性(时间、空间)对缺失的数据进行补全。该方法发展得较早，应用领域也较为广泛。随着神经网络、机器学习、人工智能技术的出现，新的研究方法也不断出现。

关于缺失数据的补全问题已有大量的文献，国内熊中敏等人[4]与国外Li等人[5]都对数据的补全方法进行了全面的综述。在此将国内外所提出的数据补全方法分为三大类：基于向量的数据补全方法、基于矩阵的数据补全方法与基于张量的数据补全方法。

1.3.1 基于向量的数据补全方法

早期的数据补全方法是基于向量的方法。Chen等人[6]提出了基于线性/样条回归的补全方法；Ni等人[7]提出了历史(邻近)插补方法；Zhong等人[8]提出了自回归综合移动平均模型(Autoregressive Integrated Moving Average Model，ARIMA)。这些方法只能处理只有很少数据丢失的简单情况，因为矢量模式数据只能够覆盖一点的空间或时间信息。当数据的缺失程度增加或出现连续一段的缺失情况时，利用矢量的数据形式不能进行有效的插补。

在对矢量的补全方法研究中，有两种主要的方式可以提高插补性能。一种是利用现有的智能算法来覆盖空间信息。例如，状态空间神经网络(State Space Neural Network，SSNN)模型、最小二乘支持向量机(Least Squares Support Vector Machine，LS-SVM)模型，都是通过提取前后时间线的序列值相关性来进行插补的，但这些方法主要用于预测数据，很少关注插值，因此插补性能并没有得到明显的改善。另一种方法是通过提高维度来覆盖更多的时空相关性信息。

1.3.2 基于矩阵的数据补全方法

矩阵形式下的数据补全方法最早应用于推荐系统。Netflix公司作为世界上最大的在线影片租赁提供商，向全球超过670万用户提供了85 000多部DVD电影的租赁服务，而且能向顾客提供超过4000多部影片或者电视剧的在线观看服务。2006年10月，为了提高客户服务质量，Netflix公司设置了一个百万大奖比赛，希望能通过应用现有的数据挖掘、机器学习、计算机技术等方式来提高Cinematch系统的预测能力。为此，Netflix公司还公开了部分商业数据。Netflix公司的比赛本质上是对评分矩阵进行补全的问题。它将影片作为行信息，用户作为列信息，构建了一个大的评分矩阵，通过矩阵补全(Matrix Factorization，MF)的算法对没有评价的用户影片进行缺失值补全，然后根据评分大小进行影片推荐。

在Netflix大奖赛中，QP形式的矩阵补全模型被提出并应用于推荐系统的缺失值插补而大放异彩之后，研究者们发现采用矩阵形式对数据进行建模能涵盖比矢量建模更多的时间或空间信息，对于矢量不能够处理的缺失率或缺失情况，基于矩阵的方法能够在保证精度的同时从整个矩阵中估计缺失值从而完成插补。于是基于矩阵的插补方法开始在各个数据补全的领域被使用，其中最经典的是贝叶斯主成分分析(Bayesian Principal Component Analysis，BPCA)和概率主成分分析(Probabilistic Principal Component Analysis，PPCA)的缺失数据补全方法。实验表明基于矩阵的插补方法不仅利用了数据流的相关性统计信息，而且利用了周期性和局部可预测性，已被证明该方法比其他传统的数据插补方法更有效、精度更高，即使缺失率高于40%，也能够实现数据的高精度恢复，这是最早期的矩阵补全模型。在这项工作之后，Li等人[9]进行了进一步的研究，证明了对于基于矩阵的数据补全方法，使用空间和时间相关性可以显著降低误差。值得注意的是，在基于矩阵的方法中，已验证在补全过程中不需要严格的每日相似性假设。

Cai 等人[10]在矩阵上进行阈值迭代，提出了奇异值阈值(Singular Value Threshold，SVT)算法。该算法通过多次特征提取和迭代的方式提高了数据补全精度，是低秩问题的开篇性模型。在一般的矩阵奇异值计算中，选取硬阈值能获得较高的精度效果。基于奇异值阈值理论的截断核范数(Truncated Nuclear Norm，TNN)的矩阵补全模型比矩阵的核范数更为紧致，是矩阵低秩问题很好的替代。在此基础上，Schatten-$\{p, q\}$范数、p-shrinkage 范数被提出以更好地解决矩阵补全问题。p-shrinkage 范数不同于上述两种范数，通过类似加权惩罚的方式来保留数据特征，在每次迭代的过程中，能够通过参数的选取来保留所需要的奇异值特征。参照奇异值阈值分解理论的迭代方式，利用 p-shrinkage 范数建立了一种 p-SVT 算法。基于这些范数，学者们开展了多项应用研究以及约束条件优化，如将矩阵补全的方法引入航空发动机传感器数据的补全中。

基于矩阵的数据补全方法研究，学者们提出了不少方法，下面归纳出几种：

(1) 有学者提出了极化增量矩阵补全(Polarization Increment Matrix Completion，PIMC)的补全模型，该模型通过历史数据获得当前的数据特征表示，并用新增的数据不断更新子空间以跟踪并表示发动机的数据发展特征，通过实验验证获得了较好的恢复效果。

(2) 学者们也提出了时间正则化矩阵分解(Time Regularized Matrix Factorization，TRMF)模型，与以往模型不同的是，这是一个时间矩阵分解模型，它应用多重自回归(Autoregression，AR)过程来模拟潜在的时间因素，该模型通过动态模型施加时间平滑性。

(3) 也有学者提出了利用对称加权算法对矩阵补全模型进行优化，通过正则化的方法对低秩矩阵进行分解，获取矩阵因子后用共同的对称矩阵进行加权优化，从而建立了一种新的矩阵补全模型，实验表明该模型的精度效果和收敛性效果都得到了提升。

(4) 有学者提出了基于上限加权核范数的矩阵补全(Matrix Completion Method based on Capped Nuclear Norm，MC-CNN)模型。实验证明，它比核范数、Schatten-$\{p, q\}$范数、截断核范数更为紧致，可以看作截断核范数的优化，通过凸函数差分规划的方法来求解，解决了具有线性正则化项的矩阵补全问题。

(5) 有学者提出了贝叶斯时间矩阵分解(Bayesian Time Matrix Factorization，BTMF)模型，这是一种完全贝叶斯矩阵分解模型，它将向量自回归模型集成到潜在的时间因素中，通过灵活的 VAR 过程，加入了时间因子，在实验的插补任务中获得了优于其他矩阵分解模型(没有时间建模)的精度。

(6) 还有学者提出了一种改进的低秩矩阵补全(Local LRMC with Ensemble Learning，LLRMC-EN)模型，与传统的低秩矩阵补全模型进行对比，插补误差分别降低了8.32％～9.55％和 8.14％～9.20％。

为了适应不同的需求，非负矩阵分解(Non-negative Matrix Factorization，NMF)可在图像领域应用到人脸识别中，从而获得很高的精度效果，且 NMF 具有天然的稀疏性和非负性；在此基础上的基于子空间的局部非负矩阵(Local Non-Negative Matrix Factorization，LNMF)分解模型方法，主要运用于学习局部性的视觉模式。

总体而言，矩阵模型可以覆盖更多的时空相关性信息，并且现有的大多数数据都可以构建为矩阵模式，所以矩阵补全模型的改进一直是现有数据补全研究的热点问题。事实上，现在对矩阵的补全研究已经足够深入，补全精度最高的模型是低秩矩阵补全模型，而对于低秩矩阵补全模型的研究，存在的问题是：需要寻求最紧致的范数来替代矩阵核范数作为秩最小化问题的凸包络。

1.3.3 基于张量的数据补全方法

尽管基于矩阵的数据补全方法在缺失率较低时效果很好，但此方法不能充分利用空间相关性信息和时间相关性信息。

为了解决上述基于矩阵的方法的不足，可利用张量模式，通过保留数据的多向性和提取张量各模式中的潜在因素来组合和利用多模式相关性(传感器节点、时间相关性等)。基于张量的方法被证明是处理多特征数据的一种很好的分析工具。基于张量的缺失数据补全方法可以通过高阶分解捕捉数据的整体结构，张量计算是各种统计学习问题中一种强有力的技术。Kolda等人[11]对张量补全及其应用进行了非常全面的综述。在计算机科学中，张量计算技术被广泛应用于数据插补任务，如图像恢复和数据补全以及推荐系统。

以往的张量缺失数据补全方法主要可以归纳为两种类型：一种是使用没有分解结构的低秩张量补全，该方法具有很好的避免非凸优化问题的特性；另一种是张量分解，它被认为是矩阵奇异值分解算法的高阶扩展，在这种情况下，可使用部分观测数据估计低秩近似模型，然后从估计的低秩模型中计算出缺失条目。

常见的分解方式有CP分解和Tucker分解。这两种方法被认为是矩阵奇异值分解和主成分分析的高阶推广，是最早将二维扩展到高维的运算方法，通过分解合并的方式来完成数据补全。Acar等人[12]对CP模型进行了改进，提出了用于处理缺失值的加权优化模型CP-WOPT(又称为CANDECOMP/PARAFAC分解)，这种方法能够提供良好的插补性能。Liu等人[13]首次提出了低秩张量补全的问题，它被认为是低秩矩阵补全的高维扩展，通过建立约束的方式得到了低秩张量补全模型的雏形；Liu等人[14]最先提出使用多重张量核范数(通过各维度张量展开后计算核范数)来替代张量秩最小化的概念，并构造了目标函数和求解方法，提出了最经典的低秩张量补全模型(Low Rank Tensor Completion Model, LRTC)，又通过不同的求解方式提出了简单低秩张量补全模型(Simple Low Rank Tensor Completion Model, SiLRTC)与快速低秩张量补全模型(Fast Low Rank Tensor Completion Model, FaLRTC)。之后，学者们从不同的角度对模型进行了研究和讨论，提出了多种解决方案，例如：

将Tucker与Wopt结合的Tucker-Wopt模型，被证明可以成功地重建带有噪声和高达95%缺失数据的张量；

利用交替方向乘子法(Alternating Direction Multiplier Method, ADMM)解决了张量迹范数的凸优化问题，使得补全精度得到了进一步的提升；

用矩阵的p-shrinkage范数来代替张量多重TNN的方式，在图像的补全领域获得了很好的效果；

用Schatten-$\{p, q\}$范数对张量模型进行优化的概念，求解构造了增强拉格朗日函数获得最优解；

将矩阵的贝叶斯分解扩展到张量模式并与张量的CP分解结合，提出了贝叶斯CP分解模型(Bayesian Gaussian CP Decomposition, BGCP)，加入时间正则化参数后提出了BTTF模型，在与矩阵补全的对比中突出了模型的精度优势和高维数据的特征；

提出了基于截断核范数的低秩张量补全(Low Rank Tensor Completion Model based on Truncated Nuclear Norm, LRTC-TNN)模型、基于酉变换的低秩张量补全(Low Tubal Rank Smoothing Tensor Completion, LSTC-Tubal)模型、基于自回归的低秩张量补全(Low Rank Autoregressive Tensor Completion, LATC)模型，并在真实的时空交通数据集上进行试验，验证了 LRTC-TNN 的普适性与鲁棒性效果是最好的。

但基于多重 TNN 模式下的低秩张量补全模型仍有很大的缺陷，张量的秩最小化问题转化为了多个维度张量展开的矩阵秩最小化的加权和问题，这与使用张量进行建模的思想相悖。

为了解决上述问题，Zhang 等人[15]提出了第二种基于张量奇异值分解的方法，运用张量平均秩的概念，以张量的平均秩最小化问题作为约束，构建了新的 LRTC 框架，它将张量模式转到变换域进行求解，不需要再将张量进行展开，从而打破了模式相关性信息的限制。

在此基础上，学者们提出了张量的加权残差(Weighted Residual Model based on Tensor Truncated Kernel Norm, T-WTNNR)模型，用梯度下降法进行求解，通过加入不同的数据集进行实验，具有较高的鲁棒性和精度效果。

将矩阵 p-shrinkage 扩展到张量模式，有学者提出了基于张量奇异值分解(Tensor Singular Value Decomposition, T-SVD)与 p-shrinkage 的张量分解模型，证明了 p-shrinkage 比张量迹范数更加紧致，同样在图像领域获得了较高的图像补全效果。

与此同时，在图像方面为了充分利用张量的完备性，人们提出了一种新的基于 T-SVD 的张量补全模型，但该模型存在一个问题——参数的量纲太大，对于模型的计算很累赘。

还有学者提出了张量的 Schatten-$\{p, q\}$范数，并且用 Schatten-$\{p, q\}$范数来替代张量的核范数，在基于张量奇异值理论的低秩张量补全框架上表现出了极强的适用性。

然而，基于 T-SVD 的 LRTC 框架在对数据进行处理时，仅对输入数据的正向切片进行操作，导致出现了它不能够充分利用数据每个方向的时空相关性信息的问题。

本章小结

随着信息技术的发展，基于数据驱动的应用深入到各行各业，但数据缺失是实验研究和行业应用中普遍存在的问题。在实际应用中，如果直接基于不完整的数据进行分析研究，不仅会加大建模难度和分析过程的复杂性，还会导致分析结果的准确性和可靠性降低。因此，根据缺失数据的特点，选择基于统计学的缺失值补全方法，或者基于机器学习的缺失值补全方法，在数据预处理阶段对缺失数据进行补全，为每个缺失位置找到一个尽可能合理的替代值，既可以保持原始数据集的规模，又能够保留完整样本中现有数据所携带的信息，从而为后续研究提供更好的支持。

近年来，随着数据集规模的不断增大，在处理大规模数据时，基于机器学习的数据补全算法在补全过程中充分利用完整样本和不完整样本中存在的属性，可取得高精度的补全结果，具有良好的性能表现，将其应用于数据补全工作具有重要的现实意义。

目前，缺失值补全的应用范围基本覆盖所有基于数据的科学研究与应用领域，为工业、交通、金融、医疗等领域提供了切实的帮助，在实验研究和行业应用中具有重要的意义。

参 考 文 献

[1] MILLER D W, YEAST J D, EVANS R L. Missing prenatal records at a birth center: a communication problemquantified[J]. AMIA annual symp proc., 2005. 535-539.

[2] ENGLISH L P. Improving data warehouse and business information quality: methods for reducing costs and increasing profits[M]. New York: Wiley, 1999.

[3] LITTLE R J, RUBIN D B. Statistical analysis with missing data[J]. Technometrics, 2002, 45(4): 364-365.

[4] 熊中敏，郭怀宇，吴月欣. 缺失数据处理方法研究综述[J]. 计算机工程与应用，2021, 57(14): 12.

[5] LI Y, LI Z, LI L. Missing traffic data: comparison of imputation methods[J]. Intelligent transport systems iet, 2014, 8(1): 51-57.

[6] CHEN, J, Shao, J. Nearest neighbor imputation for survey data[J]. Journal of official statistics, 2000,16(2), 113-131.

[7] NI D, LEONARD J D, GUIN A, et al. Multiple imputation scheme for overcoming the missing values and variability issues in ITS data [J]. ASCE journal of transportation engineering, 2005,131 (12), 931-938.

[8] ZHONG M, Lingras P, Sharma S. Estimation of missing traffic counts using factor, genetic, neural, andregression techniques[J]. Transportation research part C, 2004a (12): 139-166.

[9] LI L, SU X, ZHANG Y, et al. Trend modeling for traffic time series analysis: an integrated study[J]. IEEE trans. intell. transp. syst. 2015,16(6), 3430-3439.

[10] CAI J F, CANDÈS E J, SHEN Z, A singular value threshold-ing algorithm for matrix completion[J]. SIAM J. optimization, 2010, 20(4): 1956-1982.

[11] KOLDA T G, BADER B W. Tensor decompositions and applications[J]. SIAM rev, 2009,51(3): 455-500.

[12] ACAR E, DUNLAVY D M, KOLDA T G, et al. Scalable tensor factorizations for incomplete data[J]. Chemometrics and intelligent laboratory systems, 2011, 106 (1): 41-56.

[13] LIU J, MUSIALSKI P, WONKA P, et al. Tensor completion for estimating missing values in visual data[C]. IEEE International Conference on Computer Vision, 2009.

[14] LIU J, MUSIALSKI P, WONKA P, et al. Tensor completion for estimating missing values in visual data[J]. IEEE trans. pattern anal, 2013,35(1): 208-220.

[15] ZHANG Z M, SHUCHIN A. Exact Tensor Completion Using t-SVD[C]. IEEE Transactions on Signal Processing, 2017.

第2章

数据补全中的代数结构与矩阵分解

线性代数是机器学习中最重要的数学基础，它主要以向量和矩阵为研究对象，而这两者的基本运算被人们广泛应用于开发各种机器学习中的经典代数模型，如矩阵分解法、主成分分析法。而张量分解可以看作矩阵分解的高维推广，张量分解模型主要以张量为代数结构。本章主要讨论向量与矩阵分解的基本知识，以及张量和一些特殊的代数结构，如卷积矩阵、Hankel 矩阵、Toeplitz 矩阵等。

2.1 代数结构

2.1.1 向量与矩阵

定义 2.1 n 个有序的数 $x_1, x_2, \cdots, x_n$ 所组成的数组称为 n 维向量。这 n 个数称为向量的 n 个分量，第 i 个数 x_i 称为第 i 个分量。

向量可以写成一行，也可以写成一列，这里习惯上将向量记为列向量。即若任意向量 $\boldsymbol{x} \in \mathbb{R}^n$ 表示 n 维向量，则写作

$$\boldsymbol{x} = \begin{bmatrix} x_1 \\ x_2 \\ \vdots \\ x_n \end{bmatrix} \tag{2-1}$$

或

$$\boldsymbol{x}^{\mathrm{T}} = (x_1, x_2, \cdots, x_n) \tag{2-2}$$

其中 $\boldsymbol{x}^{\mathrm{T}}$ 表示向量 $\boldsymbol{x}$ 的转置。

我们把 n 维向量的全体所构成的集合

$$\mathbb{R}^n = \{\boldsymbol{x}^{\mathrm{T}} = (\boldsymbol{x}_1, x_2, \cdots, x_n) \mid x_1, x_2, \cdots, x_n \in \mathbb{R}\}$$

称为 n 维向量空间。n 维向量空间中的点与 n 维向量有一一对应关系。

定义 2.2 由 $m \times n$ 个数 x_{ij} ($i=1, 2, \cdots, m; j=1, 2, \cdots, n$) 排成的 m 行 n 列的数表

$$\begin{matrix} x_{11} & x_{12} & \cdots & x_{1n} \\ x_{21} & x_{22} & \cdots & x_{2n} \\ \vdots & \vdots & & \vdots \\ x_{m1} & x_{m2} & \cdots & x_{mn} \end{matrix}$$

称为 $m\times n$ 阶矩阵。给上述数表加个括号，并用大写字母 $\boldsymbol{A}$ 表示，即

$$\boldsymbol{A}=\begin{pmatrix} x_{11} & x_{12} & \cdots & x_{1n} \\ x_{21} & x_{22} & \cdots & x_{2n} \\ \vdots & \vdots & & \vdots \\ x_{m1} & x_{m2} & \cdots & x_{mn} \end{pmatrix}$$

这 $m\times n$ 个数($x_{11}\sim x_{mn}$)称为矩阵 $\boldsymbol{A}$ 的元素，行数与列数相等的矩阵称为方阵。行数和列数都是 n 的矩阵称为 n 阶方阵。

只有一行的矩阵称为行矩阵，又称行向量，如

$$\boldsymbol{A}=(x_1, x_2, \cdots, x_n)$$

只有一列的矩阵称为列矩阵，又称列向量，如

$$\boldsymbol{B}=\begin{bmatrix} x_1 \\ x_2 \\ \vdots \\ x_n \end{bmatrix}$$

m 个 n 维列向量构成 $m\times n$ 阶矩阵。若任意矩阵 $\boldsymbol{X}\in\mathbb{R}^{m\times n}$，其列向量为 $\boldsymbol{x}_1, \boldsymbol{x}_2, \cdots, \boldsymbol{x}_n\in\mathbb{R}^n$，则

$$\boldsymbol{X}=(\boldsymbol{x}_1, \boldsymbol{x}_2, \cdots, \boldsymbol{x}_n) \tag{2-3}$$

于是可对矩阵按列进行向量化，即

$$\text{vec}(\boldsymbol{X})=\begin{bmatrix} \boldsymbol{x}_1 \\ \boldsymbol{x}_2 \\ \vdots \\ \boldsymbol{x}_n \end{bmatrix}\in\mathbb{R}^{m\times n} \tag{2-4}$$

其中，vec(·)表示将矩阵向量化。

2.1.2　高阶张量

张量是一个多维数组，一个 n 阶张量是 n 个向量空间元素的张量积，每个向量空间都有自己的坐标系。张量的阶数(the Order of a Tensor)也称为维数(Dimensions)、模态(Modes)或方式(Ways)。

一阶张量是一个矢量，二阶张量是一个矩阵，三阶或更高阶的张量叫作高阶张量。

通常，记 $\mathcal{X}\in\mathbb{R}^{m_1\times m_2\times\cdots\times m_n}$，$\mathcal{X}$ 称为 n 阶张量，大小为 $m_1\times m_2\times\cdots\times m_n$。

以三阶张量为例，给定任意三阶张量 $\mathcal{X}\in\mathbb{R}^{m\times n\times t}$，这 $m\times n\times t$ 个数称为张量 $\mathcal{X}$ 的元素，数 $x_{i,j,k}$ 为第(i, j, k)个元素，可记为 $x_{i,j,k}=\chi_{i,j,k}$，其中，$i=1, 2, \cdots, m$；$j=1, 2, \cdots, n$；$k=1, 2, \cdots, t$。因此，描述三阶张量中的某一元素需要用到三个索引构成的组合，

例如(i, j, k)。图 2-1 所示为三阶张量元素的示意图。

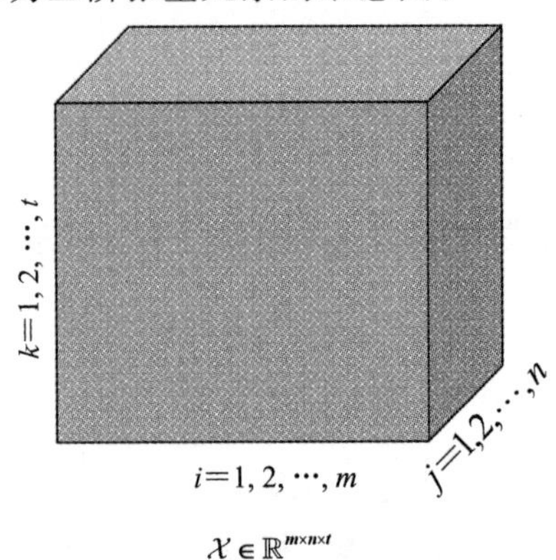

图 2-1 三阶张量元素的示意图

2.1.3 高阶张量的结构

1. 纤维

纤维(Fibers)是矩阵的行和列的高阶类似物，是张量的基本组成部分，即纤维是指从张量中抽取的向量。

例如，矩阵 $\boldsymbol{A}$ 的列为 mode-1 纤维，行为 mode-2 纤维。三阶张量 $\mathcal{X}\in \mathbb{R}^{m\times n\times t}$ 有列(Column)、行(Row)、管(Tube)纤维，分别用 $\mathcal{X}_{:,j,k}\in \mathbb{R}^{m}$，$\mathcal{X}_{i,:,k}\in \mathbb{R}^{n}$，$\mathcal{X}_{i,j,:}\in \mathbb{R}^{t}$ 表示，其中 $i=1, 2, \cdots, m$；$j=1, 2, \cdots, n$；$k=1, 2, \cdots, t$，如图 2-2 所示。

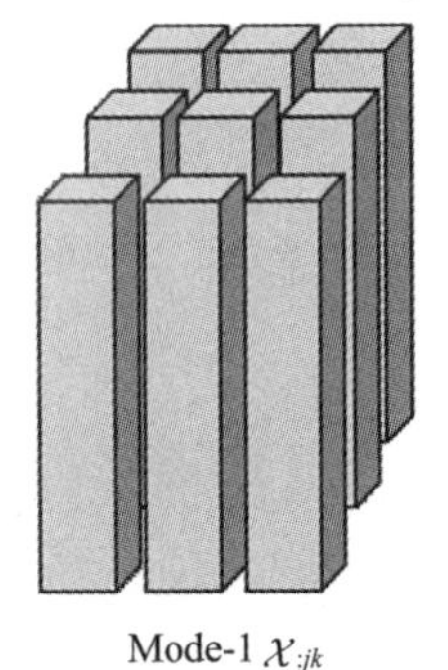
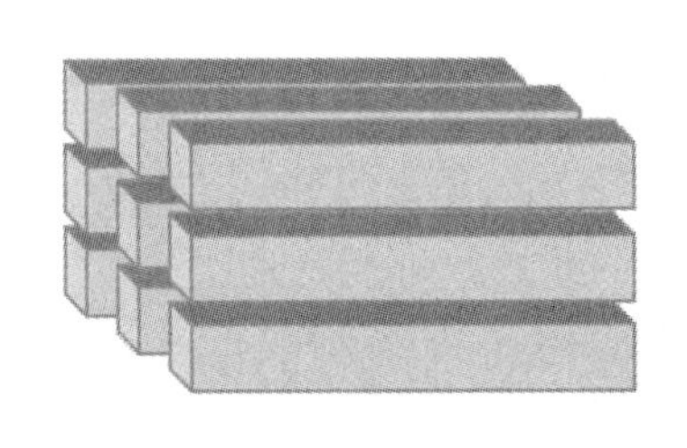
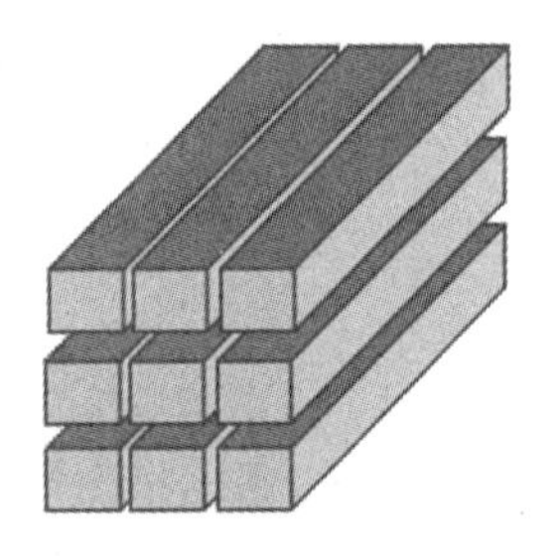

图 2-2 三阶张量纤维的示意图

2. 切片

切片(Slices)是一个张量的二维切片，通过固定除两个维度之外的索引来定义。即切片是指从张量中抽取的矩阵。

例如，三阶张量 $\mathcal{X}$ 的水平面(Horizontal)、侧面(Lateral)和正面(Frontal)的切片分别用 $\mathcal{X}_{i,:,:}\in \mathbb{R}^{n\times t}$，$i=1, 2, \cdots, m$；$\mathcal{X}_{:,j,:}\in \mathbb{R}^{m\times t}$，$j=1, 2, \cdots, n$；$\mathcal{X}_{:,:,k}\in \mathbb{R}^{m\times n}$，$k=1, 2, \cdots, t$；表示。

如图 2-3 所示，这些具有矩阵结构的切片是张量的基本组成部分。

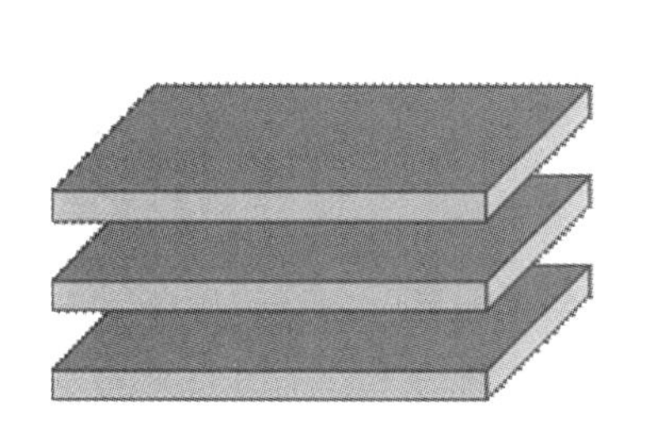
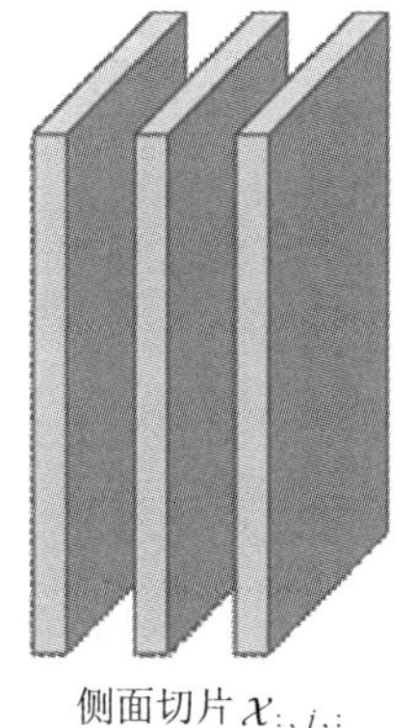

水平切片 $\mathcal{X}_{i,:,:}$　　侧面切片 $\mathcal{X}_{:,j,:}$　　正向切片 $\mathcal{X}_{:,:,k}$

图 2－3　张量的切片

例 1　给定张量 $\mathcal{X}\in\mathbb{R}^{2\times2\times2}$，若其正向切片为 $\mathcal{X}_{:,:,1}=\begin{bmatrix}x_{111} & x_{121}\\ x_{211} & x_{221}\end{bmatrix}=\begin{bmatrix}1 & 0\\ 0 & 1\end{bmatrix}$，$\mathcal{X}_{:,:,2}=\begin{bmatrix}x_{112} & x_{122}\\ x_{212} & x_{222}\end{bmatrix}=\begin{bmatrix}2 & 1\\ 0 & 1\end{bmatrix}$，试写出张量 $\mathcal{X}$ 的侧面切片与水平切片。

解　张量 $\mathcal{X}$ 的侧面切片为

$$\mathcal{X}_{:,1,:}=\begin{bmatrix}x_{111} & x_{112}\\ x_{211} & x_{212}\end{bmatrix}=\begin{bmatrix}1 & 2\\ 0 & 1\end{bmatrix},\ \mathcal{X}_{:,2,:}=\begin{bmatrix}x_{121} & x_{122}\\ x_{221} & x_{222}\end{bmatrix}=\begin{bmatrix}0 & 1\\ 1 & 1\end{bmatrix} \tag{2-5}$$

张量 $\mathcal{X}$ 的水平切片为

$$\mathcal{X}_{1,:,:}=\begin{bmatrix}x_{111} & x_{112}\\ x_{121} & x_{122}\end{bmatrix}=\begin{bmatrix}1 & 2\\ 0 & 1\end{bmatrix},\ \mathcal{X}_{2,:,:}=\begin{bmatrix}x_{211} & x_{212}\\ x_{221} & x_{222}\end{bmatrix}=\begin{bmatrix}0 & 0\\ 1 & 1\end{bmatrix} \tag{2-6}$$

2.1.4　高阶张量的矩阵化和向量化

在张量的分析与计算中，经常希望用一个矩阵代表一个三阶张量。因此就需要有一种运算，能够将一个三阶张量(三路阵列)经过重新组织或者排列，变成一个矩阵(二路阵列)。将一个三路或 n 路阵列重新组织成一个矩阵形式的变换称为张量的矩阵化。张量的矩阵化有时也称张量的展开或张量的扁平化。除了高阶张量的唯一矩阵表示外，一个高阶张量的唯一向量表示也是在许多场合必需的。高阶张量的向量化是一种将张量排列成唯一的向量的变换。

1. 高阶张量的矩阵化

在张量的矩阵化过程中，首先可以分为水平展开与纵向展开，然后可以进一步细分为 Kiers 展开、LMV 展开、Kolda 展开。在此，我们仅介绍 Kolda 水平展开。

Kolda 于 2006 年提出该方法，将 N 阶张量元素 $x_{i_1,i_2,\cdots,i_N}$ 映射为维度为 n 的矩阵 $\boldsymbol{X}_{(n)}$ 的元素 $x_{i_n,j}^{I_n\times I_1\times\cdots\times I_{n-1}\times I_{n+1}\times\cdots\times I_N}$，其中

$$j=1+\sum_{\substack{k=1\\k\neq n}}^{N}(i_k-1)J_k,\ J_k=\prod_{\substack{m=1\\m\neq n}}^{k-1}I_m$$

高阶张量的矩阵化如图 2－4 所示。

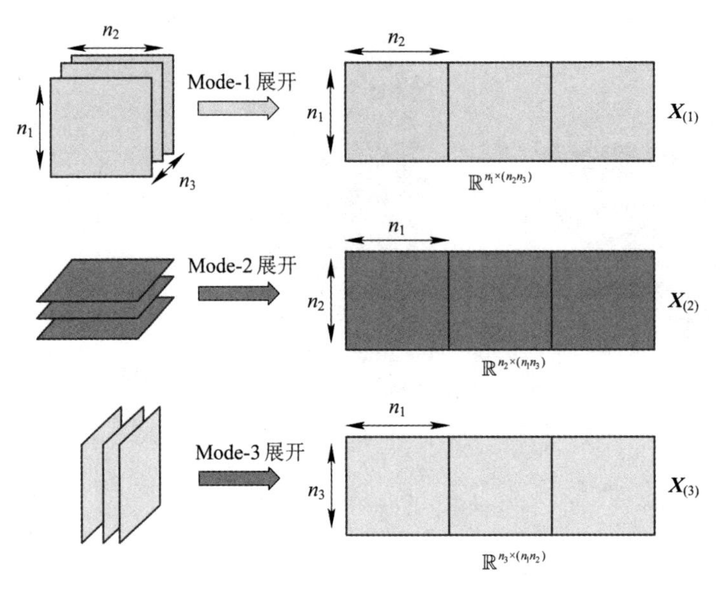

图 2-4 高阶张量的矩阵化

例 2 设张量 $\mathcal{X}\in\mathbb{R}^{3\times4\times2}$，$\mathcal{X}_1$，$\mathcal{X}_2$ 是张量 $\mathcal{X}$ 的两个正向切片矩阵，其中

$$\mathcal{X}_1=\begin{bmatrix}1&4&7&10\\2&5&8&11\\3&6&9&12\end{bmatrix}$$

$$\mathcal{X}_2=\begin{bmatrix}13&16&19&22\\14&17&20&23\\15&18&21&24\end{bmatrix}$$

试将该张量矩阵化(化为矩阵)：$\boldsymbol{X}_{(1)}\in\mathbb{R}^{3\times8}$，$\boldsymbol{X}_{(2)}\in\mathbb{R}^{4\times6}$ 与 $\boldsymbol{X}_{(3)}\in\mathbb{R}^{2\times12}$。

解 自第 1 维度展开得到的矩阵为

$$\boldsymbol{X}_{(1)}=\begin{bmatrix}1&4&7&10&13&16&19&22\\2&5&8&11&14&17&20&23\\3&6&9&12&15&18&21&24\end{bmatrix}$$

自第 2 维度展开得到的矩阵为

$$\boldsymbol{X}_{(2)}=\begin{bmatrix}1&2&3&13&14&15\\4&5&6&16&17&18\\7&8&9&19&20&21\\10&11&12&22&23&24\end{bmatrix}$$

自第 3 维度展开得到的矩阵为

$$\boldsymbol{X}_{(3)}=\begin{bmatrix}1&2&3&4&5&\cdots&9&10&11&12\\13&14&15&16&17&\cdots&21&22&23&24\end{bmatrix}$$

对于任意三阶张量 $\boldsymbol{\chi}\in\mathbb{R}^{m\times n\times t}$，其自三个维度展开得到的矩阵分别为

$$\begin{cases}\mathcal{X}_{(1)}=[\boldsymbol{\chi}_{:,:,1}\quad\boldsymbol{\chi}_{:,:,2}\quad\cdots\quad\boldsymbol{\chi}_{:,:,t}]\in\mathbb{R}^{m\times(nt)}\\\mathcal{X}_{(2)}=[\boldsymbol{\chi}_{1,:,:}^{\mathrm{T}}\quad\boldsymbol{\chi}_{2,:,:}^{\mathrm{T}}\quad\cdots\quad\boldsymbol{\chi}_{t,:,:}^{\mathrm{T}}]\in\mathbb{R}^{n\times(mt)}\\\mathcal{X}_{(3)}=[\boldsymbol{\chi}_{:,1,:}^{\mathrm{T}}\quad\boldsymbol{\chi}_{:,2,:}^{\mathrm{T}}\quad\cdots\quad\boldsymbol{\chi}_{:,t,:}^{\mathrm{T}}]\in\mathbb{R}^{t\times(mn)}\end{cases}\tag{2-7}$$

2. 高阶张量的向量化

给定任意张量 $\mathcal{X}\in\mathbb{R}^{m_1\times m_2\times\cdots\times m_d}$，设以 $\mathcal{X}$ 第一维度展开得到的矩阵为 $\boldsymbol{X}_{(1)}$，则张量向量化可记为如下形式：

$$\operatorname{vec}(\mathcal{X})=\operatorname{vec}(\boldsymbol{X}_{(1)}) \tag{2-8}$$

在张量 $\mathcal{X}$ 中，第 $(i_1, i_2, \cdots, i_d)$ 个元素通过张量向量化后，该元素在向量中的位置为

$$\left(\sum_{k=1}^{d-1}m_k\right)\cdot i_d+\left(\sum_{k=1}^{d-2}m_k\right)\cdot i_{d-1}+\cdots+m_1\cdot i_2+i_1 \tag{2-9}$$

例 3　给定张量 $\mathcal{X}\in\mathbb{R}^{2\times2\times2}$，若其正向切片为

$$\mathcal{X}_{:,:,1}=\begin{bmatrix}x_{111} & x_{121}\\ x_{211} & x_{221}\end{bmatrix}=\begin{bmatrix}1 & 0\\ 0 & 1\end{bmatrix}$$

$$\mathcal{X}_{:,:,2}=\begin{bmatrix}x_{112} & x_{122}\\ x_{212} & x_{222}\end{bmatrix}=\begin{bmatrix}2 & 1\\ 0 & 1\end{bmatrix}$$

s 试写出张量向量化的结果 $\operatorname{vec}(\mathcal{X})$。

解　根据向量化规则有

$$\begin{aligned}\operatorname{vec}(\mathcal{X})&=\operatorname{vec}(\boldsymbol{X}_{(1)})\\&=\operatorname{vec}([\boldsymbol{\chi}_{:,:,1}\quad \boldsymbol{\chi}_{:,:,2}])\\&=(1, 0, 0, 1, 2, 0, 1, 1)^{\mathrm{T}}\end{aligned} \tag{2-10}$$

2.1.5　特殊代数结构

1. 卷积矩阵

给定向量 $\boldsymbol{x}=(x_1, x_2, \cdots, x_n)^{\mathrm{T}}\in\mathbb{R}^n$ 与 $\boldsymbol{y}=(y_1, y_2, \cdots, y_m)^{\mathrm{T}}\in\mathbb{R}^m$，其中 $m\leqslant n$，若两者之间的循环卷积为 $\boldsymbol{z}=\boldsymbol{x}*\boldsymbol{y}\in\mathbb{R}^n$，则向量 $\boldsymbol{z}$ 的任意元素为

$$z=\sum_{k=1}^{m}x_{i-k+1}y_k,\ \forall i\in\{1, 2, \cdots, n\} \tag{2-11}$$

其中，当 $i+1\leqslant k$ 时，则令 $x_{i-k+1}=x_{i-k+1+n}$。

例 4　给定向量 $\boldsymbol{x}=(0, 1, 2, 3, 4)^{\mathrm{T}}$ 与 $\boldsymbol{y}=(2, -1, 3)^{\mathrm{T}}$，试写出循环卷积 $\boldsymbol{z}=\boldsymbol{x}*\boldsymbol{y}$。

解

$$\boldsymbol{z}=\boldsymbol{x}*\boldsymbol{y}=\begin{bmatrix}x_1y_1+x_5y_2+x_4y_3\\ x_2y_1+x_1y_2+x_5y_3\\ x_3y_1+x_2y_2+x_1y_3\\ x_4y_1+x_3y_2+x_2y_3\\ x_5y_1+x_4y_2+x_3y_3\end{bmatrix}=\begin{bmatrix}0\times2+4\times(-1)+3\times3\\ 1\times2+0\times(-1)+4\times3\\ 2\times2+1\times(-1)+0\times3\\ 3\times2+2\times(-1)+1\times3\\ 4\times2+3\times(-1)+2\times3\end{bmatrix}=\begin{bmatrix}5\\ 14\\ 3\\ 7\\ 11\end{bmatrix}$$

循环卷积在计算过程中呈现出线性结构，于是根据循环卷积的运算规则，定义线性变换：

$$\boldsymbol{x}*\boldsymbol{y}=\ell_m(\boldsymbol{x})\boldsymbol{y} \tag{2-12}$$

其中，ℓ_m：$\mathbb{R}^n\rightarrow\mathbb{R}^{n\times m}$ 为卷积矩阵算子。在这里，卷积矩阵为

$$\ell_m(\boldsymbol{x})=\begin{bmatrix} x_1 & x_n & x_{n-1} & \cdots & x_{n-m+2} \\ x_2 & x_1 & x_n & \cdots & x_{n-m+3} \\ x_3 & x_2 & x_1 & \cdots & x_{n-m+4} \\ \vdots & \vdots & \vdots & & \vdots \\ x_n & x_{n-1} & x_{n-2} & \cdots & x_{n-m+1} \end{bmatrix}\in\mathbb{R}^{n\times m} \tag{2-13}$$

其中，卷积矩阵的列数为 m。

例 5 仍取例 4 中的向量 $\boldsymbol{x}$ 与 $\boldsymbol{y}$，试写出卷积矩阵 $\ell_3(\boldsymbol{x})$ 与循环卷积 $\boldsymbol{z}=\ell_3(\boldsymbol{x})\boldsymbol{y}$。

解 向量 $\boldsymbol{x}$ 对应的卷积矩阵为

$$\ell_3(\boldsymbol{x})=\begin{bmatrix} 0 & 4 & 3 \\ 1 & 0 & 4 \\ 2 & 1 & 0 \\ 3 & 2 & 1 \\ 4 & 3 & 2 \end{bmatrix} \tag{2-14}$$

向量 $\boldsymbol{x}$ 与 $\boldsymbol{y}$ 的循环卷积为

$$\boldsymbol{z}=\ell_3(\boldsymbol{x})\boldsymbol{y}=\begin{bmatrix} 0 & 4 & 3 \\ 1 & 0 & 4 \\ 2 & 1 & 0 \\ 3 & 2 & 1 \\ 4 & 3 & 2 \end{bmatrix}\begin{bmatrix} 2 \\ -1 \\ 3 \end{bmatrix}=\begin{bmatrix} 5 \\ 14 \\ 3 \\ 7 \\ 11 \end{bmatrix} \tag{2-15}$$

2.1.6 三类具有特殊结构的矩阵

1. Hankel 矩阵

Hankel 矩阵是指每一条副对角线上的元素都相等的矩阵，如：

$$\begin{bmatrix} a & b & c & d & e \\ b & c & d & e & f \\ c & d & e & f & g \\ d & e & f & g & h \\ e & f & g & h & i \end{bmatrix}$$

2. Toeplitz 矩阵

具有下面形式的矩阵称为 Toeplitz 矩阵(即在同一条对角线上的元素都相等)：

$$\boldsymbol{T}=\begin{bmatrix} t_0 & t_{-1} & \cdots & t_{-n+1} \\ t_1 & t_0 & \cdots & t_{-n+2} \\ \vdots & \vdots & & \vdots \\ t_{n-1} & t_{n-2} & \cdots & t_0 \end{bmatrix}\in\mathbb{R}^{n\times n}$$

Toeplitz 矩阵只有 $2n-1$ 个独立元素，因此在存储一个 Toeplitz 矩阵时，只需存储第一列和第一行(或第一列和最后一列)；如果矩阵 $\boldsymbol{T}$ 为对称阵，则只存储第一列。

3. 循环矩阵

循环矩阵(Circulant Matrix)是一类特殊的 Toeplitz 矩阵，具有下面的形式：

$$\boldsymbol{C}=\begin{bmatrix} z_0 & z_{n-1} & \cdots & z_1 \\ z_1 & z_0 & \cdots & z_2 \\ \vdots & \vdots & & \vdots \\ z_{n-2} & z_{n-3} & \cdots & z_{n-1} \\ z_{n-1} & z_{n-2} & \cdots & z_0 \end{bmatrix} \stackrel{\text{def}}{=} \boldsymbol{C}(\boldsymbol{z})$$

其中 $\boldsymbol{z}=[z_0, z_1, \cdots, z_{n-1}]^{\mathrm{T}}$。易知循环矩阵的第二列是由第一列往下移一位得到的，第三列则是由第二列再往下移一位得到的，以此类推。

循环矩阵 $\boldsymbol{C}$ 由其第一列 $\boldsymbol{z}$ 确定，因此只需存储第一列。

向量方程可由矩阵表示。例如：给定矩阵 $\boldsymbol{X}\in\mathbb{R}^{n\times 5}$，即

$$\boldsymbol{X}=[\boldsymbol{x}_1 \quad \boldsymbol{x}_2 \quad \boldsymbol{x}_3 \quad \boldsymbol{x}_4 \quad \boldsymbol{x}_5],\ \text{其中}\ \boldsymbol{x}_i\in\mathbb{R}^n,\ i=1, 2, \cdots, 5$$

线性方程组

$$\begin{cases} \boldsymbol{x}_3=\boldsymbol{A}_1\boldsymbol{x}_2+\boldsymbol{A}_2\boldsymbol{x}_1 \\ \boldsymbol{x}_4=\boldsymbol{A}_1\boldsymbol{x}_3+\boldsymbol{A}_2\boldsymbol{x}_2 \\ \boldsymbol{x}_5=\boldsymbol{A}_1\boldsymbol{x}_4+\boldsymbol{A}_2\boldsymbol{x}_3 \end{cases} \tag{2-16}$$

其中 $\boldsymbol{A}_1$，$\boldsymbol{A}_2\in\mathbb{R}^{n\times n}$

若令

$$\boldsymbol{\Psi}_0=\begin{bmatrix} 0 & 0 & 1 & 0 & 0 \\ 0 & 0 & 0 & 1 & 0 \\ 0 & 0 & 0 & 0 & 1 \end{bmatrix} \tag{2-17}$$

则

$$\boldsymbol{X}\boldsymbol{\Psi}_0^{\mathrm{T}}=[\boldsymbol{x}_1 \quad \boldsymbol{x}_2 \quad \boldsymbol{x}_3 \quad \boldsymbol{x}_4 \quad \boldsymbol{x}_5]\begin{bmatrix} 0 & 0 & 0 \\ 0 & 0 & 0 \\ 1 & 0 & 0 \\ 0 & 1 & 0 \\ 0 & 0 & 1 \end{bmatrix}=[\boldsymbol{x}_3 \quad \boldsymbol{x}_4 \quad \boldsymbol{x}_5] \tag{2-18}$$

令

$$\boldsymbol{\Psi}_1=\begin{bmatrix} 0 & 1 & 0 & 0 & 0 \\ 0 & 0 & 1 & 0 & 0 \\ 0 & 0 & 0 & 1 & 0 \end{bmatrix}$$

$$\boldsymbol{\Psi}_2=\begin{bmatrix} 1 & 0 & 0 & 0 & 0 \\ 0 & 1 & 0 & 0 & 0 \\ 0 & 0 & 1 & 0 & 0 \end{bmatrix}$$

则线性方程组(2-16)可表示为

$$\boldsymbol{X}\boldsymbol{\Psi}_0^{\mathrm{T}}=\boldsymbol{A}_1\boldsymbol{X}\boldsymbol{\Psi}_1^{\mathrm{T}}+\boldsymbol{A}_2\boldsymbol{X}\boldsymbol{\Psi}_2^{\mathrm{T}}$$

基于以上定义，对于多元时间序列，若任意时刻 t 对应的观测数据为向量 $\boldsymbol{x}_t\in\mathbb{R}^n$，则向量自回归的表达式为

$$\boldsymbol{x}_t = \sum_{i=1}^{d} \boldsymbol{A}_i \boldsymbol{x}_{t-i} + \boldsymbol{\varepsilon}_t,\ t = 2,\ 3,\ \cdots,\ T \tag{2-19}$$

其中，$\boldsymbol{A}_1$，$\boldsymbol{A}_2$，…，$\boldsymbol{A}_d$ 为自回归过程的系数矩阵，d 为自回归过程的阶数，$\boldsymbol{\varepsilon}_t \in \mathbb{R}^n$ 为残差向量。

令 $\boldsymbol{X} = [\boldsymbol{x}_1 \quad \boldsymbol{x}_2 \quad \boldsymbol{x}_3 \quad \cdots \quad \boldsymbol{x}_T] \in \mathbb{R}^{n \times T}$，若构造分块矩阵

$$\boldsymbol{\Psi}_i = \begin{bmatrix} \underbrace{\begin{matrix} 0 & \cdots & 0 \\ \vdots & & \vdots \\ 0 & \cdots & 0 \end{matrix}}_{d-i} & \underbrace{\begin{matrix} 1 & \cdots & 0 \\ \vdots & & \vdots \\ 0 & \cdots & 0 \end{matrix}}_{T-d} & \underbrace{\begin{matrix} 0 & \cdots & 0 \\ \vdots & & \vdots \\ 0 & \cdots & 0 \end{matrix}}_{i} \end{bmatrix} \tag{2-20}$$

$$= [\boldsymbol{0}_{(T-d)(d-i)} \quad \boldsymbol{I}_{T-d} \quad \boldsymbol{0}_{(T-d)\times k}] \in \mathbb{R}^{(T-d)\times T},\ i=0,\ 1,\ \cdots,\ d$$

则向量自回归可写作如下形式：

$$\boldsymbol{X}\boldsymbol{\Psi}_0^{\mathrm{T}} = \sum_{i=1}^{d} \boldsymbol{A}_i \boldsymbol{X} \boldsymbol{\Psi}_i^{\mathrm{T}} + \boldsymbol{E} \tag{2-21}$$

2.2 矩阵分解

矩阵分解被广泛应用于数据压缩、降噪、特征发现、推荐系统、缺失值补全等领域。矩阵分解有很多好处，比如节省存储(分解成三个小矩阵)、降维(以用到特征值分解的 PCA 为代表)、去噪(小奇异值大概率上是噪声，是某些非重要和非本质特征，因此可以去掉)、求 Moore-Penrose 伪逆、推荐喜好(分解后还原的矩阵元素值作为原本缺失值的一种近似)等。特征值分解是进行矩阵分解的基础，从而是张量分解的基础。本节将介绍一些常用的矩阵分解。

2.2.1 特征值分解

设 $\boldsymbol{A}$ 是 n 阶矩阵，如果数 λ 和 n 维非零列向量 $\boldsymbol{x}$ 使关系式[1]

$$\boldsymbol{A}\boldsymbol{x} = \lambda \boldsymbol{x} \tag{2-22}$$

成立，那么，这样的数 λ 称为矩阵 $\boldsymbol{A}$ 的特征值，非零向量 $\boldsymbol{x}$ 称为 $\boldsymbol{A}$ 的对应于特征值 λ 的特征向量。

若 $\boldsymbol{A}$ 可对角化，则存在 n 个线性无关的特征向量 $\boldsymbol{x}_1$，$\boldsymbol{x}_2$，…，$\boldsymbol{x}_n$ 和对应的特征值 λ_1，λ_2，…，λ_n，且有

$$\boldsymbol{A}\boldsymbol{x}_i = \lambda \boldsymbol{x}_i,\ i=1,\ 2,\ \cdots,\ n \tag{2-23}$$

写成矩阵的形式为

$$\boldsymbol{A}[\boldsymbol{x}_1 \quad \boldsymbol{x}_2 \quad \cdots \quad \boldsymbol{x}_n] = [\boldsymbol{x}_1 \quad \boldsymbol{x}_2 \quad \cdots \quad \boldsymbol{x}_n] \begin{bmatrix} \lambda_1 & 0 & \cdots & 0 \\ 0 & \lambda_2 & \cdots & 0 \\ \vdots & \vdots & & \vdots \\ 0 & 0 & \cdots & \lambda_n \end{bmatrix} \tag{2-24}$$

即

$$\boldsymbol{AX}=\boldsymbol{X\Lambda} \tag{2-25}$$

其中 $\boldsymbol{X}=[\boldsymbol{x}_1 \quad \boldsymbol{x}_2 \quad \cdots \quad \boldsymbol{x}_n]$，$\boldsymbol{\Lambda}=\begin{bmatrix}\lambda_1 & 0 & \cdots & 0\\ 0 & \lambda_2 & \cdots & 0\\ \vdots & \vdots & & \vdots\\ 0 & 0 & \cdots & \lambda_n\end{bmatrix}$。

由于 $\boldsymbol{x}_1$，$\boldsymbol{x}_2$，…，$\boldsymbol{x}_n$ 线性无关，故 $\boldsymbol{X}$ 可逆。由式(2－25)可得方阵 $\boldsymbol{A}$ 的矩阵分解：

$$\boldsymbol{A}=\boldsymbol{X\Lambda X}^{-1} \tag{2-26}$$

若 $\boldsymbol{A}$ 为实对称矩阵，则其线性无关的特征向量可正交化为一组标准正交基，故特征值分解亦可写为

$$\boldsymbol{A}=\boldsymbol{X\Lambda X}^{\mathrm{T}} \tag{2-27}$$

特征值分解可以用来求线性动态系统的稳态。

例 6　在一个小镇上，每年会有 30％的已婚女士离婚，而有 20％的未婚女士结婚，现有 8000 名已婚女士和 2000 名未婚女士，总人数保持不变。考察这个小镇未来的已婚和未婚女士的人数将是怎样的分布。

解　令矩阵

$$\boldsymbol{A}=\begin{bmatrix}0.7 & 0.2\\ 0.3 & 0.8\end{bmatrix},\ \boldsymbol{w}_0=\begin{bmatrix}8000\\ 2000\end{bmatrix}$$

矩阵 $\boldsymbol{A}$ 的第一行元素为在已婚女士和未婚女士中，一年以后结婚的百分比，第二行元素为一年以后离婚的百分比。$\boldsymbol{w}_0$ 的分量分别是已婚女士人数和未婚女士人数。则一年以后已婚和未婚女士的人数为

$$\boldsymbol{w}_1=\boldsymbol{A}\boldsymbol{w}_0=\begin{bmatrix}0.7 & 0.2\\ 0.3 & 0.8\end{bmatrix}\begin{bmatrix}8000\\ 2000\end{bmatrix}=\begin{bmatrix}6000\\ 4000\end{bmatrix}$$

两年以后已婚和未婚女士的人数为

$$\boldsymbol{w}_2=\boldsymbol{A}\boldsymbol{w}_1=\boldsymbol{A}^2\boldsymbol{w}_0=\begin{bmatrix}0.7 & 0.2\\ 0.3 & 0.8\end{bmatrix}\begin{bmatrix}6000\\ 4000\end{bmatrix}=\begin{bmatrix}5000\\ 5000\end{bmatrix}$$

n 年以后已婚和未婚女士的人数为

$$\boldsymbol{w}_n=\boldsymbol{A}^n\boldsymbol{w}_0$$

这个小镇未来已婚和未婚女士人数的分布可利用概率转移矩阵 $\boldsymbol{A}$ 的特征值分解进行求解。

矩阵 $\boldsymbol{A}$ 的分解为

$$\boldsymbol{A}=\begin{bmatrix}2 & -1\\ 3 & 1\end{bmatrix}\begin{bmatrix}1 & 0\\ 0 & \frac{1}{2}\end{bmatrix}\begin{bmatrix}2 & -1\\ 3 & 1\end{bmatrix}^{-1}$$

故

$$\begin{aligned}\lim_{n\to\infty}\boldsymbol{A}^n\boldsymbol{w}_0 &=\lim_{n\to\infty}(\boldsymbol{X\Lambda X}^{-1})^n\boldsymbol{w}_0=\lim_{n\to\infty}\boldsymbol{X\Lambda}^n\boldsymbol{X}^{-1}\boldsymbol{w}_0\\ &=\lim_{n\to\infty}\begin{bmatrix}2 & -1\\ 3 & 1\end{bmatrix}\begin{bmatrix}1 & 0\\ 0 & \frac{1}{2}\end{bmatrix}^n\begin{bmatrix}2 & -1\\ 3 & 1\end{bmatrix}^{-1}\begin{bmatrix}8000\\ 2000\end{bmatrix}\\ &=\begin{bmatrix}4000\\ 6000\end{bmatrix}\end{aligned}$$

向量[4000，6000]^{T}称为这个过程的平衡态向量。即这个小镇未来已婚和未婚女士的人数将分别是4000人和6000人。

2.2.2 奇异值分解

1. 基本定义[2]

矩阵的奇异值分解在最优化问题、特征值问题、最小二乘法问题、广义逆矩阵问题及统计学等方面都有重要应用。

任意复数域的矩阵均存在奇异值分解(SVD)，这使得奇异值分解比特征值分解应用得更广泛。

矩阵$\boldsymbol{A}_{m\times n}$是线性变换的矩阵，可以把它看作从行空间$\mathbb{R}^n$到列空间$\mathbb{R}^m$的一种线性变换。换一个角度讲，对向量做线性变换时，是把它从行空间$\mathbb{R}^n$的一组正交基$[\boldsymbol{v}_1 \quad \boldsymbol{v}_2 \quad \cdots \quad \boldsymbol{v}_r \quad \boldsymbol{v}_{r+1} \quad \cdots \quad \boldsymbol{v}_n]$通过矩阵$\boldsymbol{A}_{m\times n}$变换到列空间$\mathbb{R}^m$的一组正交基$[\boldsymbol{u}_1 \quad \boldsymbol{u}_2 \quad \cdots \quad \boldsymbol{u}_r \quad \boldsymbol{u}_{r+1} \quad \cdots \quad \boldsymbol{u}_m]$，其中$r$为矩阵的秩，为方便起见，我们使用标准正交基(任意一组基总能通过施密特正交化转换为标准正交基)：

$$\boldsymbol{A}[\boldsymbol{v}_1 \quad \boldsymbol{v}_2 \quad \cdots \quad \boldsymbol{v}_r \quad \boldsymbol{v}_{r+1} \quad \cdots \quad \boldsymbol{v}_n]=[\boldsymbol{u}_1 \quad \boldsymbol{u}_2 \quad \cdots \quad \boldsymbol{u}_r \quad \boldsymbol{u}_{r+1} \quad \cdots \quad \boldsymbol{u}_n]\boldsymbol{\Sigma} \tag{2-28}$$

其中$\boldsymbol{\Sigma}$为对角矩阵。式(2-28)亦即

$$\boldsymbol{AV}=\boldsymbol{U\Sigma} \tag{2-29}$$

$\boldsymbol{V}$是正交矩阵，故有

$$\boldsymbol{A}=\boldsymbol{U\Sigma V}^{-1} \tag{2-30}$$

至此，将矩阵$\boldsymbol{A}_{m\times n}$分解成了一个$m\times m$的正交矩阵$\boldsymbol{U}$、一个$m\times n$的对角矩阵$\boldsymbol{\Sigma}$和一个$n\times n$的正交矩阵$\boldsymbol{V}$的乘积的形式。需要注意的是，给定矩阵的奇异值是固定的，但是左右奇异向量则是不定的，因此上式中的正交矩阵$\boldsymbol{U}$和$\boldsymbol{V}$可以有多种形式。$\boldsymbol{\Sigma}$对角线上的元素$\sigma_i=\Sigma_{ii}$称为奇异值，通常按照从大到小的顺序排列。奇异值的个数r等于矩阵$\boldsymbol{A}$的秩。若仅取非零的奇异值和其所对应的奇异向量，可有奇异值分解的紧凑形式：

$$\boldsymbol{A}_{m\times n}=\boldsymbol{U}_{m\times r}\boldsymbol{\Sigma}_{r\times r}\boldsymbol{V}_{n\times r}^{\mathrm{T}}=\sum_{i=1}^{r}\sigma_i\boldsymbol{u}_i\boldsymbol{v}_i^{\mathrm{T}} \tag{2-31}$$

当矩阵$\boldsymbol{A}$的秩远小于矩阵的阶数时，采用紧凑形式能极大地节省存储空间。

奇异值分解可由特征值分解得到，任意阶矩阵不一定存在特征值分解，但$\boldsymbol{AA}^{\mathrm{T}}$和$\boldsymbol{A}^{\mathrm{T}}\boldsymbol{A}$都是对称的方阵，且存在特征值分解。对于任意矩阵$\boldsymbol{A}$，容易得到特征值分解和奇异值分解的如下关系：

$$\begin{aligned}\boldsymbol{AA}^{\mathrm{T}}&=(\boldsymbol{U\Sigma V}^{\mathrm{T}})(\boldsymbol{V\Sigma}^{\mathrm{T}}\boldsymbol{U}^{\mathrm{T}})=\boldsymbol{U\Sigma\Sigma}^{\mathrm{T}}\boldsymbol{U}^{\mathrm{T}}=\boldsymbol{U\Lambda U}^{\mathrm{T}}\\ \boldsymbol{A}^{\mathrm{T}}\boldsymbol{A}&=(\boldsymbol{V\Sigma}^{\mathrm{T}}\boldsymbol{U}^{\mathrm{T}})(\boldsymbol{U\Sigma V}^{\mathrm{T}})=\boldsymbol{V\Sigma}^{\mathrm{T}}\boldsymbol{\Sigma V}^{\mathrm{T}}=\boldsymbol{V\Lambda V}^{\mathrm{T}}\end{aligned} \tag{2-32}$$

例7 利用特征值分解计算矩阵$\boldsymbol{A}=\begin{bmatrix}1&0&0\\2&0&0\end{bmatrix}$的奇异值分解，写出完整形式和紧凑形式。

解

$$\boldsymbol{AA}^{\mathrm{T}}=\begin{bmatrix}1&2\\2&4\end{bmatrix}$$

其特征值和特征向量分别为

$$\lambda_1=5, \lambda_2=0$$

$$\boldsymbol{u}_1=\left[\frac{\sqrt{5}}{5}, \frac{2\sqrt{5}}{5}\right]^{\mathrm{T}}, \boldsymbol{u}_2=\left[\frac{-2\sqrt{5}}{5}, \frac{\sqrt{5}}{5}\right]^{\mathrm{T}}$$

$$\boldsymbol{A}^{\mathrm{T}}\boldsymbol{A}=\begin{bmatrix}5 & 0 & 0\\ 0 & 0 & 0\\ 0 & 0 & 0\end{bmatrix}$$

其特征值和特征向量分别为

$$\lambda_1=5, \lambda_2=0, \lambda_3=0, \boldsymbol{v}_1=[1\quad 0\quad 0]^{\mathrm{T}}, \boldsymbol{v}_2=[0\quad 1\quad 0]^{\mathrm{T}}, \boldsymbol{v}_3=[0\quad 0\quad 1]^{\mathrm{T}}$$

$\boldsymbol{A}$ 只有一个非零特征值，一个奇异值为 $\sigma_1=\sqrt{\lambda_1}=\sqrt{5}$，由此可得 $\boldsymbol{A}$ 的奇异值分解和紧凑形式分别为

$$\boldsymbol{A}=\begin{bmatrix}1 & 0 & 0\\ 2 & 0 & 0\end{bmatrix}=\begin{bmatrix}\frac{\sqrt{5}}{5} & \frac{-2\sqrt{5}}{5}\\ \frac{2\sqrt{5}}{5} & \frac{\sqrt{5}}{5}\end{bmatrix}\begin{bmatrix}\sqrt{5} & 0\\ 0 & 0\end{bmatrix}\begin{bmatrix}1 & 0 & 0\\ 0 & 1 & 0\\ 0 & 0 & 1\end{bmatrix}$$

$$=\begin{bmatrix}\frac{\sqrt{5}}{5}\\ \frac{2\sqrt{5}}{5}\end{bmatrix}[\sqrt{5}][1\quad 0\quad 0] \tag{2-33}$$

2. 截断奇异值分解

考虑一个低秩矩阵逼近的问题。对秩为 r 的矩阵 $\boldsymbol{A}$，求一个秩为 $k(1\leqslant k<r)$ 的矩阵 $\widetilde{\boldsymbol{A}}$，使得 $\widetilde{\boldsymbol{A}}$ 与 $\boldsymbol{A}$ 的平方和误差最小，即

$$\begin{cases}\min\limits_{\widetilde{\boldsymbol{A}}} \|\boldsymbol{A}-\widetilde{\boldsymbol{A}}\|_{\mathrm{F}}^2\\ \text{s. t.}\quad \operatorname{rank}(\widetilde{\boldsymbol{A}})=k\end{cases} \tag{2-34}$$

其中 $\|\cdot\|_{\mathrm{F}}$ 为矩阵的 Frobenius 范数。Eakart-Young 定理给出了该问题的最优解为

$$\widetilde{\boldsymbol{A}}=\widetilde{\boldsymbol{U}}\widetilde{\boldsymbol{\Sigma}}\widetilde{\boldsymbol{V}}^{\mathrm{T}} \tag{2-35}$$

其中 $\widetilde{\boldsymbol{\Sigma}}$ 为 $\boldsymbol{A}$ 的最大的 k 个奇异值组成的 $k\times k$ 对角矩阵，$\widetilde{\boldsymbol{U}}$ 和 $\widetilde{\boldsymbol{V}}$ 分别为这 k 个奇异值对应的左、右奇异向量组成的矩阵。

截断奇异值分解与原矩阵的平方和误差与奇异值的大小有关。由于 $\boldsymbol{u}_1$，$\boldsymbol{u}_2$，…，$\boldsymbol{u}_m$ 正交，$\boldsymbol{v}_1$，$\boldsymbol{v}_2$，…，$\boldsymbol{v}_n$ 正交，因此矩阵的内积 $\langle\sigma_i\boldsymbol{u}_i\boldsymbol{v}_i^{\mathrm{T}}, \sigma_j\boldsymbol{u}_j\boldsymbol{v}_j^{\mathrm{T}}\rangle=0(i\neq j)$。

故可得

$$\|\boldsymbol{A}\|_{\mathrm{F}}^2=\left\|\sum_{i=1}^{r}\sigma_i\boldsymbol{u}_i\boldsymbol{v}_i^{\mathrm{T}}\right\|_{\mathrm{F}}^2=\sum_{i=1}^{r}\sigma_i^2\|\boldsymbol{u}_i\boldsymbol{v}_i^{\mathrm{T}}\|_{\mathrm{F}}^2=\sum_{i=1}^{r}\sigma_i^2 \tag{2-36}$$

即一个矩阵的 F 范数的平方等于所有奇异值的平方和。因此，用前 k 个奇异值的截断奇异值分解的平方和误差为

$$\|\boldsymbol{A}-\widetilde{\boldsymbol{A}}\|_{\mathrm{F}}^2=\sum_{i=k+1}^{r}\sigma_i^2 \tag{2-37}$$

2.2.3 随机奇异值分解

矩阵分解是很多机器学习乃至信号处理问题中最为重要的数学工具，在数据压缩、降维处理和稀疏学习等方面具有广泛的应用。然而，在实际应用中，由于很多数据集规模庞大，例如由 5 万件商品和 10 万名用户构成的推荐系统评分矩阵，实际上难以对这些数据直接做奇异值分解。因此，为了解决大规模矩阵的奇异值分解问题，很多随机奇异值分解算法被逐渐开发出来。其中，相比于奇异值分解，随机奇异值分解的优势在于降低奇异值分解的计算成本。

奇异值分解是线性代数中重要的分解模型之一，在机器学习中随处可见，它的发展已经历经了上百年。然而，随机奇异值分解走进人们的视野才 20 余年，起初，随机奇异值分解算法是基于蒙特卡罗算法实现的，在 2006 年，人们尝试将随机投影 (Random Projection) 应用其中，最终，这一尝试取得了巨大成功。

1. 随机奇异值分解原理

设任意矩阵 $\boldsymbol{A}\in\mathbb{R}^{m\times n}$，秩为 r，其中 $r<\min\{m, n\}$，则随机奇异值分解的建模过程如下：

(1) 利用随机投影得到基向量矩阵(见图 2-5)。

① 生成一个服从独立同分布的高斯分布的随机投影矩阵 $\boldsymbol{\Omega}\in\mathbb{R}^{n\times k}$。

② 用随机矩阵 $\boldsymbol{\Omega}$ 对原矩阵的列空间做“采样”，得到一个大小为 $m\times k$ 的新矩阵 $\boldsymbol{Y}$：$\boldsymbol{Y}=\boldsymbol{A\Omega}$。由于 $\boldsymbol{\Omega}$ 是随机的，这相当于新矩阵 $\boldsymbol{Y}$ 随机保存了原矩阵列空间的重要信息，且 $\boldsymbol{Y}$ 的秩更小。

③ 对 $\boldsymbol{Y}$ 进行 QR 分解(正交三角分解)，$\boldsymbol{Y}=\boldsymbol{QR}$($\boldsymbol{R}$ 为上三角矩阵)，得到一个 $m\times k$ 的正交矩阵 $\boldsymbol{Q}$，这个矩阵的列向量就是我们要找的基向量。

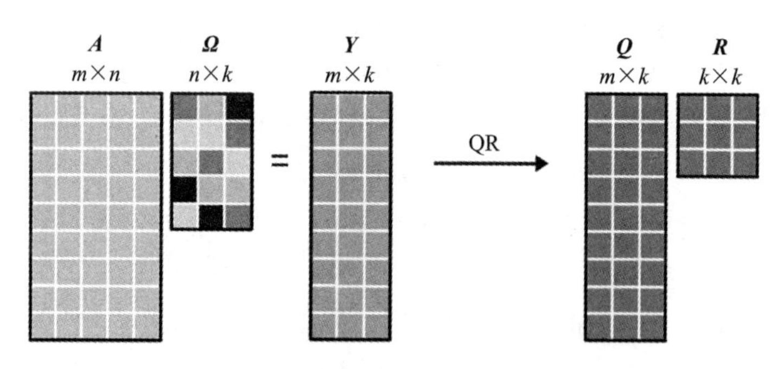

图 2-5 随机奇异值分解第一步的示意图

(2) 在子空间中计算奇异值分解。

① 将 $\boldsymbol{A}$ 投影到 $\boldsymbol{Q}$ 的列空间，得到一个 $k\times n$ 的矩阵 $\boldsymbol{B}$，$\boldsymbol{B}=\boldsymbol{Q}^{\mathrm{T}}\boldsymbol{A}$。

② 计算 $\boldsymbol{B}$ 的奇异值分解，得 $\boldsymbol{B}=\widetilde{\boldsymbol{U}}\boldsymbol{\Sigma}\boldsymbol{V}^{\mathrm{T}}$。其中，矩阵 $\boldsymbol{B}$ 的行数为 k，相比于对矩阵 $\boldsymbol{A}$ 直接进行奇异值分解，这样需要的存储空间就更小。

(3) 将左奇异向量投影回原空间。

将 $\widetilde{\boldsymbol{U}}$ 投影回原空间，$\boldsymbol{U}=\boldsymbol{Q}\widetilde{\boldsymbol{U}}$，得到矩阵 $\boldsymbol{A}$ 的左奇异向量的近似结果。

当 $\boldsymbol{A}$ 的奇异值衰减较慢时，这种方法的效果会变差。而幂迭代法(Power Iteration)很好地解决了这个问题。

定义一个新矩阵

$$\boldsymbol{A}^{(q)}=\boldsymbol{A}\,(\boldsymbol{A}^{\mathrm{T}}\boldsymbol{A})^{q}=\boldsymbol{U}\boldsymbol{\Sigma}^{2q-1}\boldsymbol{V}^{*}$$

通过幂迭代，新矩阵的奇异值衰减得更快，而且 $\boldsymbol{A}^{(q)}$ 和 $\boldsymbol{A}$ 的列空间是相同的。因此可以使用 $\boldsymbol{A}^{(q)}$ 代替 $\boldsymbol{A}$，从而使 $\boldsymbol{Y}=\boldsymbol{A}^{(q)}\boldsymbol{\Omega}$，达到更好的近似结果。

张量可以分解为一个核张量与多个矩阵相乘的形式，而矩阵 $\boldsymbol{U}$ 由第 i 模式张量展开后进行 SVD(奇异值分解)的左奇异值向量得来。在实际应用中，随机奇异值分解在相对较低秩的大型矩阵方面竞争效率很高，因此运用随机奇异值分解的方式可提高计算效率和解决截断的问题。

随机奇异值分解(RSVD)如图 2-6 所示，其算法如下：

(1) 设矩阵 $\boldsymbol{A}\in\mathbb{R}^{m\times n}$ 为低秩矩阵，生成高斯随机矩阵 $\boldsymbol{U}\in\mathbb{R}^{n\times k}$。

(2) 将原始矩阵与 $\boldsymbol{U}$ 矩阵相乘，计算得到一个新的矩阵 $\boldsymbol{Y}\in\mathbb{R}^{m\times k}(0<k<\min(m,n))$，将 QR 分解的思想运用于 $\boldsymbol{Y}$，得到 $\boldsymbol{Y}=\boldsymbol{Q}\boldsymbol{R}(\boldsymbol{Q}\in\mathbb{R}^{m\times k},\ \boldsymbol{Q}\in\mathbb{R}^{k\times k})$，最后，$k$ 值的选取与截断程度和计算效率有关。

(3) 将 $\boldsymbol{Q}$ 进行转置得到 $\boldsymbol{Q}^{\mathrm{T}}$，然后将 $\boldsymbol{Q}^{\mathrm{T}}$ 与 $\boldsymbol{A}$ 相乘，得到所要的矩阵 $\boldsymbol{B}$，$\boldsymbol{B}\in\mathbb{R}^{k\times n}$。

(4) 将 $\boldsymbol{B}$ 进行奇异值分解，此时 $\boldsymbol{B}$ 矩阵的大小要远远小于原始矩阵，$\boldsymbol{B}$ 矩阵是一个小矩阵，用它代替原来的大型矩阵 $\boldsymbol{A}$ 进行计算。

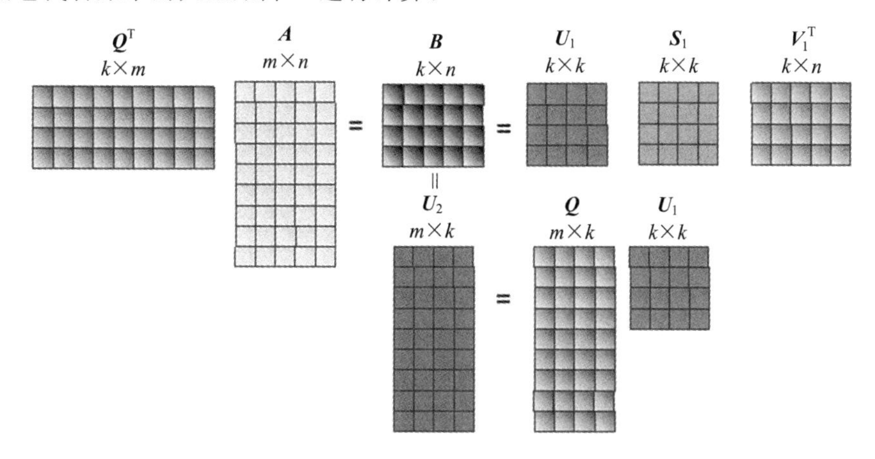

图 2-6　随机奇异值分解

由 $\boldsymbol{B}$ 矩阵奇异值分解出来的 $\boldsymbol{S}_1$ 和 $\boldsymbol{V}^{\mathrm{T}}$ 分别等于 $\boldsymbol{A}$ 矩阵奇异值分解的核函数和右奇异值向量，若想得到 $\boldsymbol{A}$ 矩阵的左奇异值向量，可以将 $\boldsymbol{Q}$ 与 $\boldsymbol{B}$ 的左奇异值向量相乘。

复杂度分析：原始矩阵为 $\boldsymbol{A}\in\mathbb{R}^{m\times n}$，对 $\boldsymbol{A}$ 进行随机奇异值分解(随机奇异值分解是将大的低秩矩阵计算转化为一个小的矩阵)，然后再进行奇异值分解，复杂度的来源主要为小矩阵的奇异值分解与矩阵相乘，计算 $\boldsymbol{Y}$ 的时间复杂度为 $O(kmn)$，计算 $\boldsymbol{Y}$ 的 QR 分解的时间复杂度为 $O(2mk^2)$，计算 $\boldsymbol{B}$ 的时间复杂度为 $O(kmn)$，计算 $\boldsymbol{B}$ 的奇异值分解的时间复杂度为 $O(k^2n)$，计算 $\boldsymbol{U}_2$ 的时间复杂度为 $O(mk^2)$，那么计算一个 $\boldsymbol{U}$ 的总的时间复杂度为 $O[k(k(3m+n)+2mn)]$。

2. 增量随机奇异值分解

静态的补全算法往往无法满足用户动态的需求，而每当有新增加的数据时，补全算法都会重新进行数据补全。而采用增量分解则不需要对原有分解张量进行重新计算，而是利用原始张量分解结果，更新动态新生成数据的分解结果。新加入的数据在模式上应当与原有张量模型相似。

以三阶张量为例，假设原始张量为 $\mathcal{X}\in\mathbb{R}^{I_1\times I_2\times I_3}$，按照张量的展开式 $\boldsymbol{A}_{(1)}=I_1\times(I_2\times I_3)$，$\boldsymbol{A}_{(2)}=I_2\times(I_1\times I_3)$，$\boldsymbol{A}_{(3)}=I_3\times(I_1\times I_2)$。现在引入一个新的张量 $\mathcal{X}\in\mathbb{R}^{I_1\times I_2\times I_4}$，假设两个张量按照第三模式进行黏合，则新张量 $\mathcal{M}=[\mathcal{A}|\mathcal{X}]\in\mathbb{R}^{I_1\times I_2\times(I_3\times I_4)}$。重新将 $\mathcal{M}$ 进行展开（见图 2-7），则有

$$\boldsymbol{M}_{(1)}=I_1\times[I_2\times(I_3+I_4)],\ \boldsymbol{M}_{(2)}=I_2\times[I_1\times(I_3+I_4)],\ \boldsymbol{M}_{(3)}=(I_3+I_4)\times(I_2+I_1)$$

可见

$$\boldsymbol{M}_{(1)}=[\boldsymbol{A}_{(1)}\,|\,\boldsymbol{X}_{(1)}],\ \boldsymbol{M}_{(2)}=[\boldsymbol{A}_{(2)}\,|\,X_{(2)}],\ \boldsymbol{M}_{(3)}=\begin{bmatrix}\boldsymbol{A}_{(3)}\\ \boldsymbol{X}_{(3)}\end{bmatrix}=[\boldsymbol{A}_{(3)}^{\mathrm{T}}\,|\,\boldsymbol{X}_{(3)}^{\mathrm{T}}]^{\mathrm{T}}$$

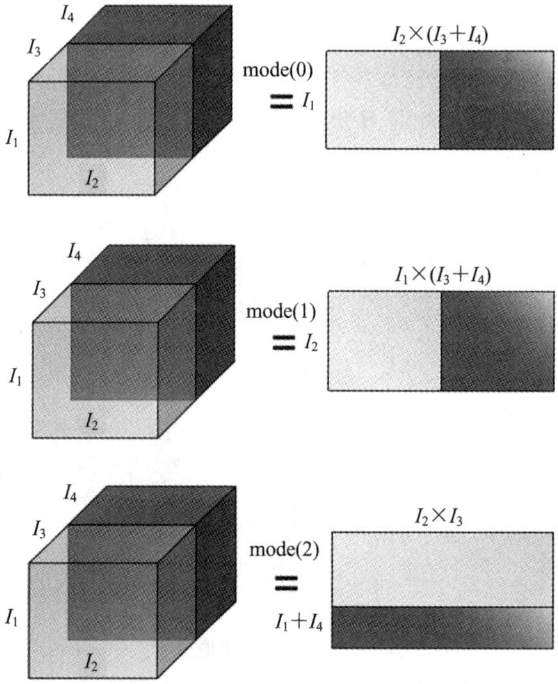

图 2-7 拼接后的三阶张量展开矩阵

下面介绍增量 SVD 模型。设有矩阵 $\boldsymbol{A}\in\mathbb{R}^{I_1\times I_2}$，对矩阵 $\boldsymbol{A}$ 进行 SVD 的结果为 $\mathrm{SVD}(\boldsymbol{A})=\boldsymbol{U}_t\boldsymbol{S}_t\boldsymbol{V}_t^{\mathrm{T}}$，此时引入一个新的矩阵 $\boldsymbol{X}\in\mathbb{R}^{I_1\times I_3}$，将矩阵 $\boldsymbol{A}$ 与矩阵 $\boldsymbol{X}$ 进行拼接生成的新矩阵为 $\boldsymbol{M}=[\boldsymbol{A}|\boldsymbol{X}]$，$\boldsymbol{A}\in\mathbb{R}^{I_1\times(I_2+I_3)}$。由于 $\boldsymbol{U}_t$ 和 $\boldsymbol{V}_t^{\mathrm{T}}$ 都是正交矩阵，使用 SVD 的基本性质，可以得到：

$$\boldsymbol{S}_t=\boldsymbol{U}_t^{\mathrm{T}}\boldsymbol{U}_t\boldsymbol{S}_t\boldsymbol{V}_t^{\mathrm{T}}\boldsymbol{V}_t \tag{2-38}$$

然后，对新生成的矩阵 $\boldsymbol{M}=[\boldsymbol{A}|\boldsymbol{X}]$做以下运算：

$$\boldsymbol{U}_t^{\mathrm{T}}\boldsymbol{M}\begin{bmatrix}\boldsymbol{V}_t & \boldsymbol{0}\\ \boldsymbol{0} & \boldsymbol{I}_f\end{bmatrix}=[\boldsymbol{S}_t\,|\,\boldsymbol{U}_t^{\mathrm{T}}\boldsymbol{X}] \tag{2-39}$$

其中 $\boldsymbol{I}_f$ 为 $I_3 \times I_3$ 的矩阵，记 $\boldsymbol{Y}=[\boldsymbol{S}_t | \boldsymbol{U}_t^{\mathrm{T}}\boldsymbol{F}]$，最后对 $\boldsymbol{Y}$ 进行 SVD 计算。

因为矩阵 $\boldsymbol{Y}$ 的大小为 $R_1 \times (R_2+I_3)$（R_1 和 R_2 表示矩阵两个维度的大小），远小于 $I_1 \times (I_2+I_3)$，所以，对 Y 的 SVD 计算时间要远少于直接对 $\boldsymbol{M}$ 的计算时间。

设 $\mathrm{SVD}(\boldsymbol{Y})=\boldsymbol{U}_Y\boldsymbol{S}_Y\boldsymbol{V}_Y^{\mathrm{T}}$，那么对 $\boldsymbol{M}$ 的 SVD 分解就可以近似代替为

$$\begin{aligned}\boldsymbol{M} &= \boldsymbol{U}_t\boldsymbol{U}_t^{\mathrm{T}}\boldsymbol{M}\begin{bmatrix}\boldsymbol{V}_t & \boldsymbol{0}\\ \boldsymbol{0} & \boldsymbol{I}_f\end{bmatrix}\begin{bmatrix}\boldsymbol{V}_t & \boldsymbol{0}\\ \boldsymbol{0} & \boldsymbol{I}_f\end{bmatrix}^{\mathrm{T}} = \boldsymbol{U}_t[\boldsymbol{S}_t | \boldsymbol{U}_t^{\mathrm{T}}\boldsymbol{X}]\begin{bmatrix}\boldsymbol{V}_t & \boldsymbol{0}\\ \boldsymbol{0} & \boldsymbol{I}_f\end{bmatrix}^{\mathrm{T}} \\ &= \boldsymbol{U}_t\boldsymbol{Y}\begin{bmatrix}\boldsymbol{V}_t & \boldsymbol{0}\\ \boldsymbol{0} & \boldsymbol{I}_f\end{bmatrix}^{\mathrm{T}} = \boldsymbol{U}_Y\boldsymbol{S}_Y\boldsymbol{V}_Y^{\mathrm{T}}\begin{bmatrix}\boldsymbol{V}_t & \boldsymbol{0}\\ \boldsymbol{0} & \boldsymbol{I}_f\end{bmatrix}^{\mathrm{T}}\end{aligned} \tag{2-40}$$

记 $\mathrm{SVD}(\boldsymbol{M})=\boldsymbol{U}_1\boldsymbol{S}_1\boldsymbol{V}_1$，可以得到：

$$\boldsymbol{U}_1=\boldsymbol{U}_t\boldsymbol{U}_Y \tag{2-41}$$

$$\boldsymbol{S}_1=\boldsymbol{S}_Y \tag{2-42}$$

$$\boldsymbol{V}_1^{\mathrm{T}}=\boldsymbol{V}_Y^{\mathrm{T}}\begin{bmatrix}\boldsymbol{V}_t & \boldsymbol{0}\\ \boldsymbol{0} & \boldsymbol{I}_f\end{bmatrix}^{\mathrm{T}} \tag{2-43}$$

复杂度分析：增量 SVD 算法的主要资源消耗是对矩阵 $\boldsymbol{Y}$ 的 SVD 运算，计算所需要的 $\boldsymbol{U}_1$ 与 $\boldsymbol{V}_1^{\mathrm{T}}$。我们将 SVD 换为 RSVD，对 $\boldsymbol{Y}$ 进行 RSVD 运算，其时间复杂度为 $O\{k[k(3R_1+R_2+I_3)+2R_1(R_2+I_3)]\}$，计算 $\boldsymbol{U}_1$ 的时间复杂度为 $O(I_1R_1^2)$。对于 $\boldsymbol{V}_1^{\mathrm{T}}$ 的计算，可以分块处理，其时间复杂度为 $O(I_2R_1^2)$，所以总的时间复杂度为 $O\{k[k(3R_1+R_2+I_3)+2R_1(R_2+I_3)+R_1^2(I_1+I_2)]\}$。

2.3 动态模态分解

动态模态分解是给线性动力系统降维的一种方法。在很多应用中，数据的维度是非常高的，所以计算特征值、特征向量就非常困难。例如，气象海洋探测中飞行器对周围流体的状态监测、脑神经科学中电位测量等都需要安装大量的感知器。

假设有如下线性系统：

$$\frac{\mathrm{d}\boldsymbol{x}}{\mathrm{d}t}=\boldsymbol{K}\boldsymbol{x}$$

用欧拉法将其离散化，可以得到：

$$\boldsymbol{x}_{k+1}=\boldsymbol{A}\boldsymbol{x}_k$$

这里 $\boldsymbol{A}$ 与 $\boldsymbol{K}$ 有关。

进一步记录 $\boldsymbol{X}^{(n-1)}=[x_0, x_1, \cdots, x_{n-1}]$，$\boldsymbol{X}^{(n)}=[x_1, x_2, \cdots, x_n]$，有

$$\boldsymbol{X}^{(n)}=\boldsymbol{A}\boldsymbol{X}^{(n-1)}$$

因此有

$$\boldsymbol{A}=\boldsymbol{X}^{(n)}\boldsymbol{X}^{(n-1)\dagger}$$

其中 $\boldsymbol{X}^{(n-1)\dagger}$ 是 $\boldsymbol{X}^{(n-1)}$ 的伪逆。如果一个系统是线性（或者近似线性）的，那么可以通过状态的“轨迹数据”$[x_1, x_2, \cdots, x_n]$ 恢复出该系统。这时，先对 $\boldsymbol{X}^{(n-1)}$ 做奇异值分解，并且只保留前 r 阶，再计算 $\widetilde{\boldsymbol{A}_r}$ 的特征值和特征向量比直接计算 $\boldsymbol{A}$ 的特征值、特征向量快得多，这里

$$\boldsymbol{X}^{(n-1)}=\boldsymbol{U}_r\boldsymbol{\Sigma}_r\boldsymbol{V}_r^{\dagger}$$

$$\widetilde{\boldsymbol{A}_r}=\boldsymbol{U}_r^{\dagger}\boldsymbol{A}\boldsymbol{U}_r$$

其中，$\boldsymbol{A}$ 和$\widetilde{\boldsymbol{A}_r}$是近似矩阵，所以前 r 个特征值、特征向量相同。

假设$\widetilde{\boldsymbol{A}_r}=\boldsymbol{W}\boldsymbol{\Lambda}_r\boldsymbol{W}^{\dagger}$，因此可以根据 $\boldsymbol{\Lambda}_r$ 的特征值对不同的特征向量(模态)进行分类。

总之，假设系统是线性的，我们就可以通过观测到的数据$[x_0, x_1, \cdots, x_n]$来“恢复”该系统(也就是计算出矩阵 $\boldsymbol{A}$)。根据线性系统理论，就可以通过计算 $\boldsymbol{A}$ 的特征值、特征向量知道不同空间上的模态在时间上如何传递(指数形增长、衰退或是震荡)。但是有些系统的状态维度较大，计算成本较高，可以通过先用动态模态分解的小窍门对其先降维，再去找特征值、特征向量就简单得多了。

如果所研究的系统是非线性的，从实用角度出发，也可以将其分割为若干段，每一小段用线性系统去逼近。

本章小结

向量和矩阵的基本运算被人们广泛用于开发各种机器学习中的经典代数模型。

张量分解可以看作矩阵分解的高维推广，张量分解模型主要以张量为代数结构。对于维数比较高的数据，传统的方法(例如 ICA、PCA、SVD 和 NMF)一般是将数据展开成二维数据的形式(矩阵)进行处理，这种处理方式使得数据的结构信息丢失(如图像的邻域信息丢失)，求解结果与实际情况存在一定的差距。而采用张量对数据进行存储能够保留数据的结构信息，因此近些年来张量存储技术在图像处理以及计算机视觉等领域得到了一些广泛的应用。与矩阵分解一样，我们希望通过张量分解去提取原数据中所隐藏的信息或主要成分。

参考文献

[1] 程云鹏. 矩阵论[M]. 西安：西北工业大学出版社，1999.

[2] 陈公宁. 矩阵理论与应用[M]. 北京：高等教育出版社，1990.

第3章

数据补全中的基本运算

近年来，张量分解技术在数据挖掘领域应用广泛。关于张量的一些计算相比以向量和矩阵计算为主导的线性代数更为抽象。就线性代数和多重线性代数而言，主流的观点将涉及张量计算的内容归为多重线性代数(Multilinear Algebra)，并认为多重线性代数实际上是线性代数的延伸。

本章重点介绍 Kronecker 积与 Kronecker 分解。Kronecker 积是张量计算中非常重要的一种运算规则，Kronecker 分解是一种以 Kronecker 积为基础的分解形式，又称为 Kronecker积分解、Kronecker 积逼近、最近 Kronecker 积等。本章首先给出 Kronecker 积的定义和性质，然后给出 Kronecker 分解的一般形式、优化问题、求解过程等，最后给出以 Kronecker 分解为基础的模型参数压缩问题。

3.1 Kronecker 积定义

3.1.1 基本定义

Kronecker 积是德国数学家 Leopold Kronecker 首先提出的一种运算规则，已广泛应用于各类矩阵计算和张量计算中。

给定任意矩阵 $\boldsymbol{X}\in\mathbb{R}^{m\times n}$ 与 $\boldsymbol{Y}\in\mathbb{R}^{p\times q}$，则定义

$$\boldsymbol{X}\otimes\boldsymbol{Y}=\begin{bmatrix} x_{11}\boldsymbol{Y} & x_{12}\boldsymbol{Y} & \cdots & x_{1n}\boldsymbol{Y} \\ x_{21}\boldsymbol{Y} & x_{22}\boldsymbol{Y} & \cdots & x_{2n}\boldsymbol{Y} \\ \vdots & \vdots & & \vdots \\ x_{m1}\boldsymbol{Y} & x_{m2}\boldsymbol{Y} & \cdots & x_{mn}\boldsymbol{Y} \end{bmatrix}\in\mathbb{R}^{(mp)\times(nq)} \tag{3-1}$$

其中，符号$\otimes$表示 Kronecker 积。$\boldsymbol{X}\otimes\boldsymbol{Y}$ 是分块矩阵，子块由矩阵 $\boldsymbol{X}$ 的每个元素与矩阵 $\boldsymbol{Y}$ 相乘得到。

根据 Kronecker 积的定义，矩阵 $\boldsymbol{Y}$ 与 $\boldsymbol{X}$ 的 Kronecker 积为

$$\boldsymbol{Y}\otimes\boldsymbol{X}=\begin{bmatrix} y_{11}\boldsymbol{X} & y_{12}\boldsymbol{X} & \cdots & y_{1q}\boldsymbol{X} \\ y_{21}\boldsymbol{X} & y_{22}\boldsymbol{X} & \cdots & y_{2q}\boldsymbol{X} \\ \vdots & \vdots & & \vdots \\ y_{p1}\boldsymbol{X} & y_{p2}\boldsymbol{X} & \cdots & y_{pq}\boldsymbol{X} \end{bmatrix}\in\mathbb{R}^{(mp)\times(nq)} \tag{3-2}$$

$\boldsymbol{X}\otimes\boldsymbol{Y}$ 与 $\boldsymbol{Y}\otimes\boldsymbol{X}$ 阶数相同，但不相等，因此 Kronecker 积不满足交换律。

例 1 给定矩阵 $\boldsymbol{X}=\begin{bmatrix}1&2\\3&4\end{bmatrix}$与 $\boldsymbol{Y}=\begin{bmatrix}5&6&7\\8&9&10\end{bmatrix}$，试写出两者之间的 Kronecker 积 $\boldsymbol{X}\otimes\boldsymbol{Y}$ 与 $\boldsymbol{Y}\otimes\boldsymbol{X}$。

解 根据定义，有

$$\boldsymbol{X}\otimes\boldsymbol{Y}=\begin{bmatrix}1\times\begin{bmatrix}5&6&7\\8&9&10\end{bmatrix} & 2\times\begin{bmatrix}5&6&7\\8&9&10\end{bmatrix}\\ 3\times\begin{bmatrix}5&6&7\\8&9&10\end{bmatrix} & 4\times\begin{bmatrix}5&6&7\\8&9&10\end{bmatrix}\end{bmatrix}=\begin{bmatrix}5&6&7&10&12&14\\8&9&10&16&18&20\\15&18&21&20&24&28\\24&27&30&32&36&40\end{bmatrix}$$

$$\boldsymbol{Y}\otimes\boldsymbol{X}=\begin{bmatrix}5\times\begin{bmatrix}1&2\\3&4\end{bmatrix} & 6\times\begin{bmatrix}1&2\\3&4\end{bmatrix} & 7\times\begin{bmatrix}1&2\\3&4\end{bmatrix}\\ 8\times\begin{bmatrix}1&2\\3&4\end{bmatrix} & 9\times\begin{bmatrix}1&2\\3&4\end{bmatrix} & 10\times\begin{bmatrix}1&2\\3&4\end{bmatrix}\end{bmatrix}=\begin{bmatrix}5&10&6&12&7&14\\15&20&18&24&21&28\\8&16&9&18&10&20\\24&32&27&36&30&40\end{bmatrix}$$

例 2 给定矩阵 $\boldsymbol{X}=\begin{bmatrix}1&2\\3&4\end{bmatrix}$与 $\boldsymbol{Y}=\begin{bmatrix}5&6&7\\8&9&10\end{bmatrix}$，试问 $(\boldsymbol{X}\otimes\boldsymbol{Y})^{\mathrm{T}}=\boldsymbol{X}^{\mathrm{T}}\otimes\boldsymbol{Y}^{\mathrm{T}}$ 是否成立？

解 根据定义，有

$$\boldsymbol{X}^{\mathrm{T}}\otimes\boldsymbol{Y}^{\mathrm{T}}=\begin{bmatrix}1\times\begin{bmatrix}5&8\\6&9\\7&10\end{bmatrix} & 3\times\begin{bmatrix}5&8\\6&9\\7&10\end{bmatrix}\\ 2\times\begin{bmatrix}5&8\\6&9\\7&10\end{bmatrix} & 4\times\begin{bmatrix}5&8\\6&9\\7&10\end{bmatrix}\end{bmatrix}=\begin{bmatrix}5&8&15&24\\6&9&18&27\\7&10&21&30\\10&16&20&32\\12&18&24&36\\14&20&28&40\end{bmatrix}$$

因此有 $(\boldsymbol{X}\otimes\boldsymbol{Y})^{\mathrm{T}}=\boldsymbol{X}^{\mathrm{T}}\otimes\boldsymbol{Y}^{\mathrm{T}}$。

例 3 给定向量 $\boldsymbol{x}=(1,\ 2)^{\mathrm{T}}$ 与 $\boldsymbol{y}=(3,\ 4)^{\mathrm{T}}$，试写出 $\boldsymbol{x}\otimes\boldsymbol{y}$ 与 $\boldsymbol{x}\otimes\boldsymbol{y}^{\mathrm{T}}$。

解 根据定义，有

$$\boldsymbol{x}\otimes\boldsymbol{y}=\begin{bmatrix}1\times\begin{bmatrix}3\\4\end{bmatrix}\\ 2\times\begin{bmatrix}3\\4\end{bmatrix}\end{bmatrix}=\begin{bmatrix}3\\4\\6\\8\end{bmatrix}$$

$$\boldsymbol{x}\otimes\boldsymbol{y}^{\mathrm{T}}=\begin{bmatrix}1\times[3\quad 4]\\2\times[3\quad 4]\end{bmatrix}=\begin{bmatrix}3&4\\6&8\end{bmatrix}$$

这里，$\boldsymbol{x}\otimes\boldsymbol{y}^{\mathrm{T}}=\boldsymbol{x}\boldsymbol{y}^{\mathrm{T}}$，其中 $\boldsymbol{x}\boldsymbol{y}^{\mathrm{T}}$ 是向量外积。

对于多元时间序列，如式(2-21)向量自回归可写作如下形式：

$$\boldsymbol{X}\boldsymbol{\Psi}_0^{\mathrm{T}}=\sum_{k=1}^{d}\boldsymbol{A}_k\boldsymbol{X}\boldsymbol{\Psi}_k^{\mathrm{T}}+\boldsymbol{E}$$

若令

$$\boldsymbol{A}=[\boldsymbol{A}_1\quad \boldsymbol{A}_2\quad \cdots\quad \boldsymbol{A}_d]\in\mathbb{R}^{n\times(dn)}$$
$$\boldsymbol{\Psi}=[\boldsymbol{\Psi}_1\quad \boldsymbol{\Psi}_2\quad \cdots\quad \boldsymbol{\Psi}_d]\in\mathbb{R}^{(T-d)\times(dT)}$$

则向量自回归可进一步写作如下形式：

$$X\Psi_0^{\mathrm{T}}=A(I_d\otimes X)\Psi^{\mathrm{T}}+E \tag{3-3}$$

其中 I_d 是 $d\times d$ 的单位阵。

3.1.2 Khatri-Rao 积

给定任意矩阵 $X=[x_1, x_2, \cdots, x_d]\in\mathbb{R}^{m\times d}$，$Y=[y_1, y_2, \cdots, y_d]\in\mathbb{R}^{n\times d}$，若两个矩阵列数相同，则两者之间的 Khatri-Rao 积为

$$X\odot Y=[x_1\otimes y_1 \quad x_2\otimes y_2 \quad \cdots \quad x_d\otimes y_d]\in\mathbb{R}^{(mn)\times d} \tag{3-4}$$

其中，列向量是由 X 与 Y 的列向量进行 Kronecker 积运算得到的

例 5　给定矩阵 $X=\begin{bmatrix}1 & 2\\ 3 & 4\end{bmatrix}$与 $Y=\begin{bmatrix}5 & 6\\ 7 & 8\\ 9 & 10\end{bmatrix}$，试写出 $X\odot Y$。

解　根据定义，有

$$X\odot Y=\left[\begin{bmatrix}1\\ 3\end{bmatrix}\otimes\begin{bmatrix}5\\ 7\\ 9\end{bmatrix} \quad \begin{bmatrix}2\\ 4\end{bmatrix}\otimes\begin{bmatrix}6\\ 8\\ 10\end{bmatrix}\right]=\begin{bmatrix}5 & 12\\ 7 & 16\\ 9 & 20\\ 15 & 24\\ 21 & 32\\ 27 & 40\end{bmatrix}$$

3.2 Kronecker 积基本性质

3.2.1 结合律与分配律

Kronecker 积满足结合律与分配律，即

$$X\otimes Y\otimes Z=X\otimes(Y\otimes Z)$$

$$X\otimes Z+Y\otimes Z=(X+Y)\otimes Z$$

例 6　给定矩阵 $X=\begin{bmatrix}1 & 2\\ 3 & 4\end{bmatrix}$，$Y=\begin{bmatrix}5 & 6\\ 7 & 8\end{bmatrix}$与 $Z=\begin{bmatrix}1 & 1\\ 1 & 1\end{bmatrix}$，试写出 $X\otimes Z+Y\otimes Z$ 与 $(X+Y)\otimes Z$。

解　$$X\otimes Z+Y\otimes Z=\begin{bmatrix}1 & 1 & 2 & 2\\ 1 & 1 & 2 & 2\\ 3 & 3 & 4 & 4\\ 3 & 3 & 4 & 4\end{bmatrix}+\begin{bmatrix}5 & 5 & 6 & 6\\ 5 & 5 & 6 & 6\\ 7 & 7 & 8 & 8\\ 7 & 7 & 8 & 8\end{bmatrix}=\begin{bmatrix}6 & 6 & 8 & 8\\ 6 & 6 & 8 & 8\\ 10 & 10 & 12 & 12\\ 10 & 10 & 12 & 12\end{bmatrix}$$

$$(X+Y)\otimes Z=\begin{bmatrix}6 & 8\\ 10 & 12\end{bmatrix}\otimes\begin{bmatrix}1 & 1\\ 1 & 1\end{bmatrix}=\begin{bmatrix}6 & 6 & 8 & 8\\ 6 & 6 & 8 & 8\\ 10 & 10 & 12 & 12\\ 10 & 10 & 12 & 12\end{bmatrix}$$

3.2.2 矩阵相乘

对任意矩阵 $\boldsymbol{X}\in\mathbb{R}^{m\times n}$，$\boldsymbol{Y}\in\mathbb{R}^{s\times t}$，$\boldsymbol{U}\in\mathbb{R}^{n\times p}$ 与 $\boldsymbol{V}\in\mathbb{R}^{t\times q}$，则矩阵 $\boldsymbol{X}\otimes\boldsymbol{Y}\in\mathbb{R}^{(ms)\times(nt)}$ 的列数 nt 与矩阵 $\boldsymbol{U}\otimes\boldsymbol{V}\in\mathbb{R}^{(nt)\times(pq)}$ 的行数 nt 一致，可进行矩阵相乘，得到的矩阵满足：

$$
\begin{aligned}
(\boldsymbol{X}\otimes\boldsymbol{Y})(\boldsymbol{U}\otimes\boldsymbol{V}) &= \begin{bmatrix} x_{11}\boldsymbol{Y} & x_{12}\boldsymbol{Y} & \cdots & x_{1n}\boldsymbol{Y} \\ x_{21}\boldsymbol{Y} & x_{22}\boldsymbol{Y} & \cdots & X_{2n}\boldsymbol{Y} \\ \vdots & \vdots & & \vdots \\ x_{m1}\boldsymbol{Y} & x_{m2}\boldsymbol{Y} & \cdots & x_{mn}\boldsymbol{Y} \end{bmatrix} \begin{bmatrix} u_{11}\boldsymbol{V} & u_{12}\boldsymbol{V} & \cdots & u_{1p}\boldsymbol{V} \\ u_{21}\boldsymbol{V} & u_{22}\boldsymbol{V} & \cdots & u_{2p}\boldsymbol{V} \\ \vdots & \vdots & & \vdots \\ u_{n1}\boldsymbol{V} & u_{n2}\boldsymbol{V} & \cdots & u_{np}\boldsymbol{V} \end{bmatrix} \\
&= \begin{bmatrix} \sum_{k=1}^{n} x_{1k}u_{k1} & \sum_{k=1}^{n} x_{1k}u_{k2} & \cdots & \sum_{k=1}^{n} x_{1k}u_{kp} \\ \sum_{k=1}^{n} x_{2k}u_{k1} & \sum_{k=1}^{n} x_{2k}u_{k2} & \cdots & \sum_{k=1}^{n} x_{2k}u_{kp} \\ \vdots & \vdots & & \vdots \\ \sum_{k=1}^{n} x_{mk}u_{k1} & \sum_{k=1}^{n} x_{mk}u_{k2} & \cdots & \sum_{k=1}^{n} x_{mk}u_{kp} \end{bmatrix} \otimes (\boldsymbol{YV}) \qquad (3-5) \\
&= (\boldsymbol{XU}) \otimes (\boldsymbol{YV}) \in \mathbb{R}^{(ms)\times(pq)}
\end{aligned}
$$

例 7 给定任意矩阵 $\boldsymbol{X}\in\mathbb{R}^{m\times n}$，$\boldsymbol{Y}\in\mathbb{R}^{p\times q}$，若奇异值分解分别为

$$\boldsymbol{X}=\boldsymbol{WSQ}^{\mathrm{T}}, \quad \boldsymbol{Y}=\boldsymbol{UDV}^{\mathrm{T}}$$

试证明矩阵 $\boldsymbol{X}\otimes\boldsymbol{Y}$ 的奇异值分解可由矩阵 $\boldsymbol{X}$ 与 $\boldsymbol{Y}$ 的奇异值分解计算得到，即

$$\boldsymbol{X}\otimes\boldsymbol{Y}=(\boldsymbol{W}\otimes\boldsymbol{U})(\boldsymbol{S}\otimes\boldsymbol{D})(\boldsymbol{Q}\otimes\boldsymbol{V})^{\mathrm{T}} \qquad (3-6)$$

解 根据 Kronecker 积的性质，得

$$
\begin{aligned}
\boldsymbol{X}\otimes\boldsymbol{Y} &= \boldsymbol{WSQ}^{\mathrm{T}}\otimes\boldsymbol{UDV}^{\mathrm{T}} \\
&= (\boldsymbol{W}\otimes\boldsymbol{U})[(\boldsymbol{SQ}^{\mathrm{T}})\otimes(\boldsymbol{DV}^{\mathrm{T}})] \\
&= (\boldsymbol{W}\otimes\boldsymbol{U})(\boldsymbol{S}\otimes\boldsymbol{D})(\boldsymbol{Q}^{\mathrm{T}}\otimes\boldsymbol{V}^{\mathrm{T}}) \\
&= (\boldsymbol{W}\otimes\boldsymbol{U})(\boldsymbol{S}\otimes\boldsymbol{D})(\boldsymbol{Q}\otimes\boldsymbol{V})^{\mathrm{T}}
\end{aligned}
$$

3.2.3 求逆矩阵

对于任意可逆矩阵 $\boldsymbol{X}\in\mathbb{R}^{m\times m}$，$\boldsymbol{Y}\in\mathbb{R}^{n\times n}$，由于

$$(\boldsymbol{X}\otimes\boldsymbol{Y})(\boldsymbol{X}^{-1}\otimes\boldsymbol{Y}^{-1})=(\boldsymbol{XX}^{-1})\otimes(\boldsymbol{YY}^{-1})=\boldsymbol{I}_m\otimes\boldsymbol{I}_n=\boldsymbol{I}_{mn}$$

故有

$$(\boldsymbol{X}\otimes\boldsymbol{Y})^{-1}=\boldsymbol{X}^{-1}\otimes\boldsymbol{Y}^{-1} \qquad (3-7)$$

恒成立。

例 8 给定矩阵 $\boldsymbol{X}=\begin{bmatrix}1 & 2\\ 3 & 4\end{bmatrix}$，$\boldsymbol{Y}=\begin{bmatrix}5 & 6\\ 7 & 8\end{bmatrix}$，试写出 $(\boldsymbol{X}\otimes\boldsymbol{Y})^{-1}$ 与 $\boldsymbol{X}^{-1}\otimes\boldsymbol{Y}^{-1}$。

解 根据 Kronecker 积的性质，得

$$\boldsymbol{X}\otimes\boldsymbol{Y}=\begin{bmatrix}5 & 6 & 10 & 12\\ 7 & 8 & 14 & 16\\ 15 & 18 & 20 & 24\\ 21 & 24 & 28 & 32\end{bmatrix}$$

对该矩阵求逆矩阵，得

$$(\boldsymbol{X}\otimes\boldsymbol{Y})^{-1}=\begin{bmatrix}8 & -6 & -4 & 3\\ -7 & 5 & 3.5 & -2.5\\ -6 & 4.5 & 2 & -1.5\\ 5.25 & -3.75 & -1.75 & 1.25\end{bmatrix}$$

对矩阵 $\boldsymbol{X}$ 与 $\boldsymbol{Y}$ 分别求逆矩阵：

$$\boldsymbol{X}^{-1}=\begin{bmatrix}-2 & 1\\ 1.5 & -0.5\end{bmatrix},\quad \boldsymbol{Y}^{-1}=\begin{bmatrix}-4 & 3\\ 3.5 & -2.5\end{bmatrix}$$

再对逆矩阵求 Kronecker 积，得

$$\boldsymbol{X}^{-1}\otimes\boldsymbol{Y}^{-1}=\begin{bmatrix}8 & -6 & -4 & 3\\ -7 & 5 & 3.5 & -2.5\\ -6 & 4.5 & 2 & -1.5\\ 5.25 & -3.75 & -1.75 & 1.25\end{bmatrix}$$

对于任意矩阵 $\boldsymbol{X}\in\mathbb{R}^{m\times m}$，$\boldsymbol{Y}\in\mathbb{R}^{p\times q}$，由上述 Kronecker 积性质得到如下性质：

$$(\boldsymbol{X}\otimes\boldsymbol{Y})^{\dagger}=\boldsymbol{X}^{\dagger}\otimes\boldsymbol{Y}^{\dagger}\tag{3-8}$$

其中，$\cdot^{\dagger}$ 表示伪逆(Moore-Penrose Pseudoinverse)。

3.2.4　向量化

对任意矩阵 $\boldsymbol{A}\in\mathbb{R}^{m\times n}$，$\boldsymbol{X}\in\mathbb{R}^{n\times p}$，$\boldsymbol{B}\in\mathbb{R}^{p\times q}$，三者相乘满足：

$$\text{vec}(\boldsymbol{AXB})=(\boldsymbol{B}^{\mathrm{T}}\otimes\boldsymbol{A})\text{vec}(\boldsymbol{X})\tag{3-9}$$

这是因为

$$\begin{aligned}\text{vec}(\boldsymbol{AXB})&=\boldsymbol{Ax}_1b_{11}+\boldsymbol{Ax}_2b_{21}+\cdots+\boldsymbol{Ax}_pb_{p1}+\\ &\quad\ \boldsymbol{Ax}_1b_{12}+\boldsymbol{Ax}_2b_{22}+\cdots+\boldsymbol{Ax}_pb_{p2}+\cdots+\\ &\quad\ \boldsymbol{Ax}_1b_{1q}+\boldsymbol{Ax}_2b_{2q}+\cdots+\boldsymbol{Ax}_pb_{pq}\\ &=\begin{bmatrix}\boldsymbol{A}b_{11} & \boldsymbol{A}b_{21} & \cdots & \boldsymbol{A}b_{p1}\\ \boldsymbol{A}b_{12} & \boldsymbol{A}b_{22} & \cdots & \boldsymbol{A}b_{p2}\\ \vdots & \vdots & & \vdots\\ \boldsymbol{A}b_{1q} & \boldsymbol{A}b_{2q} & \cdots & \boldsymbol{A}b_{pq}\end{bmatrix}\begin{bmatrix}\boldsymbol{x}_1\\ \boldsymbol{x}_2\\ \vdots\\ \boldsymbol{x}_p\end{bmatrix}\\ &=(\boldsymbol{B}^{\mathrm{T}}\otimes\boldsymbol{A})\text{vec}(\boldsymbol{X})\end{aligned}$$

其中，$\boldsymbol{x}_1$，$\boldsymbol{x}_2$，…，$\boldsymbol{x}_p\in\mathbb{R}^n$ 表示矩阵 $\boldsymbol{X}$ 的列向量。

由式(3-9)得到

$$\begin{cases}\text{vec}(\boldsymbol{AX})=(\boldsymbol{I}_p\otimes\boldsymbol{A})\text{vec}(\boldsymbol{X})\\ \text{vec}(\boldsymbol{XB})=(\boldsymbol{B}^{\mathrm{T}}\otimes\boldsymbol{I}_n)\text{vec}(\boldsymbol{X})\end{cases}\tag{3-10}$$

例 9　对于任意向量 $\boldsymbol{x}\in\mathbb{R}^n$，$\boldsymbol{Z}\in\mathbb{R}^p$ 与矩阵 $\boldsymbol{Y}\in\mathbb{R}^{p\times q}$，试证明

$$(\boldsymbol{x}^{\mathrm{T}} \otimes \boldsymbol{Y})^{\mathrm{T}} \boldsymbol{z} = [(\boldsymbol{x}\boldsymbol{z}^{\mathrm{T}}) \otimes \boldsymbol{I}_q] \mathrm{vec}(\boldsymbol{Y}^{\mathrm{T}})$$

恒成立。

解 根据 Kronecker 积的性质，得

$$\begin{aligned}(\boldsymbol{x}^{\mathrm{T}} \otimes \boldsymbol{Y})^{\mathrm{T}} \boldsymbol{z} &= (\boldsymbol{x}^{\mathrm{T}} \otimes \boldsymbol{Y}) \boldsymbol{z} \\ &= \mathrm{vec}(\boldsymbol{Y}^{\mathrm{T}} \boldsymbol{z} \boldsymbol{x}^{\mathrm{T}}) \\ &= \mathrm{vec}[\boldsymbol{I}_q \boldsymbol{Y}^{\mathrm{T}} (\boldsymbol{z} \boldsymbol{x}^{\mathrm{T}})] \\ &= [(\boldsymbol{x}\boldsymbol{z}^{\mathrm{T}}) \otimes I_q] \mathrm{vec}(\boldsymbol{Y}^{\mathrm{T}})\end{aligned}$$

例 10 对于任意矩阵 $\boldsymbol{A} \in \mathbb{R}^{n \times n}$，$\boldsymbol{x} \in \mathbb{R}^{n}$，$\boldsymbol{B} \in \mathbb{R}^{n \times n}$，试证明三者相乘满足：

$$\mathrm{vec}[\boldsymbol{A}\mathrm{diag}(\boldsymbol{x})\boldsymbol{B}] = (\boldsymbol{B}^{\mathrm{T}} \odot \boldsymbol{A})\boldsymbol{x}$$

证明 根据 Kronecker 积与 Khatri-Rao 积的性质，得

$$\begin{aligned}\mathrm{vec}[\boldsymbol{A}\mathrm{diag}(\boldsymbol{x})\boldsymbol{B}] &= (\boldsymbol{B}^{\mathrm{T}} \otimes \boldsymbol{A}) \mathrm{vec}[\mathrm{diag}(\boldsymbol{x})] \\ &= (\boldsymbol{B}^{\mathrm{T}} \otimes \boldsymbol{A})\boldsymbol{x}\end{aligned}$$

例 11 Sylvester 方程是著名的矩阵方程，在控制理论中具有广泛的应用。已知矩阵 $\boldsymbol{A} \in \mathbb{R}^{m \times m}$，$\boldsymbol{B} \in \mathbb{R}^{n \times n}$ 与 $\boldsymbol{C} \in \mathbb{R}^{m \times n}$，则 Sylvester 方程的一般形式为

$$\boldsymbol{AX} + \boldsymbol{XB} = \boldsymbol{C}$$

其中，$\boldsymbol{X} \in \mathbb{R}^{m \times n}$ 为特定参数。试根据 Kronecker 积的性质写出 Sylvester 方程的解析解。

解 首先将 Sylvester 方程写成如下形式：

$$\boldsymbol{AXI}_n + \boldsymbol{I}_m \boldsymbol{XB} = \boldsymbol{C}$$

根据 Kronecker 积的性质，Sylvester 方程又可写成如下形式：

$$(\boldsymbol{I}_n \otimes \boldsymbol{A} + \boldsymbol{B}^{\mathrm{T}} \otimes \boldsymbol{I}_m) \mathrm{vec}(\boldsymbol{X}) = \mathrm{vec}(\boldsymbol{C})$$

因此，Sylvester 方程的解析解为

$$\mathrm{vec}(\boldsymbol{X}) = (\boldsymbol{I}_n \otimes \boldsymbol{A} + \boldsymbol{B}^{\mathrm{T}} \otimes \boldsymbol{I}_m)^{-1} \mathrm{vec}(\boldsymbol{C})$$

解析解形式简洁，但计算次数比较多，在实际问题中，需要借助更为高效的数值方法对 Sylvester 方程进行求解。

3.3 Kronecker 积特殊性质

3.3.1 矩阵的迹

矩阵的迹表示方阵 $\boldsymbol{A} \in \mathbb{R}^{n \times n}$ 对角线元素之和，记为 $\mathrm{tr}(\boldsymbol{A})$。对于任意矩阵 $\boldsymbol{X} \in \mathbb{R}^{m \times m}$ 与 $\boldsymbol{Y} \in \mathbb{R}^{n \times n}$，矩阵 $(\boldsymbol{X} \otimes \boldsymbol{Y})$ 的迹等于矩阵 $\boldsymbol{X}$ 的迹乘以矩阵 $\boldsymbol{Y}$ 的迹，即

$$\mathrm{tr}(\boldsymbol{X} \otimes \boldsymbol{Y}) = \mathrm{tr}(\boldsymbol{X}) \cdot \mathrm{tr}(\boldsymbol{Y}) \tag{3-11}$$

恒成立。

例 12 给定矩阵 $\boldsymbol{X} = \begin{bmatrix} 1 & 2 \\ 3 & 4 \end{bmatrix}$ 与 $\boldsymbol{Y} = \begin{bmatrix} 5 & 6 \\ 7 & 8 \end{bmatrix}$，试写出 $\mathrm{tr}(\boldsymbol{X})$，$\mathrm{tr}(\boldsymbol{Y})$ 与 $\mathrm{tr}(\boldsymbol{X} \otimes \boldsymbol{Y})$。

解 根据定义，有

$$\mathrm{tr}(\boldsymbol{X}) = 1 + 4 = 5,\ \mathrm{tr}(\boldsymbol{Y}) = 5 + 8 = 13$$

由于

$$X\otimes Y=\begin{bmatrix}5 & 6 & 10 & 12\\ 7 & 8 & 14 & 16\\ 15 & 18 & 20 & 24\\ 21 & 24 & 28 & 32\end{bmatrix}$$

故

$$\mathrm{tr}(X\otimes Y)=5+8+20+32=65$$

在矩阵计算中，矩阵的迹有以下重要性质：

给定任意矩阵 $X\in\mathbb{R}^{m\times n}$ 与 $Y\in\mathbb{R}^{n\times m}$，满足

$$\mathrm{tr}(AB)=\mathrm{tr}(BA) \tag{3-12}$$

及

$$\mathrm{tr}(AB)=\mathrm{vec}\,(A^{\mathrm{T}})^{\mathrm{T}}\mathrm{vec}(B) \tag{3-13}$$

例 12　给定矩阵 $A\in\mathbb{R}^{m\times n}$，$B\in\mathbb{R}^{n\times p}$ 与 $C\in\mathbb{R}^{p\times q}$ 与 $D\in\mathbb{R}^{q\times m}$，试证明：

$$\mathrm{tr}(ABCD)=\mathrm{vec}\,(B)^{\mathrm{T}}(C\otimes A)\mathrm{vec}(B^{\mathrm{T}})$$

证明　根据定义与 Kronecker 积的性质，有

$$\begin{aligned}\mathrm{tr}(ABCD)&=\mathrm{tr}[D(ABC)]\\&=\mathrm{vec}\,(D^{\mathrm{T}})^{\mathrm{T}}\mathrm{vec}(ABC)\\&=\mathrm{vec}\,(D^{\mathrm{T}})^{\mathrm{T}}(C^{\mathrm{T}}\otimes A)\mathrm{vec}(B)\\&=\mathrm{vec}\,(B)^{\mathrm{T}}(C\otimes A)\mathrm{vec}(D^{\mathrm{T}})\end{aligned}$$

3.3.2　矩阵的 Frobenius 范数

矩阵的 Frobenius 范数表示矩阵元素的平方和开根号，一般用 $\|\cdot\|_F$ 表示。对于任意矩阵 $X\in\mathbb{R}^{m\times n}$，其 Frobenius 范数为

$$\|X\|_F=\sqrt{\sum_{i=1}^{m}\sum_{j=1}^{n}x_{ij}^2} \tag{3-14}$$

给定任意矩阵 $X\in\mathbb{R}^{m\times n}$ 与 $Y\in\mathbb{R}^{p\times q}$，有

$$\|X\otimes Y\|_F=\|X\|_F\cdot\|Y\|_F \tag{3-15}$$

恒成立。

例 13　给定矩阵 $X=\begin{bmatrix}1 & 2\\ 3 & 4\end{bmatrix}$ 与 $Y=\begin{bmatrix}5 & 6\\ 7 & 8\end{bmatrix}$，试写出 $\|X\|_F$，$\|Y\|_F$ 与 $\|X\otimes Y\|_F$。

解　矩阵 X 和 Y 的 Frobenius 范数分别为

$$\|X\|_F=\sqrt{1+4+9+16}=\sqrt{30},\quad \|Y\|_F=\sqrt{25+36+49+64}=\sqrt{174}$$

由于

$$X\otimes Y=\begin{bmatrix}5 & 6 & 10 & 12\\ 7 & 8 & 14 & 16\\ 15 & 18 & 20 & 24\\ 21 & 24 & 28 & 32\end{bmatrix}$$

故

$$\| \boldsymbol{X} \otimes \boldsymbol{Y} \|_F = \sqrt{5220}$$

对任意向量 $\boldsymbol{x} \in \mathbb{R}^m$，其元素的平方和开根号是 ℓ_2 范数，即

$$\| \boldsymbol{x} \|_2 = \sqrt{\sum_{i=1}^{m} x_i^2} \tag{3-16}$$

例 14 给定向量 $\boldsymbol{x}=(1, 2)^{\mathrm{T}}$ 与 $\boldsymbol{y}=(3, 4)^{\mathrm{T}}$，试写出 $\| \boldsymbol{x} \|_2$，$\| \boldsymbol{y} \|_2$ 与 $\| \boldsymbol{x} \otimes \boldsymbol{y} \|_2$。

解 根据定义，向量 $\boldsymbol{x}$ 与 $\boldsymbol{y}$ 的 ℓ_2 范数分别为

$$\| \boldsymbol{x} \|_2 = \sqrt{1+4} = \sqrt{5}, \quad \| \boldsymbol{y} \|_2 = \sqrt{9+16} = 5$$

由于 $\boldsymbol{x} \otimes \boldsymbol{y} = (3, 4, 6, 8)^{\mathrm{T}}$，故

$$\| \boldsymbol{x} \otimes \boldsymbol{y} \|_2 = \sqrt{3^2+4^2+6^2+8^2} = 5\sqrt{5}$$

3.3.3 矩阵的行列式

方阵的行列式一般使用符号 det(·)表示。若给定矩阵 $\boldsymbol{X} \in \mathbb{R}^{m \times m}$ 与 $\boldsymbol{Y} \in \mathbb{R}^{n \times n}$，则

$$\det(\boldsymbol{X} \otimes \boldsymbol{Y}) = \det(\boldsymbol{X})^n \cdot \det(\boldsymbol{Y})^m \tag{3-17}$$

恒成立。

例 15 给定矩阵 $\boldsymbol{X}=\begin{bmatrix} 1 & 2 \\ 3 & 4 \end{bmatrix}$ 与 $\boldsymbol{Y}=\begin{bmatrix} 1 & 3 & 2 \\ 4 & 1 & 3 \\ 2 & 5 & 2 \end{bmatrix}$，试写出矩阵的行列式 $\det(\boldsymbol{X})$，$\det(\boldsymbol{Y})$ 和 $\det(\boldsymbol{X} \otimes \boldsymbol{Y})$。

解 矩阵 $\boldsymbol{X}$ 与 $\boldsymbol{Y}$ 的行列式分别为

$$\det(\boldsymbol{X}) = \begin{vmatrix} 1 & 2 \\ 3 & 4 \end{vmatrix} = -2, \quad \det(\boldsymbol{Y}) = \begin{vmatrix} 1 & 3 & 2 \\ 4 & 1 & 3 \\ 2 & 5 & 2 \end{vmatrix} = 17$$

故

$$\det(\boldsymbol{X})^3 \cdot \det(\boldsymbol{Y})^2 = -2312$$

矩阵 $\boldsymbol{X} \otimes \boldsymbol{Y}$ 的行列式为

$$\det(\boldsymbol{X} \otimes \boldsymbol{Y}) = \begin{vmatrix} 1 & 3 & 2 & 2 & 6 & 4 \\ 4 & 1 & 3 & 8 & 2 & 6 \\ 2 & 5 & 2 & 4 & 10 & 4 \\ 3 & 9 & 6 & 4 & 12 & 8 \\ 12 & 3 & 9 & 16 & 4 & 12 \\ 6 & 15 & 6 & 8 & 20 & 8 \end{vmatrix} = -2312$$

3.3.4 矩阵的秩

矩阵 $\boldsymbol{A} \in \mathbb{R}^{m \times n}$ 的秩在信号处理、图像处理等领域中应用广泛，一般使用符号 $\mathrm{rank}(\boldsymbol{A})$ 表示。

若给定矩阵 $\boldsymbol{X} \in \mathbb{R}^{m \times n}$ 与 $\boldsymbol{Y} \in \mathbb{R}^{p \times q}$，则

$$\text{rank}(\boldsymbol{X}\otimes\boldsymbol{Y})=\text{rank}(\boldsymbol{X})\cdot\text{rank}(\boldsymbol{Y}) \tag{3-18}$$

恒成立。

例 16 给定矩阵 $\boldsymbol{X}=\begin{bmatrix}1&2\\2&4\end{bmatrix}$与 $\boldsymbol{Y}=\begin{bmatrix}5&6&7\\8&9&10\end{bmatrix}$，试写出 rank($\boldsymbol{X}$)，rank($\boldsymbol{Y}$)与 rank($\boldsymbol{X}\otimes\boldsymbol{Y}$)。

解 显然，rank($\boldsymbol{X}$)=1，rank($\boldsymbol{Y}$)=2。

由于

$$\boldsymbol{X}\otimes\boldsymbol{Y}=\begin{bmatrix}5&6&7&10&12&14\\8&9&10&16&18&20\\10&12&14&20&24&28\\16&18&20&32&36&40\end{bmatrix}$$

故

$$\text{rank}(\boldsymbol{X}\otimes\boldsymbol{Y})=2$$

3.4 朴素 Kronecker 分解

3.4.1 定义

给定任意矩阵 $\boldsymbol{X}\in\mathbb{R}^{(mp)\times(nq)}$，若 $\boldsymbol{A}\in\mathbb{R}^{m\times n}$与 $\boldsymbol{B}\in\mathbb{R}^{p\times q}$为朴素 Kronecker 分解中的待定参数，则可将分解过程描述为如下的优化问题：

$$\min_{\boldsymbol{A},\boldsymbol{B}}\|\boldsymbol{X}-\boldsymbol{A}\otimes\boldsymbol{B}\|_F^2 \tag{3-19}$$

建模的目标是寻找最佳的矩阵 $\boldsymbol{A}$ 和 $\boldsymbol{B}$，使得损失函数最小。

将矩阵分块，得目标函数

$$\|\boldsymbol{X}-\boldsymbol{A}\otimes\boldsymbol{B}\|_F^2=\left\|\left[\begin{array}{cc:cc}x_{11}&x_{12}&x_{13}&x_{14}\\x_{21}&x_{22}&x_{23}&x_{24}\\\hdashline x_{31}&x_{32}&x_{33}&x_{34}\\x_{41}&x_{42}&x_{43}&x_{44}\\\hdashline x_{51}&x_{52}&x_{53}&x_{54}\\x_{61}&x_{62}&x_{63}&x_{64}\end{array}\right]-\begin{bmatrix}a_{11}&a_{12}\\a_{21}&a_{22}\\a_{31}&a_{32}\end{bmatrix}\otimes\begin{bmatrix}b_{11}&b_{12}\\b_{21}&b_{22}\end{bmatrix}\right\|_F^2 \tag{3-20}$$

3.4.2 permute 概念

引入 permute 概念是为了对矩阵的维度按照特定规则进行调整，这一做法是由 Van Loan 和 Pitsianis 于 1993 年提出的。在公式(3-19)中，首先使用分块矩阵表示矩阵 $\boldsymbol{X}\in\mathbb{R}^{6\times4}$：

$$\left[\begin{array}{cc:cc} x_{11} & x_{12} & x_{13} & x_{14} \\ x_{21} & x_{22} & x_{23} & x_{24} \\ \hdashline x_{31} & x_{32} & x_{33} & x_{34} \\ x_{41} & x_{42} & x_{43} & x_{44} \\ \hdashline x_{51} & x_{52} & x_{53} & x_{54} \\ x_{61} & x_{62} & x_{63} & x_{64} \end{array}\right] = \begin{bmatrix} \boldsymbol{X}_{11} & \boldsymbol{X}_{12} \\ \boldsymbol{X}_{21} & \boldsymbol{X}_{22} \\ \boldsymbol{X}_{31} & \boldsymbol{X}_{32} \end{bmatrix} \tag{3-21}$$

其中，分块矩阵 $\boldsymbol{X}$ 拥有 3×2 个分块，即子矩阵，每个子矩阵的大小为 2×2，这些子块分别如下：

$$\boldsymbol{X}_{11} = \begin{bmatrix} x_{11} & x_{12} \\ x_{21} & x_{22} \end{bmatrix},\ \boldsymbol{X}_{12} = \begin{bmatrix} x_{13} & x_{14} \\ x_{23} & x_{24} \end{bmatrix}$$

$$\boldsymbol{X}_{21} = \begin{bmatrix} x_{31} & x_{32} \\ x_{41} & x_{42} \end{bmatrix},\ \boldsymbol{X}_{22} = \begin{bmatrix} x_{33} & x_{34} \\ x_{43} & x_{44} \end{bmatrix}$$

$$\boldsymbol{X}_{31} = \begin{bmatrix} x_{51} & x_{52} \\ x_{61} & x_{62} \end{bmatrix},\ \boldsymbol{X}_{32} = \begin{bmatrix} x_{53} & x_{54} \\ x_{63} & x_{64} \end{bmatrix}$$

对这些子矩阵进行向量化，得到的向量依次为

$$\operatorname{vec}(\boldsymbol{X}_{11}) = \begin{bmatrix} x_{11} \\ x_{21} \\ x_{12} \\ x_{22} \end{bmatrix},\ \operatorname{vec}(\boldsymbol{X}_{21}) = \begin{bmatrix} x_{31} \\ x_{41} \\ x_{32} \\ x_{42} \end{bmatrix},\ \cdots,\ \operatorname{vec}(\boldsymbol{X}_{32}) = \begin{bmatrix} x_{53} \\ x_{63} \\ x_{54} \\ x_{64} \end{bmatrix} \tag{3-22}$$

使用以上向量构造如下矩阵：

$$\tilde{\boldsymbol{X}} = \begin{bmatrix} \operatorname{vec}\,(\boldsymbol{X}_{11})^{\mathrm{T}} \\ \operatorname{vec}\,(\boldsymbol{X}_{21})^{\mathrm{T}} \\ \operatorname{vec}\,(\boldsymbol{X}_{31})^{\mathrm{T}} \\ \operatorname{vec}\,(\boldsymbol{X}_{12})^{\mathrm{T}} \\ \operatorname{vec}\,(\boldsymbol{X}_{22})^{\mathrm{T}} \\ \operatorname{vec}\,(\boldsymbol{X}_{32})^{\mathrm{T}} \end{bmatrix} \in \mathbb{R}^{6\times4} \tag{3-23}$$

构造矩阵 $\tilde{\boldsymbol{X}}$ 的过程通常称为 permute。

由于

$$\operatorname{vec}(\boldsymbol{X}_{11}) = a_{11} \cdot \operatorname{vec}(\boldsymbol{B})$$
$$\operatorname{vec}(\boldsymbol{X}_{21}) = a_{21} \cdot \operatorname{vec}(\boldsymbol{B})$$
$$\vdots$$
$$\operatorname{vec}(\boldsymbol{X}_{32}) = a_{32} \cdot \operatorname{vec}(\boldsymbol{B})$$

于是，Kronecker 分解的优化问题可写作如下形式：

$$\underset{\boldsymbol{A},\,\boldsymbol{B}}{\arg\min}\ \| \boldsymbol{X} - \boldsymbol{A} \otimes \boldsymbol{B} \|_{\mathrm{F}}^{2} = \underset{\boldsymbol{A},\,\boldsymbol{B}}{\arg\min}\ \| \tilde{\boldsymbol{X}} - \operatorname{vec}(\boldsymbol{A})\operatorname{vec}\,(\boldsymbol{B})^{\mathrm{T}} \|_{\mathrm{F}}^{2} \tag{3-24}$$

向量化之后的待定参数 $\operatorname{vec}(\boldsymbol{A})$ 和 $\operatorname{vec}(\boldsymbol{B})$ 构成了一个标准的矩阵分解问题。

3.4.3　求解过程

对于公式(3-24)中 Kronecker 分解的优化问题，可根据 Eckhart-Young 定理对如下优化问题进行求解：

$$\min_{\boldsymbol{A},\ \boldsymbol{B}} \|\tilde{\boldsymbol{X}}-\mathrm{vec}(\boldsymbol{A})\mathrm{vec}(\boldsymbol{B})^{\mathrm{T}}\|_{\mathrm{F}}^{2} \tag{3-25}$$

若 $\tilde{\boldsymbol{X}}$ 的奇异值分解为 $\tilde{\boldsymbol{X}}=\sum_{r=1}^{\min\{mn,\ pq\}}\sigma_r\boldsymbol{u}_r\boldsymbol{v}_r^{\mathrm{T}}$，其中，奇异值为 $\sigma_1\geqslant\sigma_2\geqslant\cdots\geqslant\sigma_{min\{mn,\ pq\}}$，则矩阵 $\boldsymbol{A}$ 与 $\boldsymbol{B}$ 的最优解为

$$\begin{cases}\mathrm{vec}(\boldsymbol{A})=\sqrt{\sigma_1}\cdot\boldsymbol{u}_1\\ \mathrm{vec}(\boldsymbol{B})=\sqrt{\sigma_1}\cdot\boldsymbol{v}_1\end{cases}$$

这里的最优解恰好是秩为 1 的逼近问题。

例 17　给定矩阵 $\boldsymbol{A}=\begin{bmatrix}1 & 2\\ 3 & 4\end{bmatrix}$ 与 $\boldsymbol{B}=\begin{bmatrix}5 & 6 & 7\\ 8 & 9 & 10\end{bmatrix}$，试写出两者之间的 Kronecker 积 $\boldsymbol{X}=\boldsymbol{A}\otimes\boldsymbol{B}$，并求 Kronecker 分解 $\hat{\boldsymbol{A}}$，$\hat{\boldsymbol{B}}=\arg\min\limits_{\boldsymbol{A},\ \boldsymbol{B}}\|\boldsymbol{X}-\boldsymbol{A}\otimes\boldsymbol{B}\|_{\mathrm{F}}^{2}$。

解　矩阵 $\boldsymbol{A}$ 与 $\boldsymbol{B}$ 之间的 Kronecker 积为

$$\boldsymbol{X}=\boldsymbol{A}\otimes\boldsymbol{B}=\begin{bmatrix}5 & 6 & 7 & 10 & 12 & 14\\ 8 & 9 & 10 & 16 & 18 & 20\\ 15 & 18 & 21 & 20 & 24 & 28\\ 24 & 27 & 30 & 32 & 36 & 40\end{bmatrix}$$

将 $\boldsymbol{X}$ 分块，令

$$\boldsymbol{X}_{11}=\begin{bmatrix}5 & 6 & 7\\ 8 & 9 & 10\end{bmatrix},\quad \boldsymbol{X}_{12}=\begin{bmatrix}10 & 12 & 14\\ 16 & 18 & 20\end{bmatrix}$$

$$\boldsymbol{X}_{21}=\begin{bmatrix}15 & 18 & 21\\ 24 & 27 & 30\end{bmatrix},\quad \boldsymbol{X}_{22}=\begin{bmatrix}20 & 24 & 28\\ 32 & 36 & 40\end{bmatrix}$$

将以上子块向量化：

$$\mathrm{vec}(\boldsymbol{X}_{11})=\begin{bmatrix}5\\ 8\\ 6\\ 9\\ 7\\ 10\end{bmatrix},\ \mathrm{vec}(\boldsymbol{X}_{21})=\begin{bmatrix}15\\ 24\\ 18\\ 27\\ 21\\ 30\end{bmatrix},\ \mathrm{vec}(\boldsymbol{X}_{12})=\begin{bmatrix}10\\ 16\\ 12\\ 18\\ 14\\ 20\end{bmatrix},\ \mathrm{vec}(\boldsymbol{X}_{22})=\begin{bmatrix}20\\ 32\\ 24\\ 36\\ 28\\ 40\end{bmatrix}$$

使用这些向量构造如下矩阵：

$$\tilde{\boldsymbol{X}}=\begin{bmatrix}\mathrm{vec}\ (\boldsymbol{X}_{11})^{\mathrm{T}}\\ \mathrm{vec}\ (\boldsymbol{X}_{21})^{\mathrm{T}}\\ \mathrm{vec}\ (\boldsymbol{X}_{12})^{\mathrm{T}}\\ \mathrm{vec}\ (\boldsymbol{X}_{22})^{\mathrm{T}}\end{bmatrix}=\begin{bmatrix}5 & 8 & 6 & 9 & 7 & 10\\ 15 & 24 & 18 & 27 & 21 & 30\\ 10 & 16 & 12 & 18 & 14 & 20\\ 20 & 32 & 24 & 36 & 28 & 40\end{bmatrix}$$

Kronecker 分解的优化问题等价于

$$\hat{\boldsymbol{A}}, \hat{\boldsymbol{B}}=\arg\min_{\boldsymbol{A}, \boldsymbol{B}} \| \tilde{\boldsymbol{X}}-\operatorname{vec}(\boldsymbol{A}) \otimes \operatorname{vec}(\boldsymbol{B}) \|_{\mathrm{F}}^{2}$$

对矩阵 $\tilde{\boldsymbol{X}}$ 进行奇异值分解，则矩阵 $\hat{\boldsymbol{A}}$，$\hat{\boldsymbol{B}}$ 分别为

$$\hat{\boldsymbol{A}}=\begin{bmatrix} -1.85471325 & -3.7094265 \\ -5.56413975 & -7.418853 \end{bmatrix}$$

$$\hat{\boldsymbol{B}}=\begin{bmatrix} -2.69583452 & -3.23500142 & -3.77416832 \\ -4.31333523 & -4.85250213 & -5.39166904 \end{bmatrix}$$

矩阵 $\hat{\boldsymbol{A}}$ 与 $\hat{\boldsymbol{B}}$ 的所有元素可取相反数。

3.5 广义 Kronecker 分解

给定任意矩阵 $\boldsymbol{X} \in \mathbb{R}^{(mp) \times (nq)}$，若 $\boldsymbol{A}_r \in \mathbb{R}^{m \times n}$ 与 $\boldsymbol{B}_r \in \mathbb{R}^{p \times q}$，$r=1, 2, \cdots, R$ 为广义 Kronecker 分解中的待定参数，则可将分解过程描述为如下的逼近问题：

$$\min_{\{\boldsymbol{A}_r, \boldsymbol{B}_r\}_{r=1}^{R}} \| \boldsymbol{X}-\sum_{r=1}^{R} \boldsymbol{A}_r \otimes \boldsymbol{B}_r \|_{\mathrm{F}}^{2}$$

我们的目标是寻找最佳矩阵 $\{\boldsymbol{A}_r, \boldsymbol{B}_r\}_{r=1}^{R}$，使得损失函数最小化。这里，参数数量为$R(mn+pq)$。

类似地，可先将广义 Kronecker 分解的逼近问题写作如下形式：

$$\arg\min_{\{\boldsymbol{A}_r, \boldsymbol{B}_r\}_{r=1}^{R}} \| \boldsymbol{X}-\sum_{r=1}^{R} \boldsymbol{A}_r \otimes \boldsymbol{B}_r \|_{\mathrm{F}}^{2} = \arg\min_{\{\boldsymbol{A}_r, \boldsymbol{B}_r\}_{r=1}^{R}} \| \tilde{\boldsymbol{X}}-\sum_{r=1}^{R} \operatorname{vec}(\boldsymbol{A}_r) \operatorname{vec}(\boldsymbol{B}_r)^{\mathrm{T}} \|_{\mathrm{F}}^{2}$$

其中，矩阵 $\tilde{\boldsymbol{X}}$ 是由矩阵 $\boldsymbol{X}$ 进行 permute 构造得到的。

根据 Eckhart-Young 定理对上述优化问题进行求解，若矩阵 $\tilde{\boldsymbol{X}}$ 的奇异值为 $\tilde{\boldsymbol{X}}=\sum_{r=1}^{\min\{mn, pq\}} \sigma_r \boldsymbol{u}_r \boldsymbol{v}_r^{\mathrm{T}}$，其中奇异值 $\sigma_1 \geqslant \sigma_2 \geqslant \cdots \geqslant \sigma_{\min\{mn, pq\}}$，则矩阵 $\boldsymbol{A}_r$，$\boldsymbol{B}_r$ 的最优解为

$$\begin{cases} \operatorname{vec}(\hat{\boldsymbol{A}}_r)=\sqrt{\sigma_r}\boldsymbol{u}_r \\ \operatorname{vec}(\hat{\boldsymbol{B}}_r)=\sqrt{\sigma_r}\boldsymbol{v}_r \end{cases}$$

3.6 模型参数压缩

Kronecker 分解的一个重要用途是压缩模型参数。以多元线性回归为例，给定输入、输出数据为 $\boldsymbol{D}=\{(x_1, y_1), \cdots, (x_N, y_N)\} \in \mathbb{R}^{nq} \times \mathbb{R}^{mp}$，则多元线性回归的优化问题为

$$\min_{\boldsymbol{W} \in \mathbb{R}^{(mp) \times (nq)}} \frac{1}{2} \sum_{n=1}^{N} \| \boldsymbol{y}_n-\boldsymbol{W}\boldsymbol{x}_n \|_2^2$$

令

$$\boldsymbol{X}=[\boldsymbol{x}_1, \boldsymbol{x}_2, \cdots, \boldsymbol{x}_N]\in\mathbb{R}^{nq\times N}$$
$$\boldsymbol{Y}=[\boldsymbol{y}_1, \boldsymbol{y}_2, \cdots, \boldsymbol{y}_N]\in\mathbb{R}^{mp\times N}$$

其中，$\boldsymbol{x}_1, \boldsymbol{x}_2, \cdots, \boldsymbol{x}_N\in\mathbb{R}^{nq}$，$\boldsymbol{y}_1, \boldsymbol{y}_2, \cdots, \boldsymbol{y}_N\in\mathbb{R}^{mp}$。

则此时多元线性回归的等价优化问题为

$$\min_{\boldsymbol{W}}\frac{1}{2}\sum_{n=1}^{N}\|\boldsymbol{Y}-\boldsymbol{W}\boldsymbol{X}\|_{\mathrm{F}}^{2}$$

不妨假设系数矩阵 $\boldsymbol{W}\in\mathbb{R}^{(mp)\times(nq)}$ 存在一个广义 Kronecker 分解，且由 R 个成分构成，则基于广义 Kronecker 分解的多元线性回归可写作如下形式：

$$\min_{\{\boldsymbol{A}_r, \boldsymbol{B}_r\}_{r=1}^{R}}\frac{1}{2}\|\boldsymbol{Y}-\sum_{r=1}^{R}(\boldsymbol{A}_r\otimes\boldsymbol{B}_r)\boldsymbol{X}\|_{\mathrm{F}}^{2}$$

将优化问题改写为如下形式即可得到标准的广义 Kronecker 分解：

$$\min_{\{\boldsymbol{A}_r, \boldsymbol{B}_r\}_{r=1}^{R}}\frac{1}{2}\|\boldsymbol{Y}\boldsymbol{X}^{\dagger}-\sum_{r=1}^{R}(\boldsymbol{A}_r\otimes\boldsymbol{B}_r)\|_{\mathrm{F}}^{2}$$

从而可根据广义 Kronecker 分解的求解方法对该多元线性回归问题进行求解。

例 19　对于多维时间序列，若任意时刻 t 对应的观测数据为矩阵 $\boldsymbol{X}_t\in\mathbb{R}^{M\times N}$，则矩阵自回归的表达式为

$$\boldsymbol{X}_t=\boldsymbol{A}\boldsymbol{X}_{t-1}\boldsymbol{B}^{\mathrm{T}}+\boldsymbol{E}_t,\ t=2, 3, \cdots, T$$

其中，$\boldsymbol{A}\in\mathbb{R}^{M\times M}$，$\boldsymbol{B}\in\mathbb{R}^{N\times N}$ 为自回归过程的系数矩阵，矩阵 $\boldsymbol{E}_t\in\mathbb{R}^{M\times N}$ 为自回归过程的残差矩阵。若令 $\boldsymbol{x}_t=\mathrm{vec}(\boldsymbol{X}_t)$，$\boldsymbol{\varepsilon}_t=\mathrm{vec}(\boldsymbol{E}_t)$，试写出与矩阵自回归等价的向量自回归表达式。

解　根据 Kronecker 积的性质，矩阵自回归等价于如下向量自回归：

$$\begin{aligned}\mathrm{vec}(\boldsymbol{X}_t)&=\mathrm{vec}(\boldsymbol{A}\boldsymbol{X}_{t-1}\boldsymbol{B}^{\mathrm{T}})+\mathrm{vec}(\boldsymbol{E}_t)\\&=(\boldsymbol{B}\otimes\boldsymbol{A})\mathrm{vec}(\boldsymbol{X}_{t-1})+\mathrm{vec}(\boldsymbol{E}_t)\\&\Rightarrow\boldsymbol{x}_t=(\boldsymbol{B}\otimes\boldsymbol{A})\boldsymbol{x}_{t-1}+\boldsymbol{\varepsilon}_t\end{aligned}$$

这里，矩阵自回归的待定参数数量为 M^2+N^2。若对观测数据进行向量化且不对系数矩阵进行 Kronecker 分解，则向量自回归的待定参数数量为 $(MN)^2$，这样易导致过参数化问题。

本章小结

Kronecker 积在张量计算中非常常见，是衔接矩阵计算和张量计算的重要桥梁。前面提到的一些基本性质，它们要么是从 Kronecker 积本身的运算规则中衍生而来的，要么就与矩阵的一些基本运算直接相关。Kronecker 乘积有着非常丰富的研究内容和成果。在数学上，有与 Kronecker 乘积有关的群研究；与 Kronecker 乘积有关的算子研究；与 Kronecker 乘积有关的矩阵的各种性质研究；与 Kronecker 乘积有关的图论研究。目前，比较活跃的应用领域有量子物理学在计算机科学中的应用，信号传输与处理，自动控制与 Petri 网，规划理论等。Kronecker 乘积作为张量分析的前身，为发展张量分析的理论和多维矩阵的研究起到了推动作用。近 10 年来，Kronecker 乘积在图像编码、图像复原理论及其快速计算上也越来越活跃。

参考文献

[1] BREWER J. Kronecker products and matrix calculus in system theory[J]. IEEE transactions on circuits and systems, 1978, 25(9):772-781.

[2] BREWER J. Correction to: Kronecker products and matrix calculus in system theory[J]. IEEE transactions on circuits and systems, 1979, 26(5):360.

[3] GRAHAM A. Kronecker products and matrix calculus with applications[M]. Chichester: Ellis Horwood Limited, 1981.

[4] 许君一，孙 伟，齐东旭. 矩阵 Kronecker 乘积及其应用[J]. 计算机辅助设计与图形学学报，2003，4：15.

第4章

数据补全的基本方法

本章将详细探讨与分析常用缺失数据处理方法。首先介绍三种数据缺失机制，即完全随机缺失（Missing Completely at Random，MCAR）、随机缺失（Missing at Random，MAR）和非随机缺失（Missing Not at Random，MNAR）。理解这些数据缺失机制对于学习缺失数据的处理至关重要。然后，从不做处理、不完整样本删除，以及缺失值补全三个方面分析常见缺失数据处理方法。其中，不做处理是将缺失值直接引入具体建模过程，并基于一定的规则避免对缺失值进行直接处理；不完整样本删除是指删除数据集中的不完整样本，构造样本量缩减的数据集以供后续分析；缺失值补全则通过现有数据的研究为缺失值计算合理的补全值，进而得到与原始数据集规模一致的完整数据集。由于缺失值补全方法性能良好，因此该处理方式已取得较好的研究成果。因而本章将对缺失值补全方法进一步进行探讨，主要涉及缺失值补全的基本概念、缺失值补全方法分类，以及补全方法的性能度量。

合理的缺失数据处理方法能够提高数据质量，进而提高后续分析的准确性。因此，在科学研究与实际应用中，应该针对具体问题选择行之有效的缺失数据处理方法。

4.1 数据缺失机制

Little根据缺失值成因将数据缺失问题分为3类，即完全随机缺失、随机缺失和非随机缺失[1]。这三种数据缺失机制揭示了不完整数据集中缺失值与现有值之间的关系，为缺失值补全方法的设计与应用奠定了良好的理论基础。下面对上述3种数据缺失机制分别进行介绍。

4.1.1 完全随机缺失

完全随机缺失是指数据的缺失概率与缺失变量以及非缺失变量均不相关。非缺失变量能够被成功观测与记录，其数值构成了数据集中的现有值；缺失变量无法被成功观测与记录，对应着数据集中的缺失值。

假设 $X=\{\boldsymbol{x}_i \mid \boldsymbol{x}_i \in \mathbb{R}_s,\ i=1, 2, \cdots, n\}$ 表示样本数量为 n、属性数量为 s 的数据集，第 i 个样本为 $\boldsymbol{x}_i=[x_{i1}, x_{i2}, \cdots, x_{is}]^{\mathrm{T}}(i=1, 2, \cdots, n)$。$\boldsymbol{I}=[I_{ij}]\in \mathbb{R}^{n\times s}$ 用于描述数据的缺失情况，定义如式(4-1)所示：

$$I_{ij}=\begin{cases}0, & x_{ij}=? \\ 1, & \text{其他}\end{cases} \tag{4-1}$$

当属性值 x_{ij} 缺失时，$I_{ij}=0$；否则，$I_{ij}=1$。令 x_i^p 表示样本 $\boldsymbol{x}_i$ 中的现有值。若用 x_i^m 表示样本 $\boldsymbol{x}_i$ 中的缺失值，则在完全随机缺失下，x_{ij} 的缺失概率如式(4-2)所示：

$$p(I_{ij}=1|\boldsymbol{x}_i)=p(I_{ij}=1|x_i^p, x_i^m)=p(I_{ij}=1) \tag{4-2}$$

在数据采集、传输、存储、处理等过程中，由人为失误或机器故障等原因所致的数据缺失通常属于完全随机缺失。例如，操作员在录入数据时因不慎而遗漏某些数值，传感器节点在某时刻因信号强度衰弱而无法成功传输数据。

鉴于缺失值的产生完全随机，当数据集中的缺失值所占比例较小时，可直接删除包含缺失值的不完整样本，仅根据数据集中的完整样本展开分析。简单的统计分析方法在处理此缺失机制时同样具备可行性。例如，可采用均值补全法，根据不完整属性下所有现有值的平均值估算缺失值；也可构建关于缺失值的线性回归模型，利用模型输出进行缺失值估计。针对医疗卫生领域的完全随机缺失问题，武瑞仙等人[2]将直接删除法与部分基于统计学的缺失值补全方法进行对比后发现，当数据集中缺失值的比例小于10%时，这两类方法的补全效果相当，随着缺失值比例的增加，直接删除法的补全精度逐渐降低，而多重补全等统计学方法则表现得更为理想。此外，基于神经网络等机器学习算法的缺失值补全法通过对数据集内有效信息的合理挖掘，也能够在此缺失机制下实现缺失值的有效估计。

相较于本节后续介绍的随机缺失和非随机缺失，完全随机缺失的处理方式更为简单，但其在实际处理中应用得并不普遍。

4.1.2 随机缺失

随机缺失是指数据的缺失概率仅与非缺失变量相关，而与缺失变量无关。基于式(4-1)所定义的数据缺失情况的描述，在随机缺失机制下，样本 $\boldsymbol{x}_i$ 中 x_{ij} 的缺失概率如式(4-3)所示：

$$p(I_{ij}=1|\boldsymbol{x}_i)=p(I_{ij}=1|\boldsymbol{x}_i, x_i^m)=p(I_{ij}=1|x_i^p) \tag{4-3}$$

随机缺失机制下，某样本属性值是否缺失与样本中现有值的取值有关，与缺失值的取值无关。在现实世界中，随机缺失问题较为常见。例如，由于男性比女性更愿意公布体重数据，样本的体重值是否缺失与该样本中性别的取值存在较大关联；在对人群的骨密度进行调查时，高龄者由于身体不便无法参与检查，因此骨密度属性的缺失情况往往与年龄属性相关。

在随机缺失中，不完整样本往往在部分属性取值上相似度较高。简单删除不完整样本容易导致数据集所含信息的大量丢失，降低分析结果的可靠性。例如，在进行骨密度调查时，代表高龄者的样本在骨密度属性上易出现缺失值，而高龄者数据对于骨密度分析有着较大影响，直接删除此类不完整样本易导致分析结果的偏差。

因此，数据预处理期间，通常需根据现有值对缺失值展开合理的估计。在基于统计学的缺失值补全方法中，回归补全、期望最大化补全和多重补全均能够有效处理此类缺失值问题。针对医疗数据中的随机缺失问题，研究人员将多种基于统计学的补全方法进行对比后发现，当数据缺失率低于10%时，回归补全和期望最大化补全的补全效果比较理想，而当数据缺失率在20%左右时，多重补全能够获得较高的补全精度。

基于机器学习的缺失值补全方法同样能够有效处理随机缺失问题。以K最近邻补全法和聚类补全法为例，鉴于不完整样本中缺失值与现有值的相关性，以及其与近邻样本在属性取值上的相似性，K最近邻补全法根据近邻样本在缺失值相应属性上的取值补全不完整样本。在聚类补全法中，原型(Prototype)是对簇内样本相似性的归纳，也是最具代表性的一个样本点。利用原型补全不完整样本的缺失值，同样能够获得理想的补全结果。

4.1.3 非随机缺失

非随机缺失是指数据的缺失概率不仅与非缺失变量相关，还与缺失变量相关。基于式(4-1)所定义的数据缺失情况描述，在非随机缺失机制下，样本$\boldsymbol{x}_i$中x_{ij}的缺失概率如式(4-4)所示：

$$p(I_{ij}=1|\boldsymbol{x}_i)=p(I_{ij}=1|x_i^p,\ x_i^m) \tag{4-4}$$

非随机缺失是现实世界中一种常见的缺失机制。例如，教育程度低的人不愿公布其受教育情况，导致样本中教育程度属性的缺失；在跟踪调查病患的治疗过程时，某些病患因病情过重或病情好转而不再接受检查，导致数据缺失。因此，非随机缺失相较于前两种机制更难以处理。一种较为常见的解决思路是通过寻找缺失值与现有值之间的联系将其有条件地转化为随机缺失。常用的方式有构造不完整属性的置信区间，通过条件假设建立约束[3]等。此外，还可采用基于Heckman样本选择误差模型的补全、形态混合模型的最大似然估计补全、形态混合模型的多重补全等方法处理该缺失机制下的缺失数据。

对数据缺失机制的合理推测能够提高不完整数据的分析质量。目前，缺失机制的推测主要依靠对数据缺失原因的探究，或者研究领域的知识背景等。总体而言，完全随机缺失和随机缺失是不完整数据分析中较为常见的前提假设，而非随机缺失可通过一定的方式转化为随机缺失。因此，本书主要在完全随机缺失和随机缺失机制的基础上对缺失值补全方法展开研究。

下面给出后续章节实验中使用的真实的时空交通数据集中数据的缺失分析。

中国广州的城市交通数据集，时间为2016年8月1日至2016年9月30日的61天的数据，以10 min为间隔，由214条匿名路段(主要由城市高速公路和干道组成)信息组成。该数据集将交通数据构建为链路/传感器、日期、时间窗口的张量模式，确保了张量数据在每个切片上具有足够的低秩性，可以最大程度上利用内部的相关性信息进而提升数据的补全精度。其中链路维度表示交通数据空间层面上的特征，日期与时间窗口表示时间层面上的特征。对于上述数据集，建立大小为214×61×144的三阶张量，并且为了简单起见，将该数据集用“G”来简称。

在进行模型实验设置时，首先对现有数据集进行初始化的数据丢失处理，然后通过补全算法进行缺失值补全。在精度对比上，使用数据集的真实值和补全值进行度量，通过对比MAPE和RMSE的数值大小来判断补全的优劣。

在实际获取的时空交通数据中，数据缺失共有两种情形：随机缺失(Random Missing，RM)和非随机缺失(Nonrandom Missing，NM)。在RM场景下，数据集内部的缺失是随机的且无目的的，通常是由于传感器或通信设备不灵敏所导致数据的间歇性丢失；在NM场景下，交通数据是以相关的方式损坏的，通常是由于特定时间或特定路段传感器或通信设备损坏而导致连续一段时间的数据完全丢失。这两种缺失场景的设置可以更好地评估不同模型的性能和有效性。以 G 数据集为例，两种缺失率(30％、60％)情况下数据的稀疏程度如图 4－1、图 4－2 所示。

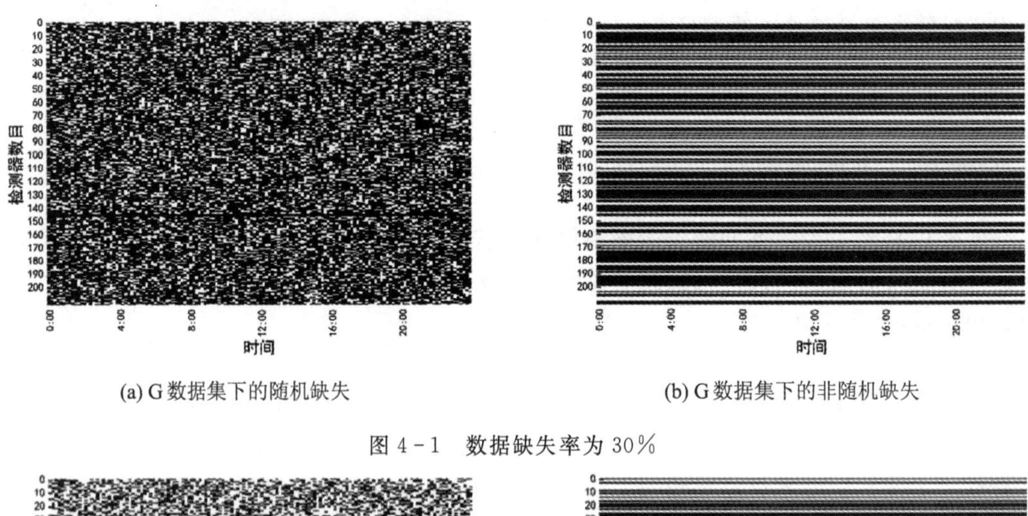

(a) G 数据集下的随机缺失　　(b) G 数据集下的非随机缺失

图 4－1　数据缺失率为 30％

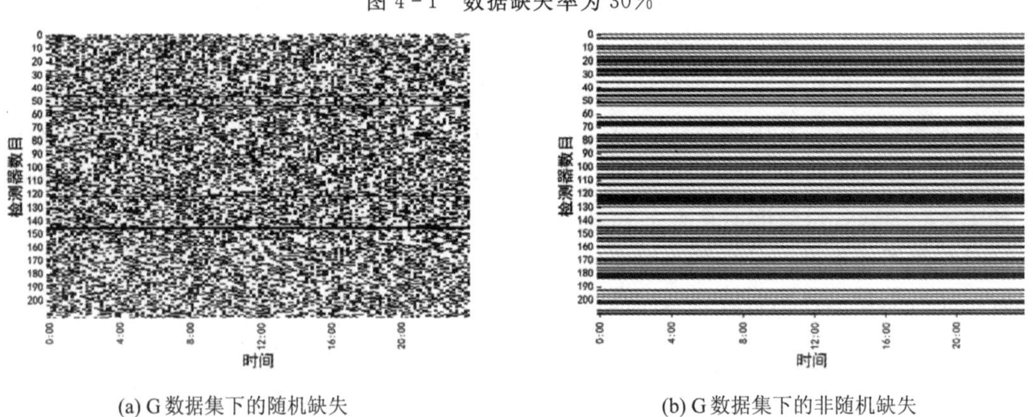

(a) G 数据集下的随机缺失　　(b) G 数据集下的非随机缺失

图 4－2　数据缺失率为 60％

4.2　数据补全的基本方法

4.2.1　数据补全方法分类及补全性能评价指标

1. 缺失值补全方法分类

目前，缺失值补全方法众多并且应用广泛，为了从宏观上对各种补全方法加以区分和归纳，可以基于不同的角度对已有的补全方法展开分类。下面介绍几种缺失值补全方法的分类标准。

(1) 根据所用理论基础分类。

根据所用理论基础不同，缺失值补全方法可分为基于统计学的补全方法以及基于机器学习的补全方法。基于统计学的补全方法根据统计学的理论知识对缺失值进行统计处理，主要包括均值补全、回归补全、期望最大化补全等。基于机器学习的补全方法借助机器学习算法对不完整数据进行建模，挖掘数据内的有效信息并以此估算缺失值。此类方法包括 K 最近邻补全法、基于聚类的补全方法和基于神经网络的补全方法等。

机器学习可看作计算机科学与统计学的交叉学科，因此部分机器学习算法会借助统计学理论展开建模，例如贝叶斯网(Bayesian Network)、朴素贝叶斯分类器(Naive Bayes Classifier)、期望最大化算法等均是在概率框架下实施决策的机器学习算法。鉴于机器学习与统计学之间的关联，诸如期望最大化补全等方法既可隶属于统计学方法，也可隶属于机器学习方法，故在此标准下方法的分类界限存在一定的模糊性。

(2) 根据同一缺失值的补全次数分类。

根据同一缺失值的补全次数不同，缺失值补全方法可分为单一补全法和多重补全法。单一补全法为每个缺失值计算一次补全值，从而获得一个完整数据集；而多重补全法为每个缺失值计算多次补全值以得到若干个完整数据集，接着对每个补全数据集进行统计分析，并综合各分析结果以计算最终的补全值。单一补全法比较常见，例如，均值补全、回归补全、K 最近邻补全、神经网络补全等大多数统计学与机器学习补全方法均可视为单一补全法。

多重补全法所用的补全模型与单一补全法中的补全模型基本相同。例如，回归补全法可视为多重补全法的基础补全方法，在单次补全期间进行补全值的估算。为了使单次求解的补全值不相同，可考虑在回归补全法所得的补全值基础上加入一个随机误差项，进而生成若干个补全值。此外，在单次补全期间，也可根据重抽样法从完整样本集合中随机抽取部分样本，并根据所抽取的样本求解回归模型参数，接着利用所建模型计算补全值。重抽样法确保了每次参与回归建模的样本不同，进而保证了由所建模型求得的补全值也不相同。

与多重补全法相比，单一补全法更加简单且易操作，但是所得的补全值是唯一的，无法体现缺失值的不确定性，若补全值不合理，则会导致分析结果的偏差。而在多重补全法的处理过程中，若干个补全值能够反映出缺失值的不确定性，某个不合理的补全值不会对最终的分析结果造成决定性的负面影响。

(3) 根据补全期间是否需要辅助信息分类。

根据补全期间是否需要辅助信息，缺失值补全方法可分为不使用辅助信息的补全法和使用辅助信息的补全法。其中，前者仅通过对现有数据的分析为缺失值计算合理的补全值，此类方法包括均值补全、回归补全、K 最近邻补全、神经网络补全等多种方法。后者在现有数据的基础上，结合辅助信息，甚至是领域内专家的经验指导补全值的求解。冷平台(Cold Deck)补全法是一类典型的使用辅助信息的补全方法，其借助以往的调查数据或者相关资料等信息进行缺失值的估算。例如，在家庭经济调查中，若某家庭的人均年收入数据不慎丢失，冷平台补全法将利用该家庭在往年调查中的人均年收入数据对该缺失值进行估算。由于家庭的历年调查数据能够客观反映该家庭的经济状况，因此借助相关的历史数据可以对缺失值做出合理的推断。

此外，人机结合的方式也为使用辅助信息的补全方法提供了有效的设计思路。在补全期间，可根据经验对模型求解实施必要的干预，将运算模型和真实情况进行有效链接，从而使模型在充分考虑真实情况的基础上计算出更为合理可靠的补全结果。

不使用辅助信息的补全法能够对数据集进行明确的建模，而使用辅助信息的补全法建立的模型相对模糊。以冷平台补全法为例，在应用该方法时，根据以往的调查数据或相关资料求解补全值是一个模糊的过程，需要根据实际情况进行具体设计，故此类方法所用到的模型较为模糊。相比之下，不使用辅助信息的补全法直接针对现有数据建模。例如，均值补全法利用每个属性中现有值的平均值补全缺失值，神经网络补全法通过网络模型拟合数据属性间的关联并以此求解补全值，此类方法的建模过程比较明确。

(4) 根据数据集的使用方式分类。

根据数据集的使用方式不同，常见的缺失值补全方法可分为基于样本间相似性的补全方法和基于属性间关联度的补全方法。基于样本间相似性的补全方法通过寻找与不完整样本相似性较高的一组样本，利用这些样本对相应属性上的缺失值进行补全，此类方法包括 K 最近邻补全法、基于聚类的补全法以及基于自组织映射网络的补全法等。此外，在统计学补全方法中，均值补全法针对不完整样本中的每个缺失值，将缺失值相应属性上为现有值的所有样本视为相似样本；接着利用相似样本对该属性上的均值补全缺失值。

热平台补全法根据数据集中与不完整样本相似的一个完整样本展开缺失值补全。这两种方法均可视为基于样本间相似性的补全方法。基于属性间关联度的补全方法根据回归建模挖掘数据属性间的关联性，并以此指导缺失值补全，此类方法包括回归补全法、多层感知机与自编码器等神经网络补全法以及长短期记忆网络(Long Short-Term Memory, LSTM)补全法等。LSTM 是一种时间循环神经网络，是为了解决一般的 RNN(循环神经网络)存在的长期依赖问题而专门设计出来的，所有的 RNN 都具有一种重复神经网络模块的链式形式。在标准 RNN 中，这种重复结构模块只有一个非常简单的结构，如一个 tanh 层。

对比基于样本间相似性的补全方法，基于属性间关联度的补全方法往往能够利用属性间关联度对缺失值做出更合理的推算。然而，回归模型的拟合质量影响了补全值的准确性，因此在对属性间关联度进行挖掘时，需根据实际情况选取行之有效的回归模型，从而对补全值进行估算。

上述几种分类标准从不同视角对补全方法进行了区分和归纳，这些分类标准之间相互交叉重叠，共同构成了对缺失值补全方法的宏观描述。

目前存在众多的缺失值补全方法，这些方法在具体场景下的补全效果各有不同。实际应用中，可对不同方法的补全性能进行度量与对比，从中选择最为有效的方法进行缺失值处理。

2. 补全性能评价指标

在科研实验中，研究人员通常按照一定的缺失率从完整数据集中删除部分现有值，以此构造缺失值，随后采用所设计的补全方法对缺失值进行估算。在此过程中，缺失值对应的真实值已知，故可根据补全值和缺失值相应真实值之间的误差来度量方法的补全性能。

当补全方法中不包含模型参数时，可直接根据现有数据计算补全值，并根据所得补全值计算补全性能。例如，均值补全法根据不完整属性中现有值的平均值求解补全值，无需任何模型参数即可实现补全。当补全方法中包含模型参数时，可将完整数据集划分为训练集与测试集。其中，训练集用于模型参数的学习，测试集用于评估所得模型的补全性能。

此外，模型通常涉及超参数的设置问题。超参数是指在模型构建或模型参数学习之前需预先设定的一类参数，例如，神经网络的神经元个数、训练期间的学习率、最大迭代次数等均称为超参数。针对超参数设置问题，可从数据集中抽出部分样本构成验证集，并根据模型在验证集上的表现选取适宜的超参数。基于训练集、测试集和验证集的补全实验过程大致如下：

(1) 从测试集、验证集中按一定的缺失率删除部分现有值以构造缺失值。

(2) 设置超参数并建立补全模型，在此基础上利用训练集求解补全模型中的参数，根据模型在验证集上求得的补全值计算其补全性能。

(3) 设置不同的超参数，按照上述流程计算在不同超参数下补全模型的补全性能，并从中选择最优性能所对应的超参数作为最终的超参数。

(4) 基于所得超参数建立补全模型，根据训练集求解模型参数，并通过模型在测试集上的补全结果衡量方法的补全性能。

下面介绍几种常用的补全性能评价指标。

(1) 均方根误差。

均方根误差(Root Mean Square Error，RMSE)的定义如式(4-5)所示：

$$\mathrm{RMSE}=\sqrt{\frac{1}{n}\sum_{i=1}^{n}(y_i-\hat{y}_i)^2} \tag{4-5}$$

式中：$\hat{y}_i$ 表示补全值，y_i 表示与该补全值对应的真实值。

(2) 均方误差。

均方误差(Mean Square Error，MSE)的定义如式(4-6)所示：

$$\mathrm{MSE}=\frac{1}{n}\sum_{i=1}^{n}(y_i-\hat{y}_i)^2 \tag{4-6}$$

(3) 平均绝对误差。

平均绝对误差(Mean Absolute Error，MAE)的定义如式(4-7)所示：

$$\mathrm{MAE}=\frac{1}{n}\sum_{i=1}^{n}|y_i-\hat{y}_i| \tag{4-7}$$

在上述评价指标中，RMSE 仅是 MSE 的平方根，二者的评价效果完全相同。下面仅以 RMSE 为例，将其和 MAE 指标进行比较。RMSE 对每个误差进行平方运算，如图 4-3 所示，当误差 $y_i-\hat{y}_i\in(0,1)$时，RMSE 借助$(y_i-\hat{y}_i)^2$ 缩小误差，当误差$(y_i-\hat{y}_i)\in(-\infty,1)\cup(1,+\infty)$时，RMSE 借助$(y_i-\hat{y}_i)^2$ 放大误差。因此，RMSE 指标能够改变误差的幅度。相较之下，MAE 仅对误差取绝对值，与误差的原始尺度完全相同。

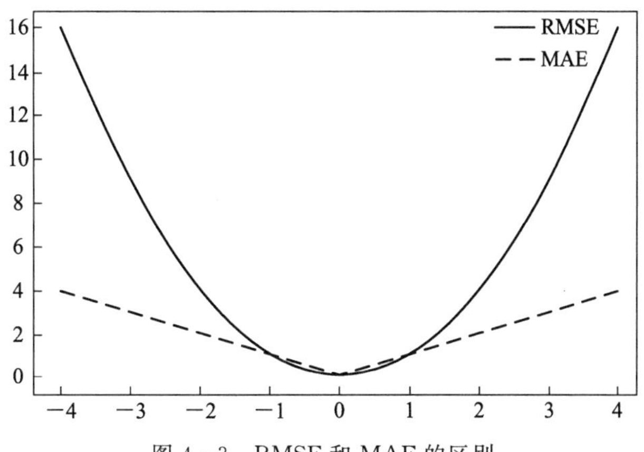

图 4-3　RMSE 和 MAE 的区别

在应用上述指标时，RMSE、MSE 和 MAE 的数量级可能很大，原因在于这些指标无法消除属性的量纲。例如，在家庭经济调查中，家庭人均年收入和家庭人数这两个属性在数量级上存在较大差异，前者往往拥有较大的数量级，其误差在上述指标中的占比较大，而后者的数量级相对较小，其误差的占比较小。

下面介绍的两个指标能够在一定程度上消除属性量纲对评价结果的影响。

(4) 平均绝对百分比误差。

平均绝对百分比误差(Mean Absolute Percentage Error，MAPE)定义如下：

$$\mathrm{MAPE} = \frac{1}{n}\sum_{i=1}^{n}\left|\frac{y_i - \hat{y}_i}{y_i}\right| \tag{4-8}$$

(5) 确定系数。

确定系数(Coefficient of Determination)通常写作 R^2，定义如下：

$$R^2 = 1 - \frac{SS_{\mathrm{res}}}{SS_{\mathrm{tot}}} = 1 - \sum_{\hat{a}_t \in \hat{X}_{\mathrm{m}}} \frac{(a_t - \hat{a}_t)^2}{(a_t - \bar{a})^2} \tag{4-9}$$

式中：SS_{res}是残差平方和(Residual Sum of Squares，RSS)，表示真实值与补全值之间误差的平方和；SS_{tot}是总平方和(Total Sum of Squares，TSS)，体现了真实值的离散程度；$\bar{a}$表示真实值的平均值，可描述如下：

$$\bar{a} = \frac{1}{|\hat{X}_{\mathrm{m}}|}\sum_{a_t \in X_{\mathrm{m}}} a_t \tag{4-10}$$

其中，SS_{res}和SS_{tot}具有相同的量纲，通过除法运算能够在一定程度上消除属性量纲对评价结果的影响。由于SS_{tot}是对真实值离散程度的描述，因此其数值不受补全值的影响。一般来说，SS_{res}越小，R^2 的指标值越大，方法的补全性能越好。

然而在实际环境中，缺失值所对应的真实值往往无法获取，因此不能完全基于上述评价指标度量方法的补全性能。在此情况下，可考虑根据后续分析的效果判断前期补全的合理性。以分类为例，不完整数据集由补全方法处理为完整数据集后，将此完整数据集划分为训练集和测试集，基于训练集建立分类模型，并利用所建模型在测试集上的分类效果间接度量补全性能。

(6) 准确率。

准确率(Accuracy)是一种常用的分类精度指标，定义如式(4-11)所示：

$$\mathrm{ACC} = \frac{n_t'}{n_t} \tag{4-11}$$

式中：n_t' 表示类别预测正确的测试样本数量，n_t 表示测试集的样本数量。

除准确率外，还可采用精确率(Precision)、召回率(Recall)、F1 得分(F1 Score)等对补全方法的性能实行间接度量。

为了基于以上指标对补全方法的性能展开客观合理的度量，可采用诸如 k 折交叉验证法等设计实验方案。基于 k 折交叉验证的补全实验方案如图 4-4 所示。首先将数据集随机等分为 k 个子集，依次将 1 个子集作为测试集，其他 $k-1$ 个子集作为训练集，构造 k 组训练集与测试集对。图 4-4 中，每组内深色标记的子集表示测试集，所有浅色标记的子集共同构成该组中的训练集。接着，分别利用各组中的训练集与测试集展开 k 次实验。具体来说，每次实验期间，首先通过训练集完成模型训练，接着在测试集上人工构造部分缺失值，并求解模型在测试集上的补全评价指标值，最终利用 k 个指标值的平均值度量方法的补全性能。

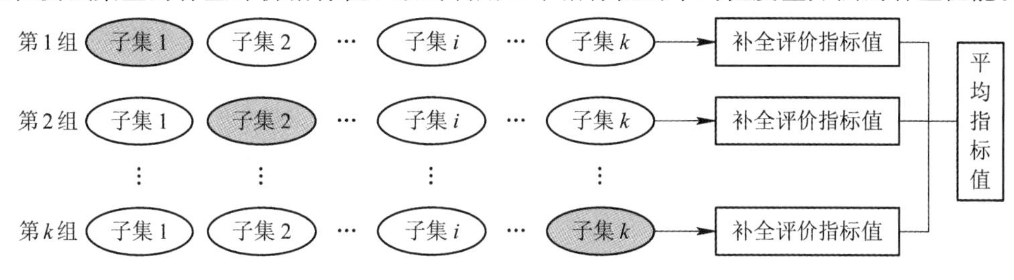

图 4-4 基于 k 折交叉验证的补全实验方案

4.2.2 基于传统统计学的数据补全方法

1. 人工填写法

人工填写法(Filling Manually)主要是针对只有少量缺失值的情况。一般是人们根据日常经验和专业知识对缺失的数据进行补全，这是一种相对精确的方法。但是如果缺失数据量很大，使用这种方法就是不可能的。

2. 均值替换法

均值替换法(Mean Imputation)是最早使用的一种基于统计学的缺失值补全方法，也是一种简便、快速的缺失数据处理方法。该方法将样本属性分为数值型和非数值型分别进行处理。如果缺失值是数值型的，就根据该变量在其他所有对象上取值的平均值来补全该缺失的变量值；如果缺失值是非数值型的，就根据统计学中的众数原理，利用不完整属性列中现有值出现频率最高的值补全其中的缺失值。这种方法会产生有偏估计，所以一般并不被推崇。使用均值替换法插补缺失数据，对该变量的均值估计不会产生影响。但这种方法是建立在完全随机缺失(MCAR)的假设之上的，而且会造成变量的方差和标准差变小。

3. 热卡补全法

热卡补全法(Hotdecking)也叫就近补齐法。对于一个包含空值的对象，热卡补全法在完整数据集中找到一个与它最相似的对象，然后用这个相似对象的值来进行补全。实际应用中通常会找到一个以上的相似对象，然后在所有匹配对象中随机挑选一个作为补全值。针对不同的问题可能会选用不同的标准来对相似度进行判定。最常见的是使用相关系数矩阵来确定哪个变量(如变量 Y)与缺失值所在变量(如变量 X)最相关。然后把所有个案按 Y 的取值大小进行排序。那么变量 X 的缺失值就可以用排在缺失值前的那个个案的数据来代替了。该方法概念上很简单，且利用了数据间的关系来进行空值估计，但缺点在于难以定义相似度标准，其中涉及的主观因素较多。

4. 回归替换法

回归替换法(Regression Imputation)基于属性间的依赖关系建立回归模型，并根据数据集中的完整记录求解模型参数。根据属性间的依赖关系，回归模型可以分为线性回归和非线性回归。线性回归形式简单、计算量小，但真实存在的数据集中属性间大多不遵循线性依赖。非线性回归通过拟合曲线将各个记录点光滑地连接起来，其中拟合曲线的类型既可以是指数函数(Exponential Function)、对数函数(Logarithmic Function)、幂函数(Power

Function)和多项式函数(Polynomial Function)等基本初等函数，也可以是由其中一种或多种函数构成的复合函数。回归替换法利用了数据集中包含的潜在信息，因而通常其补全精度更高，且适用范围更广。

但该方法也有诸多弊端，这种方法虽然是一种无偏估计，但是容易忽视随机误差，低估标准差和其他未知性质的测量值，而且这一问题会随着缺失信息的增多而变得更加严重，加之研究者必须假设缺失值所在的变量与其他变量存在线性关系，然而很多时候这种关系是不存在的。

5. 多重插补法

多重插补法(Multiple Imputation)是由 Rubin[4] 等人于 1987 年建立起来的一种数据扩充和统计分析方法，其思想源于贝叶斯估计。该方法认为待插补的值是随机的，它的值来自已观测到的值。首先，多重插补技术用一系列可能的值来替换每一个缺失值，以反映被替换的缺失数据的不确定性。然后，用标准的统计分析过程对多次替换后产生的若干个数据集进行分析。最后，把来自各个数据集的统计结果进行综合，得到总体参数的估计值。

由于多重插补法基于不同的模型或规则为每个缺失值生成多个可能的补全值，考虑了由于数据补全而产生的不确定性，因此能够产生更加有效的统计推断。结合这种方法，研究者可以比较容易地在不舍弃任何数据的情况下对缺失数据的未知性质进行推断。相较于上述单一补全法(Single Imputation)具有更高的准确性，但也导致了计算量的明显增加。

6. 期望最大化补全法

期望最大化(Expectation-Maximization，EM)补全法利用现有数据的边缘分布对缺失数据进行极大似然估计(Maximum Likelihood Estimate，MLE)，从而得到相应的补全值。对于极大似然估计优化目标，该方法采用迭代的方式进行优化求解。每一轮迭代由两步组成：期望(Expectation)步和最大化(Maximization)步，简称 E 步和 M 步。E 步基于现有数据和待定参数估计缺失值的条件期望并将其作为补全值，M 步将条件期望最大化并计算待定参数。在这种迭代式的补全方法中，完整数据得到充分利用，从而获得较为精确的补全结果。同时，EM 补全法的精度与数据集中的缺失率相关。当缺失率太大时，上述迭代优化过程容易陷入局部最优解，不仅会影响补全精度，还会导致方法的收敛速度显著降低。

不同的统计分析方法适用于不同的条件，而每种方法都有不足之处。在实际工作中，我们要根据具体情况正确选择解决方法，如果缺失值只占数据的 5%不到，那么缺失值对数据的影响不大，采用各种缺失处理方式差异不大，简单处理即可；如果数据缺失机制为随机缺失，且样本容量不是太大，则可采用热卡插补和多重插补；在高缺失率的情况下，一般选用多重插补或者 EM 算法。

4.2.3 基于机器学习的缺失值补全方法

随着机器学习相关领域的高速发展，基于机器学习的缺失数据补全方法应运而生。它是一种在把缺失数据聚集的完整样本作为训练集来建立预测模型之后，训练得出预测值模型，以此预测模型估算缺失数据的方法。现阶段，常见的基于机器学习的缺失值补全方法主要包含 K 最近邻(K-Nearest Neighbors，KNN)补全法、基于聚类的补全方法和基于神经网络(Neural Network，NN)的补全方法等。

1. *K* 最近邻补全法

K 最近邻补全法是基于机器学习的缺失值补全方法中最基础的方法之一。所谓 *K* 最近邻，就是 *K* 个最近的邻居的意思，说的是每个样本都可以用它最接近的 *K* 个邻居来代表。而 *K* 最近邻补全法则是一种依据任何一个有缺失样本，查找最邻近的 *K* 个近邻样本，同时利用近邻样本在不完整属性上的平均值补全缺失值的方法。由此可以看出，如何度量样本之间的距离是使用这种方法获取有缺失样本的近邻样本时的一个关键问题。我们常用的距离度量指标有欧氏距离(Euclidean Distance)、曼哈顿距离(Manhattan Distance)、马氏距离(Mahalanobis Distance)等。这些指标虽然在处理连续变量时性能表现良好，但缺点在于无法处理离散变量。

为解决这一问题，在样本间距离的度量中引入灰色关联分析法(Gray Relational Analysis)，使得同时包含离散变量和连续变量的数据集中的缺失数据得到了有效补全。

查找到最近邻的 *K* 个近邻样本之后，则需要考虑如何充分利用近邻样本的属性进行缺失值补全这一重要问题。按照普通的 *K* 最近邻补全法补全缺失值，当出现一个近邻样本容量很大，而其他近邻样本容量很小的情况时，有可能导致当输入一个有缺失样本时，该样本的 *K* 个邻居中大容量类的样本占多数。

Garcia-Laencina 等人[5]鉴于有缺失样本的各近邻样本与该样本的距离存在差距的问题，提出了一种加权的 *K* 最近邻补全法。该方法基于欧氏距离为距离度量指标选择有缺失样本的 *K* 个近邻样本，并根据各近邻样本与有缺失样本间距离的倒数计算其权重，从而使得与有缺失样本距离近的近邻样本点可以得到更大的权重。这种加权的思想解决了有缺失样本的各近邻样本与该样本的距离存在差距的问题，但是距离较远的近邻样本衰减较大。与其他补全方法相比，*K* 最近邻补全法的优势是简单易于理解，易于实现，但 *K* 值的确定较为麻烦，只能通过反复试验调整，计算量大，且当样本较大时，其时间复杂度和存储空间会快速增加。

2. 基于聚类的补全方法

聚类(Clustering)是按照某个特定标准(如距离)把一个数据集分割成不同的类或簇，使得同一个簇内的数据对象的相似性尽可能大，同时不在同一个簇中的数据对象的差异性也尽可能地大。也即聚类后同一类的数据尽可能聚集到一起，不同类数据尽量分离。基于聚类的补全方法通常使用聚类算法依据分类变量不完整数据集定义约束容差集合差异度并计算不完整数据集内所有样本的总体相异程度，将不完整数据集中的样本划分为不同的簇，并以聚类中心(Cluster Center)及类内的完整样本为标准对缺失样本的缺失值进行补全。

之后，学者们提出了一种基础的、常用的基于聚类的缺失值补全方法，即通过 *K* 均值(*K*-Means)聚类算法对数据集中的样本进行聚类。针对每一个不完备样本，在其所属的聚类簇中寻找该样本的一组近邻样本，计算各近邻样本在对应属性上的均值并将其作为补全结果。随着该方法的进一步发展，发现分割后不同簇之间会相互干扰，从而影响算法的鲁棒性，为了在补全过程中充分利用簇内关系，且减小上述问题的影响，将离群点检测引入 *K* 均值聚类补全方法，使得数据集通过核函数映射到高维空间，在高维空间对样本进行聚类，形成不同的簇，在同簇内选择与缺失值最相似的数据进行补全，之后使用 *K* 均值聚类方法检测补全后数据集中的离群样本，去除离群样本的补全值并将离散样本重新放入数据集进行补全。通过不断迭代直到补全的数据不再检测出离群点，离群点检测的引入使得样本的聚类信息得以充分利用，从而提升了基于聚类的补全方法的精度。但在大规模数据集中，存在计算量比较大、对硬件配置要求比较高、算法复杂度比较高的问题。

为解决这一问题，一种改进的基于距离的离群点检测算法(IDOD)被提出。该算法首先进行预先的剪枝，去除部分非离群点；然后结合聚类技术，并且通过剪枝规则，降低在数据集中计算的时间复杂度；为了追求更高的精确性，有效挖掘数据矩阵中隐藏的局部特征信息，并将双聚类算法应用于缺失数据的补全中。双聚类算法在行和列两个维度上对数据矩阵中的对象和属性同时进行聚类，双聚类簇内均方残差越低，表示在行和列两个维度的簇内属性一致性越高。该方法利用双聚类簇这一特点寻找与缺失值一致性较高的属性，并根据其均值进行缺失值补全。

对比上述具有确定性的聚类划分，采用模糊 C 均值(Fuzzy C-Means，FCM)聚类算法可计算样本对于各个聚类簇(Cluster)的从属度，从而提供更加灵活的聚类结果。目前，FCM 已经大量应用于缺失数据的补全。利用 FCM 对样本进行模糊聚类，对于不完整样本中的各现有属性，计算其与各聚类中心的距离以确定其所属聚类簇，并采用各属性投票的机制确定样本所属的聚类簇，从而依据簇内完整样本的属性实现缺失值补全。模糊聚类与投票的结合取得了优于传统聚类算法的聚类精度，因而获得了相关性较好的补全效果。

由于聚类簇的个数对模糊聚类的精度具有较大的影响，因此采用支持向量回归和遗传算法的方法对聚类簇的数量和加权因子进行改善，以优化聚类效果的方式提高缺失值补全的精度。考虑到聚类簇的初始位置对模糊聚类的影响，在模糊聚类前通过全局 K 均值聚类算法选定各聚类簇的初始位置，从而提升了模糊聚类及缺失值补全的鲁棒性。

3. 基于神经网络的补全方法

神经网络(Neural Network，NN)也称人工神经网络(Artificial Neural Network，ANN)或模拟神经网络 (Simulate Neural Networks，SNN)，是机器学习的子集，并且是深度学习算法的核心。它由节点层组成，包含一个输入层、一个或多个隐藏层和一个输出层。每个节点也称为一个人工神经元，它们连接到另一个节点，具有相关的权重和阈值。如果任何单个节点的输出高于指定的阈值，那么该节点将被激活，并将数据发送到网络的下一层。否则，不会将数据传递到网络的下一层。而基于神经网络的补全方法较多使用不完整数据集中的现有属性作为训练集训练网络参数，并通过所构建的网络模型对不完整样本的缺失值进行补全。

当前，业内已经提出了很多神经网络模型来进行缺失值补全，其中，自组织映射(Self-Organizing Map，SOM)是较为传统的一种，它通过学习输入空间中的数据，生成一个低维、离散的映射(Map)，所以从某种程度上也可看成一种降维算法。

自组织映射是由输入层、竞争层构成的两层无监督型结构，能够识别相似度较高的输入样本子集，并使竞争层中彼此距离较近的神经元(Neuron)对相似样本产生响应，从而利用这些神经元的权重归纳样本间的相似度。该方法首先基于完整样本实现权重训练，然后将各不完整样本输入网络模型并计算其与权重向量间的距离。随后，选取距离各不完整样本最近的权重向量所对应的神经元作为获胜节点，并确定激活邻域。最终，将激活邻域内所有权重向量在不完整属性的加权平均值作为补全值。该模型结构简单，训练过程的时间开销较小，但其忽视了属性间的相关性，会在一定程度上影响补全精度。

多层感知机(Multi-Layer Perceptron，MLP)依据一定的规律将若干神经元节点组织为层状网络结构，并借助激活函数及节点间的连接权重等表征复杂非线性系统。基于 MLP 的补全方法按照不完整属性的组合数目构建相应数量的 MLP 回归模型，模型中通过连接权重充分利用属性间的相关性，从而降低结果的误差。

具体来讲，对于数据集中每种不完整样本属性组合，该方法为其构建相应的 MLP 模型，即建立模型输出为不完整样本属性，模型输入为其他样本属性的 MLP 回归模型。此外，一种改进的 MLP 补全方法根据依次将输入作为不完整样本属性、输出作为其他样本属性这一标准建立 MLP 模型，构建模型数量更小的补全框架。基于 MLP 的补全方法可以做到较好地拟合属性间的关联关系，不会因为属性间的差距产生较大偏差，但因为每个模型均需完成一次训练，所以时间复杂性较大。

自编码器(AutoEncoder，AE)是一类输出层和输入层节点数量与样本属性个数相同的网络模型，其特点是仅借助一个结构即可学习每个不完整属性的拟合函数。相较于 MLP 补全架构而言，自编码器具有高度的结构简洁性，因此其因训练高效而著名。

自编码器在缺失值补全领域发展较快，已取得涉及较多方面的大量研究成果。例如，结合自编码器与遗传算法的补全方法，在补全阶段将缺失值视为代价函数(Cost Function)的自变量，并利用遗传算法优化代价函数以求解缺失值。在上述方法的基础上加入动态规划理论，可构建多个自编码器并为每个不完整样本选取最优模型以实现补全。在补全阶段采用 K 最近邻补全法对缺失值进行预补全，同时将近邻数 K 视为代价函数的变量，并由遗传算法确定其最优解。

除以上提到的自编码器补全模型外，还有许多基于各类神经网络的自编码器变体也被相继提出并应用于缺失值补全，促进了自编码器在缺失值补全领域的发展。此类自编码器包括广义回归自编码器、基于粒子群算法的自编码器、基于粒子群算法的自相关小波神经网络，以及径向基函数自编码器，且通过实验印证了广义回归自编码器在自编码器架构族中具有较优的补全性能；还包括对偶传播自编码器、极限学习机(Extreme Learning Machine，ELM)自编码器，并通过实验印证了上述两种补全模型在多个数据集上的补全精度均优于广义回归自编码器。

4.2.4　基于张量分解的数据补全方法

"张量"一词最早是由威廉·罗恩·哈密顿(William Rowan Hamilton，荷兰数学家、物理学家)在 1846 年提出的，指的是现在被称为模块的物体，但其含义与现代意义下的张量并不完全一致。现代意义下的张量的概念可以追溯到 19 世纪末期格雷戈里奥·里奇-库尔巴斯托罗(Gregorio Ricci-Curbastro)和图利奥·列维-齐维塔(Tullio Levi-Civita)等在绝对微分学(Absolute Differential Calculus)上的工作。其工作在后来被称为张量分析(Tensor Analysis)。

定义 4.1　张量补全问题可定义如下：

$$\begin{cases}\min\limits_{\mathcal{X}} \|\mathcal{X}\|_* \\ \text{s.t.}\quad \|\mathcal{P}_\Omega(\mathcal{X})-\mathcal{P}_\Omega(\mathcal{M})\|_F\leqslant\varepsilon\end{cases} \tag{4-12}$$

其中，$\mathcal{M}\in \mathbb{R}^{n\times m\times t}$为观测值。

该问题的求解过程与矩阵补全类似。在模型中，可加入正则项，提高模型对空间、时间特性的表达能力。例如，在交通数据分析中，可加入路网邻接矩阵的拉普拉斯矩阵正则项，优化模型的拟合度：

$$\begin{cases}\min\limits_{\mathcal{X}} \|\mathcal{X}\|_* + \dfrac{\gamma}{2}\|\boldsymbol{L}\mathcal{X}\|_F^2 \\ \text{s. t.} \quad \|\mathcal{P}_\Omega(\mathcal{X}-\mathcal{M})\|_F \leqslant \varepsilon\end{cases} \tag{4-13}$$

张量的秩是张量研究中非常重要的概念，表示张量中数据的维度。在机器学习和深度学习领域，不同的张量秩可用于提取模型的复杂表示，从而提高模型的预测能力。

张量补全(Tensor Completion)是根据已有数据对缺失值的影响和低秩假设实现缺失值补全。张量补全主要分为两种方法：一种是基于张量补全中给定的秩和更新因子；另一种是直接最小化张量秩，并更新低秩张量。

不同张量分解方法对张量补全带来的差异主要集中于秩的定义，如 CP 分解、Tucker 分解等。

1. CP 分解

CP 分解作为最经典的张量分解(补全)方法之一，其思想起源于 1927 年，Hitchcock 等人[6]首次提出了张量的多源表示思想，用有限个秩一张量和的形式来表示一个完整张量。后续的研究者对该形式进行了进一步的研究。Carroll 等人[7]提出了张量的典范分解；1970 年，Harshman 等人[8]又提出了张量平行因子。在后续的研究中，这两种形式被统一定义为 CP(Candecomp/Parafac，CP)分解。

CP 分解将一个完整张量表示为多个秩一张量和的形式，图 4-5 所示为一个 3 阶的秩一张量和的表示。

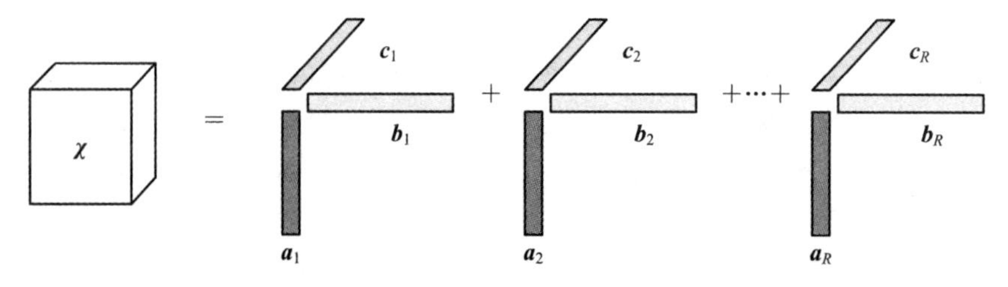

图 4-5 3 阶秩一张量和的表示

对于张量的 CP 分解，最主要的问题是确定张量的秩，但张量的秩的求解问题本身就是一个 NP 问题。因此在实际的应用中，通常的方法是从 1 到 R 进行尝试，直至碰到合理的值或凹值为止。如果在某些背景中使用 CP 分解，可以预先根据背景或者先验信息进行设定。当 CP 分解的秩确定后，需要寻求最优解时，目前效果最好的方法是交替最小二乘法(Altcrnating Lcast Squarc，ALS)。但这种方法仍存在许多问题，例如交替最小二乘法不能保证收敛到全局最优，甚至不能保证收敛到稳定点，它只能找到一个使目标函数停止下降的点。

2. Tucker 分解

张量的 Tucker 分解又称为高阶的奇异值分解。Tucker 分解最早由学者 Tucker[9]在 1963 年首次提出。1966 年，Tucker 对该分解形式的理解进一步加深并给出了 Tucker 分解的完整推论。而 Tucker 分解实质上可以看作矩阵奇异值分解在高维空间上的扩展，但与矩阵的奇异值分解仍有所不同，在介绍张量的 Tucker 分解之前，需要先认知矩阵与张量 K 模态积的定义。图 4－6 所示为一个 3 阶张量的 Tucker 分解。

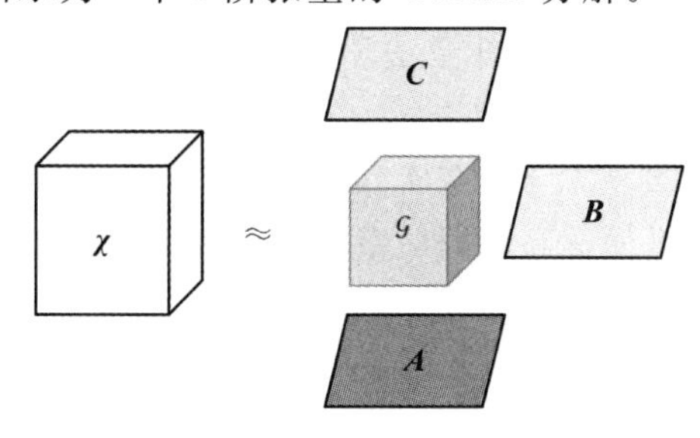

图 4－6　3 阶张量 Tucker 分解示意图

张量的 Tucker 分解与 CP 分解有一定的对应关系，CP 分解可以看作 Tucker 分解的特殊形式；Tucker 分解也存在与 CP 分解一样的问题，Tucker 分解秩的选取也是 NP 问题。

3. 其他张量分解模型

除了 CP 分解和 Tucker 分解，还有其他一些张量分解模型。这里简要介绍 BTD(Block Term Decompostion)模型。

BTD 模型分解可视为 CP 分解和 Tucker 分解的推广。其思想是将张量分解为若干个 Tucker 块之和，具体如图 4－7 所示。

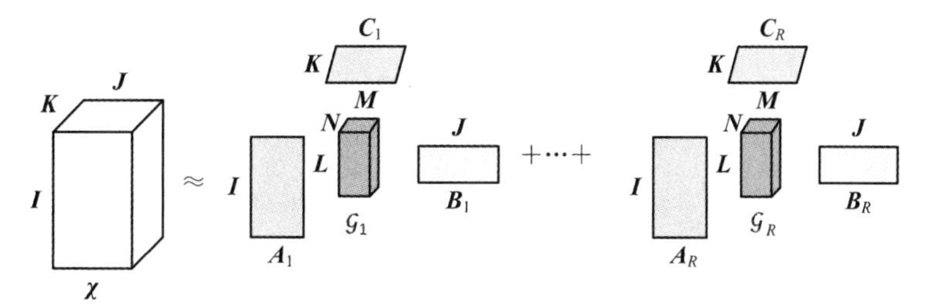

图 4－7　三阶张量 BTD 分解的示意图

从图中可以看出，BTD 分解可退化为 Tucker 分解与 CP 分解。

本章小结

理解数据缺失机制对于缺失数据的处理有着重要的意义。本章对完全随机缺失、随机缺失和非随机缺失机制进行了详细介绍。从发生频率上讲，随机缺失和非随机缺失是现实生活中比较常见的两种数据缺失机制，完全随机缺失并不常见。从处理难易度上讲，完全随机缺失容易处理，而非随机缺失难以处理，一般可将其有条件地转化为随机缺失后再加以处理。

本章阐述了 3 种缺失数据的处理方法。其中，不做处理方法是将缺失值直接参与模型构建，并在建模期间避免对缺失值的直接处理。不完整样本删除法主要包括完全个案分析和可用个案分析，此类方法通过删除数据集中不完整样本得到一个样本量缩减的数据集。相较于前两种处理方法，缺失值补全法为每个缺失值计算合理的补全值，并利用补全值替换数据集中的缺失值，从而构造与原始数据集规模一致的完整数据集。

在上述3种处理方法中，缺失值补全法的研究与应用较为广泛，因此，本章对缺失值补全法展开了详细探讨。首先介绍了缺失值补全的一些基本概念；接着从多个角度对补全方法进行分类，旨在对当前的缺失值补全法做宏观描述；最后阐述了诸如RMSE、MSE、MAE和MAPE等多种补全性能的度量方式。

鉴于目前的缺失值处理方法众多，在实际应用中，应该针对具体问题选择合理有效的补全方法展开缺失值处理，进而提高数据质量以及后续分析的准确性。

参考文献

[1] LITTLE R J A, RUBIN D B. Statistical analysis with missing data[J]. Technometrics, 2002, 45(4):364-365.

[2] 武瑞仙，邓子兵，谯治蛟. 利用MonteCarlo技术模拟研究不同缺失值处理方法对完全随机缺失数据的处理效果[J]. 中国卫生统计，2015，32(3):534-539.

[3] GORBACH T, DE LUNA X. Inference for partial correlation when data are missing not at random [J] Statistics and probability letters, 2018, 141: 82-89.

[4] RUBIN D B. Multiple imputations in sample surveys[J]. Am statist assoc, 1978:20-34.

[5] GARCIA-LAENCINA P J, SANCHO-GOMEZ J L, FIGUEIRAS-VIDAL A R. Pattern classification with missing data: a review [J]. Neural computing and applications, 2010, 19(2): 263-282.

[6] HITCHCOCK F L. The expression of a tensor or a polyadic as a sum of products [J]. Studies in applied mathematics, 1927, 6(4): 164-189.

[7] CARROLL J D, CHANG J J. Analysis of individual differences in multidimensional scaling viaan n-way generalization of "Eckart-Young" decomposition [J]. Psychometrika, 1970, 35(3):283-319.

[8] HARSHMAN R A. Foundations of the parafac procedure: models and conditions for anexplanatory multi-model factor analysis[J]. Ucla working papers in phonetics, 1970, 16:1-84.

[9] TUCKER L R. The Extension of Factor Analysis to Three-Dimensional Matrices [M]. New York: Holt, Rinehart and Winston, 1964.

第5章

低秩张量补全

低秩张量补全(Low Rank Tensor Completion, LRTC)是张量分解最重要的应用之一，在过去的十多年间得到越来越多的关注。低秩张量补全旨在通过假定不完整张量具有特定的低秩张量结构，从而利用部分可观测元素的数值估计丢失元素的数值。本章介绍并分析张量核范数低秩张量补全与张量奇异值低秩张量补全。张量核范数和张量奇异值的主要区别在于核范数关注奇异值的和，而张量奇异值则更多地关注分解的结构与重建过程的优化。在实际应用中，具体采用哪种方法往往取决于数据的具体结构和所需补全的性能要求。

5.1 低秩张量补全模型研究现状

基于张量的方法被证明是处理多维数据的一个很好的分析工具，可以通过高阶分解捕捉数据的整体结构。这方面的研究有不少学者提出了不同的解决思路与方法。

Kolda 等人[1]对张量补全及其应用进行了非常全面的综述。在计算机科学中，张量计算技术被广泛应用于数据插补任务，如图像恢复和数据补全以及推荐系统。

对于低秩张量补全方法的研究，Ji 等人[2]首次提出了低秩张量补全的问题，它被认为是低秩矩阵补全的高维扩展，通过建立约束的方式，得到了低秩张量补全模型的雏形。

Liu 等人[3]最先提出使用多重 TNN(TNN 为张量核范数，通过各维度张量展开计算核范数)来替代张量秩最小化的概念，并构造了目标函数和求解方法，提出了最经典的高精度低秩张量补全模型(High Accuracy Low Rank Tensor Completion Model, HaLRTC)，又通过不同的求解方式提出了简单低秩张量补全模型(Simple Low Rank Tensor Completion Model, SiLRTC)与快速低秩张量补全模型(Fast Low Rank Tensor Completion Model, FaLRTC)。

Tomioka 等人[4]利用交替方向乘子法(Alternating Direction Multiplier Method, ADMM)解决了张量迹范数的凸优化问题，使得补全精度得到了进一步的提升。

Shang 等人[5]提出用矩阵的 p-shrinkage 范数来代替张量多重 TNN 的方式，在图像的补全领域获得了很好的效果，并给出了该形式下的 p 参数选取实验。

Signoretto 等人[6]提出了使用 Schatten-$\{p, q\}$ 范数对张量模型进行优化的概念，并求解构造了增强拉格朗日函数以获得最优解。

Chen 等人[7]又在此后对 HaLRTC 模型进行了重新求解优化，提出了基于截断核范数的低秩张量补全模型(Low Rank Tensor Completion Model based on Truncated Nuclear

Norm，LRTC-TNN)、基于酉变换的低秩张量补全模型(Low Tubal Tank Smoothing Tensor Completion Model，LSTC-Tubal)、基于自回归的低秩张量补全模型(Low Rank Autoregressive Tensor Completion Model，LRATC)，并在真实的时空交通数据集上进行试验，获得了很好的效果。

LRTC-TNN 的普适性与鲁棒性效果是最好的，但基于多重 TNN 模式下的低秩张量补全模型仍有很大的缺陷，张量秩最小化问题是将张量沿各个维度分别展开为矩阵，转化为求解各维度矩阵的秩最小化问题。

为了解决上述问题，基于 T-SVD 的方法被提出，该方法运用张量平均秩的概念，以张量的平均秩最小化问题作为约束，构建了新的 LRTC 框架，它将张量模式转到变换域进行求解，不需要再将张量进行展开，从而打破了模式相关性限制；在此基础上优化得出张量加权残差模型(Weighted Residual Model based on Tensor Truncated Kernel Norm，T-WTNNR)，用梯度下降法进行求解，通过加入不同的数据集进行实验，验证了其具有较高的鲁棒性和精度效果；也得到了基于张量奇异值分解(Tensor Singular Value Decomposition，T-SVD)与 p-shrinkage 的张量分解模型，证明了 p-shrinkage 比张量迹范数更加紧致，同样在图像领域获得了较高的图像补全效果；为了在图像方面充分利用张量的完备化，采用基于 T-SVD 的张量分解模型，但是该模型存在参数的量纲太大的问题，对于模型的计算很累赘；此外，用 Schatten-$\{p, q\}$范数来替代张量的多重 TNN 或核范数，在基于张量奇异值理论的低秩张量补全框架上表现出了极强的适用性。

5.2 基于多重 TNN 的 LRTC

张量核范数低秩补全技术是通过最小化张量的核范数来找到可能的最低秩张量，使得该张量与已知数据尽可能吻合。在数学上，张量的核范数是其奇异值的和，类似矩阵的核范数。这种方法通常涉及以下几个关键步骤。

(1) 模型构建：构建一个优化问题，使得某种核范数最小化，并且补全的张量与已知数据的差异最小。

(2) 优化算法：由于直接优化核范数是 NP 难问题，因此通常采用替代方法，如张量分解(如 CP 分解)或 Tucker 分解来近似求解。

(3) 正则化：为了防止过拟合，通常在优化函数中添加正则项。

(4) 迭代更新：通过迭代算法(如交替最小二乘法(ALS))不断优化张量分解模型的参数，直到达到收敛条件。

张量补全是一种对高维数据进行缺失项恢复的技术，这类机器学习模型本质上是建立在部分可观测输入张量的低秩假设上的算法，可将其视为矩阵补全问题的高阶泛化。通过对低秩矩阵补全问题的高阶泛化可对 3 阶张量问题建模：

$$\begin{cases}\min\limits_{\mathcal{M}} \operatorname{rank}(\mathcal{M}) \\ \text{s.t. } \mathcal{P}_\Omega(\mathcal{M}) = \mathcal{P}_\Omega(\mathcal{X})\end{cases} \tag{5-1}$$

式中：$\mathrm{rank}(\mathcal{M})$为张量的秩最小化约束，$\mathcal{M}$表示变量矩阵，$\mathcal{X}$表示观测值矩阵，可以将式(5-1)的约束问题进行转化，Ω定义如下：

$$[\mathcal{P}_\Omega(\mathcal{X})]_{ij}=\begin{cases}\mathcal{X}_{ij}, & (i, j)\in\Omega \\ 0, & (i, j)\notin\Omega\end{cases} \tag{5-2}$$

$\mathcal{P}_\Omega(\mathcal{X})$为已知元素的下标集合，即$\mathcal{X}_{ij}$为观测值，$\mathcal{P}_{\bar{\Omega}}(\mathcal{X})$为$\mathcal{X}$中缺失元素的下标集合，并且有$\mathcal{P}_\Omega(\mathcal{X})+\mathcal{P}_{\bar{\Omega}}(\mathcal{X})=\mathcal{X}$。

根据优化过程，使用核范数最小化对秩最小化问题进行替代，模型(5-1)可以重写如下：

$$\begin{cases}\min\limits_{\mathcal{M}} \|\mathcal{M}\|_* \\ \text{s.t. } \mathcal{P}_\Omega(\mathcal{M})=\mathcal{P}_\Omega(\mathcal{X})\end{cases} \tag{5-3}$$

$\mathcal{M}$和$\mathcal{X}$是各模态下大小相同的n阶张量。对于一般情况下的张量迹范数，Liu 等人[3]提出的定义如下：

$$\|\mathcal{M}\|_*=\sum_{i=1}^{n}a_i\|\mathcal{M}_{(i)}\|_* \tag{5-4}$$

在这里，常数a_i满足$a_i\geqslant 0$且$\sum\limits_{i=1}^{n}a_i=1$。张量的迹范数在此本质上是沿各模展开的所有矩阵迹范数的加权结合。注意，当张量阶数n等于 2 时(即矩阵情况)，张量的迹范数的定义与矩阵情况完全一致，因为矩阵的迹范数等于其转置的迹范数。在此定义下，式(5-3)中的优化可以写成如下形式：

$$\begin{cases}\min\limits_{\mathcal{M}}\sum\limits_{i=1}^{n}a_i\|\mathcal{M}_{(i)}\|_* \\ \text{s.t. } \mathcal{P}_\Omega(\mathcal{M})=\mathcal{P}_\Omega(\mathcal{X})\end{cases} \tag{5-5}$$

与矩阵不同，计算一般张量(阶数>2)的秩是一个 NP 难问题。

模型(5-5)的问题由于矩阵跟踪范数项的相互依赖而难以解决，当优化多个矩阵跟踪范数的和时，矩阵共享相同的项，无法独立优化。因此，不能直接使用已有的结果，简化这个原始问题的主要动机是分割这些相互依赖的项，使它们可以独立求解。为此引入额外的矩阵$\boldsymbol{Y}_1$、$\boldsymbol{Y}_2$、…、$\boldsymbol{Y}_i$，得到以下等效公式：

$$\begin{cases}\min\limits_{\mathcal{M}}\sum\limits_{i=1}^{n}a_i\|\boldsymbol{Y}_i\|_* \\ \text{s.t. } \boldsymbol{Y}_i=\mathcal{M}_{(i)},\ \mathcal{P}_\Omega(\mathcal{M})=\mathcal{P}_\Omega(\mathcal{X})\end{cases} \tag{5-6}$$

在式(5-6)中，跟踪范数仍然不是独立的，因为等式约束$\boldsymbol{Y}_i=\mathcal{M}_{(i)}$迫使所有的$\boldsymbol{Y}_i$都是相同的。因此，需要放松等式的约束(进行松弛)，这样就可以独立求解每个子问题。

上述优化问题可以转化为某些正值的等效公式，如下所示：

$$\begin{cases}\min\limits_{\mathcal{M}}\sum\limits_{i=1}^{n}a_i\|\boldsymbol{Y}_i\|_*+\dfrac{\beta_i}{2}\|\boldsymbol{Y}_i-\mathcal{M}_{(i)}\|_F^2 \\ \text{s.t. } \mathcal{P}_\Omega(\mathcal{M})=\mathcal{P}_\Omega(\mathcal{X})\end{cases} \tag{5-7}$$

对于式(5-7)，模型的建立基本完成。首先采用块坐标下降法进行优化，块坐标下降法的基本思想是优化一组(块)变量，同时固定其他组。

(1) 求解 $\boldsymbol{Y}$:

$$\begin{cases}\min\limits_{\mathcal{M}} \sum\limits_{i=1}^{n} \dfrac{\beta_i}{2} \| \boldsymbol{Y}_i - \mathcal{M}_{(i)} \|_F^2 \\ \text{s.t. } \mathcal{P}_\Omega(\mathcal{M}) = \mathcal{P}_\Omega(\mathcal{X})\end{cases} \tag{5-8}$$

$\mathcal{M}$ 的解是直接给出的，这很容易检验：

$$\mathcal{M}_{i_1,\cdots,i_n} = \begin{cases}\left(\dfrac{\sum\limits_i \beta_i \,\text{fold}_i(\boldsymbol{Y}_i)}{\sum\limits_i \beta_i}\right)_{i_1,\cdots,i_n} & (i_1, \cdots, i_n) \notin \Omega \\ \mathcal{X}_{i_1,\cdots,i_n} & (i_1, \cdots, i_n) \in \Omega\end{cases} \tag{5-9}$$

(2) 计算 $\boldsymbol{Y}_1$、$\boldsymbol{Y}_2$、…、$\boldsymbol{Y}_i$，求最优解：

$$\begin{aligned}&\min_{\mathcal{M}} a_i \| \boldsymbol{M}_i \|_* + \frac{\beta_i}{2} \| \boldsymbol{M}_i - \boldsymbol{y}_{(i)} \|_F^2 \\ &= \frac{a_i}{\beta_i} \| \boldsymbol{M}_i \|_* + \frac{1}{2} \| \boldsymbol{M}_i - \boldsymbol{y}_{(i)} \|_F^2\end{aligned} \tag{5-10}$$

上式已经被证明会导致一个封闭的形式，于是有 $\tau = \dfrac{a_i}{\beta_i}$。

上述算法为简单低秩张量补全(SiLRTC)算法。SiLRTC 算法的伪代码如算法 5-1 所示。作为收敛准则，将后续迭代中 $\boldsymbol{y}$ 的差值与阈值进行比较。由于式(5-6)中的目标是凸的，且非光滑项是可分离的，因此采用块状坐标下降法(BCD)能够保证找到全局最优解。

SiLRTC 算法的伪代码如下：

算法 5-1: SiLRTC 算法

输入：$\mathcal{M} \in \mathbb{C}^{n_1 \times n_2 \times n_3}$, $\mathcal{P}_\Omega(\mathcal{M}) = \mathcal{P}_\Omega(\mathcal{X})$, ρ, ε, r, K

输出：$\mathcal{M}$

For $k=1$ to K do

  For $i=1$ to K do

    $Y_i = \mathcal{D}_{\frac{a_i}{\beta_i}}[\mathcal{M}_{(i)}]$

  End For

  利用式(5-9)更新 $\mathcal{M}$

End For

下面介绍基于 ADMM 框架的算法实现过程。ADMM 框架起源于 20 世纪 50 年代，于 20 世纪 70 年代被开发并完善。该方法主要运用于解决大规模问题和解决目标中有多个非光滑项的优化问题。

对于 ADMM 模型的求解，根据式(5-6)，首先定义增强的拉格朗日函数：

$$\begin{aligned}L_\rho(\mathcal{Y}, \mathcal{M}, \mathcal{Z}, \rho) = &\| \mathcal{Y} \|_* + \| \mathcal{P}_\Omega(\mathcal{M}) - \mathcal{P}_\Omega(\mathcal{X}) \|_F^2 + \\ &\frac{\rho}{2} \| \mathcal{M} - \mathcal{Y} \|_F^2 + \langle \mathcal{Z}, \mathcal{M} - \mathcal{Y} \rangle\end{aligned} \tag{5-11}$$

式中：$\mathcal{Z} \in \mathbb{R}^{n_1 \times n_2 \times n_3}$ 为拉格朗日乘子，ρ 为惩罚参数。因此，根据 ADMM 框架的求解方式，

将 $\mathbf{y}$，$\mathcal{M}$，$\mathcal{Z}$，ρ 分别进行迭代更新：

$$\mathcal{Y}^{l+1}=\arg\min_{\mathcal{Y}}\mathcal{L}(\mathcal{Y},\ \mathcal{M}^l,\ \mathcal{Z}^l,\ \rho)$$

$$\mathcal{M}^{l+1}=\arg\min_{\mathcal{M}}\mathcal{L}(\mathcal{M},\ \mathcal{Y}^{l+1},\ \mathcal{Z}^l,\ \rho)$$

$$\mathcal{Z}^{l+1}=\mathcal{Z}^l+\rho(\mathcal{Y}^{l+1}-\mathcal{M}^{l+1})$$

（1）固定 $\mathcal{M}$ 和 $\mathcal{Z}$，求解 $\mathcal{Y}^{l+1}$：

$$\begin{aligned}\mathcal{Y}^{l+1}&=\arg\min_{\mathcal{Y}}\mathcal{L}(\mathcal{Y},\ \mathcal{M}^l,\ \mathcal{Z}^l,\ \rho)\\&=\arg\min_{\mathcal{Y}}\|\mathcal{Y}\|_*+\frac{\rho}{2}\|\mathcal{M}^l-\mathcal{Y}\|_F^2+\langle\mathcal{Z}^l,\ \mathcal{M}^l-\mathcal{Y}\rangle\\&=\arg\min_{\mathcal{Y}}\|\mathcal{Y}\|_*+\frac{\rho}{2}\|\mathcal{M}^l-\langle\mathcal{M}^l+\frac{1}{\rho}\mathcal{Z}^l\rangle\|_F^2\\&=\mathcal{D}_{\frac{1}{\rho}}\left(\mathcal{M}^l+\frac{1}{\rho}\mathcal{Z}^l\right)\end{aligned}\tag{5-12}$$

式中：$\mathcal{D}_{\frac{1}{\rho}}\left(\mathcal{M}^l+\frac{1}{\rho}\mathcal{Z}^l\right)$为张量的奇异值阈值分解，其中，$\tau=\frac{1}{\rho}$。

对于 $\mathcal{D}_{\frac{1}{\rho}}\left(\mathcal{M}^l+\frac{1}{\rho}\mathcal{Z}^l\right)$的求解，由张量的奇异值阈值理论，即假设给定张量 $\mathcal{X}\in\mathbb{R}^{n_1\times n_2\times n_3}$，对于任意 $\rho>0$，$\mathcal{Z}\in\mathbb{R}^{n_1\times n_2\times n_3}$，取张量核范数的截断参数 r，有如下问题：

$$\min_{\mathcal{X}}\|\mathcal{X}\|_*+\frac{\rho}{2}\|\mathcal{X}-\mathcal{Z}\|_F^2\tag{5-13}$$

再由广义奇异值阈值理论给出上述问题的最优解：

$$\mathcal{D}_\tau(\mathcal{Z})=\mathcal{X}=\mathcal{U}\boldsymbol{\Sigma}_*\mathcal{V}^T\tag{5-14}$$

其中 $\mathcal{U}\boldsymbol{\Sigma}_*\mathcal{V}^T$ 为 $\mathcal{Z}$ 奇异值分解后的阈值截断，τ 值为$\frac{1}{\rho}$，而 $\boldsymbol{\Sigma}_*$ 可以表示为

$$\boldsymbol{\Sigma}_*=\mathrm{diag}\left(\left(\left[\sigma_1-\frac{1}{\rho}\right],\ \cdots,\ \left[\sigma_{\min\{m,\ n\}}-\frac{1}{\rho}\right]_+\right)^T\right)\tag{5-15}$$

其中加函数$(\cdot)_+$定义为：$a_+=\max\{a,\ 0\}$。

由上述奇异值阈值理论可以得到，$\mathcal{D}_{\frac{1}{\rho}}\left(\mathcal{M}^l+\frac{1}{\rho}\mathcal{Z}^l\right)$的求解是对张量 $\mathcal{D}_{\frac{1}{\rho}}\left(\mathcal{M}^l+\frac{1}{\rho}\mathcal{Z}^l\right)$进行奇异值分解后的阈值截断，阈值 $\tau=\frac{1}{\rho}$。

（2）求解 $\mathcal{M}^{l+1}$，固定 $\mathcal{Y}^{l+1}$和 $\mathcal{Z}$：

$$\begin{aligned}\mathcal{M}^{l+1}&=\arg\min_{\mathcal{M}}\mathcal{L}(\mathcal{M},\ \mathcal{Y}^{l+1},\ \mathcal{Z}^l,\ \rho)\\&=\arg\min_{\mathcal{M}}\|\mathcal{P}_\Omega(\mathcal{M})-\mathcal{P}_\Omega(\mathcal{X})\|_F^2+\frac{\rho}{2}\|\mathcal{M}-\mathcal{Y}^{l+1}\|_F^2+\langle\mathcal{Z}^l,\ \mathcal{M}\rangle\\&=\arg\min\|\mathcal{P}_\Omega(\mathcal{M})-\mathcal{P}_\Omega(\mathcal{X})\|_F^2+\frac{\rho}{2}\|\mathcal{M}\|_F^2-\rho\langle\mathcal{Y}^{l+1},\ \mathcal{M}\rangle+\\&\quad\langle\mathcal{Z}^l,\ \mathcal{M}\rangle\\&=\left(\mathcal{Y}^{l+1}-\frac{1}{\rho}\mathcal{Z}^l\right)_{\bar{\Omega}}+\mathcal{P}_\Omega(\mathcal{X})\end{aligned}\tag{5-16}$$

(3) 求解 $\mathcal{Z}^{t+1}$：

$$\mathcal{Z}^{t+1}=\mathcal{Z}^{t}+\rho(\mathcal{Y}^{t+1}-\mathcal{M}^{t+1}) \tag{5-17}$$

HaLRTC 算法的伪代码如下：

算法 5-2：HaLRTC 算法

输入：$\mathcal{M}$，$\mathcal{P}_\Omega(\mathcal{M})=\mathcal{P}_\Omega(\mathcal{X})$，$\mathcal{Z}=\mathcal{Y}=\mathbf{0}$，$\rho$，$k$

输出：$\mathcal{M}$

For $i=1$ to k

Update

$$\mathcal{Y}=\mathcal{D}_{\frac{1}{\rho}}\left(\mathcal{M}^t+\frac{1}{\rho}\mathcal{Z}^t\right)$$

Update

$$\mathcal{M}=\left(\mathcal{Y}^{t+1}-\frac{1}{\rho}\mathcal{Z}^t\right)_{\bar{\Omega}}+\mathcal{P}_\Omega(\mathcal{X})$$

Update

$$\mathcal{Z}=\mathcal{Z}+\rho(\mathcal{Y}-\mathcal{M})$$

If

$$\frac{\|\hat{\mathcal{M}}^{t+1}-\hat{\mathcal{M}}^t\|_F^2}{\|\mathcal{P}_\Omega(\mathcal{M})\|_F^2}<\varepsilon$$

Break

End For

上述两种算法的目标是在没有观测噪声的情况下解决张量补全问题，这与之前的工作不同。Signoretto 和 Gandy 也考虑了无噪声情况，但他们将式(5-5)中的等式约束放宽到有噪声情况，并应用 ADMM 框架来解决放松后的问题。然而，上述两种算法都可以直接处理这个等式约束，而不使用任何松弛技术。

5.3 基于 T-SVD 的 LRTC

5.2 节中的张量补全方法在对数据进行补全时，需要将张量展开为多重矩阵进行补全计算。事实上，在求解张量核范数的过程中，将张量展开和使用张量进行数据构建的思想与张量数据补全相悖，存在可能会打破张量的模态相关性从而导致补全精度下降的问题。基于张量奇异值分解的 LRTC 框架也是为解决上述问题而提出的。张量奇异值分解从矩阵奇异值分解推广而来，可表示为多个低秩张量乘积的形式。本节介绍的张量补全模型由 T-SVD 和约束项构成，通常通过以下几个步骤实现缺失值的补全。

(1) 张量奇异值分解：将张量分解为一组因子张量和一个核心张量，其中，核心张量与矩阵的奇异值所表示的含义类似，体现了张量的重要特征。

(2) 低秩近似：通过保留最重要的奇异值(即张量奇异值)和相应的因子张量来近似原

张量，以实现低秩近似。

（3）修剪和迭代：通过算法（如截断的高阶奇异值分解（HOSVD））修剪掉较小的张量奇异值，并迭代优化近似结果。

（4）数据适应：确保分解和重构的张量与已知的数据匹配度高，可能涉及复杂的优化过程。

与 5.2 节中 LRTC 框架的建模思想一样，通过对低秩矩阵补全问题的高阶泛化对 3 阶张量问题建模如下：

$$\begin{cases}\min\limits_{\mathcal{M}} \operatorname{rank}_a(\mathcal{M}) \\ \text{s. t. } \mathcal{P}_\Omega(\mathcal{M})=\mathcal{P}_\Omega(\mathcal{X})\end{cases} \tag{5-18}$$

但与 5.2 节中的 LRTC 框架不同的是，$\operatorname{rank}_a(\mathcal{M})$ 为张量的平均秩，而根据平均秩的概念可以将式（5-18）的约束问题进行转化，补全模型可以重写为与 5.2 节一样的形式：

$$\begin{cases}\min\limits_{\mathcal{M}} \|\mathcal{M}\|_* \\ \text{s. t. } \mathcal{P}_\Omega(\mathcal{M})=\mathcal{P}_\Omega(\mathcal{X})\end{cases} \tag{5-19}$$

式中：$\|\mathcal{M}\|_*$ 是定义的张量核范数，且有 $\|\mathcal{M}\|_k=\sum_{i=1}^{r}\mathcal{S}(i,i,1)=\sum_{i=1}^{r}\sigma_i(\mathcal{M})$。$\Omega$ 表示观测张量的元素集合，$\mathcal{M}$ 是希望找到的复原张量，$\mathcal{X}$ 是原始的观测张量。在求解 $\mathcal{M}$ 秩最小化的同时，约束条件需要观测张量的元素与补全张量相对位置的元素相等。

模型（5-19）为非凸模型，因此很难选取凸优化方法进行求解，针对这个问题，选取坐标梯度下降法（CGD）来进行求解，定义该算法为 LRTC-CGD（Low Rank Tensor Completion Algorithm based on Coordinate Gradient Descent）。

在对原模型求解前，对于 $\|\mathcal{M}\|_*$，无法进行求导操作。因此要做变换处理，令 $\Sigma'=\Sigma\varepsilon$，其中 ε 是一个 3 阶的单位张量，即

$$\begin{aligned}\|\mathcal{M}\|_* &=\operatorname{tr}(\sqrt{\mathcal{M}\mathcal{M}^*})=\max_{\mathcal{U}^{\mathrm{T}}\mathcal{U}=\mathcal{V}^{\mathrm{T}}\mathcal{V}=\mathcal{J}} \operatorname{tr}(\sqrt{\mathcal{U}\Sigma\Sigma^*\mathcal{V}^*}) \\ &=\max_{\mathcal{U}^{\mathrm{T}}\mathcal{U}=\mathcal{V}^{\mathrm{T}}\mathcal{V}=\mathcal{J}} \operatorname{tr}(\mathcal{V}\Sigma'\mathcal{U}^*)=\operatorname{tr}(\Sigma') \\ &=\operatorname{tr}(\Sigma\varepsilon) \\ &=\max_{\mathcal{U}^{\mathrm{T}}\mathcal{U}=\mathcal{V}^{\mathrm{T}}\mathcal{V}=\mathcal{J}} \operatorname{tr}(\mathcal{M}\mathcal{V}\varepsilon\mathcal{U}^*)\end{aligned} \tag{5-20}$$

根据上述对 $\|\mathcal{M}\|_*$ 的变换，将式（5-20）重写为

$$\begin{cases}\min\limits_{\mathcal{M}} \operatorname{tr}(\mathcal{M}\mathcal{V}\varepsilon\mathcal{U}^*) \\ \text{s. t } P_\Omega(\mathcal{M})=P_\Omega(\mathcal{X})\end{cases} \tag{5-21}$$

利用坐标梯度下降法的思想，对式（5-21）进行求解得到

$$\mathcal{M}_{k+1}=\mathcal{M}_k-\frac{1}{\rho(\mathcal{U}*\varepsilon^* * \mathcal{V}^*)} \tag{5-22}$$

其中，$\mathcal{U}*\varepsilon^* * \mathcal{V}^*$ 是对 $\operatorname{tr}(\mathcal{M}\mathcal{V}\varepsilon\mathcal{U}^*)$ 进行求导得到的，再添加约束条件：

$$\begin{aligned}&\mathcal{P}_\Omega(\mathcal{M})=\mathcal{P}_\Omega(\mathcal{X}) \\ &\mathcal{M}_{k+1}=\mathcal{P}_\Omega(\mathcal{X})+\mathcal{P}_{\bar{\Omega}}(\mathcal{M}_{k+1})\end{aligned} \tag{5-23}$$

于是 LRTC-CGD 算法的伪代码如下：

算法 5-3：LRTC-CGD 算法

输入：$\mathcal{M}\in\mathbb{C}^{n_1\times n_2\times n_3}$，$\mathcal{M}_1=\mathcal{X}$，$\rho$,$\varepsilon$，$r$，$k$

输出：$\mathcal{M}$

For $i=1$ to k do

  Update

$$\mathcal{U}*\mathcal{S}*\mathcal{V}^{\mathrm{T}}=\mathrm{tsvd}(\mathcal{M}_k)$$

$$\mathcal{M}_{k+1}=\mathcal{M}_k-\frac{1}{\rho(\mathcal{U}*\mathcal{S}*\mathcal{V}^{\mathrm{T}})}$$

$$\mathcal{M}_{k+1}=\mathcal{P}_\Omega(\mathcal{X})+\mathcal{P}_{\bar{\Omega}}(\mathcal{M}_{k+1})$$

  Update $\rho_{k+1}=r\rho_k$

  If

$$\frac{\|\hat{\mathcal{M}}^{l+1}-\hat{\mathcal{M}}^l\|_{\mathrm{F}}^2}{\|\mathcal{P}_\Omega(\mathcal{M})\|_{\mathrm{F}}^2}<\varepsilon$$

   Break

End For

算法 5-3 中，ρ 为迭代步长，每次用 $\rho=r\rho$ 来更新步长，ε 表示最大允许误差，k 为迭代次数。

LRTC-CGD 算法与 SiLRTC 算法的求解思想相同，都是使用块状坐标下降法进行求解。块状坐标下降法在远离极小值的地方下降得很快，而在靠近极小值的地方下降得很慢。

因此，同样使用 ADMM 框架对原问题进行求解，定义该算法为 LRTC-TSVT(Low Rank Tensor Completion Algorithm based on Tensor Singular Value Threshold)。

根据模型(5-19)的约束条件，引入辅助张量 $\mathcal{Y}\in\mathbb{C}^{n_1\times n_2\times n_3}$，并且给定约束条件限制 $\mathcal{M}=\mathcal{Y}$，因此模型(5-19)中的张量补全模型可以重写为

$$\begin{cases}\min\limits_{\mathcal{M}}\|\mathcal{Y}\|_*+\|\mathcal{P}_\Omega(\mathcal{M})-\mathcal{P}_\Omega(\mathcal{X})\|_{\mathrm{F}}^2\\ \text{s.t.}\ \ \mathcal{M}=\mathcal{Y}\end{cases}\tag{5-24}$$

对于该模型的求解，首先定义增强的拉格朗日函数：

$$\begin{aligned}L_\rho(\mathcal{Y},\mathcal{M},\mathcal{Z},\rho)=&\|\mathcal{Y}\|_*+\|\mathcal{P}_\Omega(\mathcal{M})-\mathcal{P}_\Omega(\mathcal{X})\|_{\mathrm{F}}^2+\\&\frac{\rho}{2}\|\mathcal{M}-\mathcal{Y}\|_{\mathrm{F}}^2+\langle\mathcal{Z},\mathcal{M}-\mathcal{Y}\rangle\end{aligned}\tag{5-25}$$

$\mathcal{Z}\in\mathbb{R}^{n_1\times n_2\times n_3}$ 为拉格朗日乘子，ρ 为惩罚参数。因此，根据 ADMM 框架的求解方式，将 $\mathcal{Y}$，$\mathcal{M}$，$\mathcal{Z}$，ρ 分别进行迭代更新：

$$\mathcal{Y}^{l+1}=\arg\min_{\mathcal{Y}}\mathcal{L}(\mathcal{Y},\mathcal{M}^l,\mathcal{Z}^l,\rho)$$

$$\mathcal{M}^{l+1}=\arg\min_{\mathcal{M}}\mathcal{L}(\mathcal{M},\mathcal{Y}^{l+1},\mathcal{Z}^l,\rho)$$

$$\mathcal{Z}^{l+1}=\mathcal{Z}^l+\rho(\mathcal{Y}^{l+1}-\mathcal{M}^{l+1})$$

(1) 固定 $\mathcal{M}$ 和 $\mathcal{Z}$，求解 $\mathcal{Y}^{l+1}$：

$$\begin{aligned}\mathcal{Y}^{l+1} &= \arg\min_{\mathcal{Y}} \mathcal{L}(\mathcal{Y}, \mathcal{M}^l, \mathcal{Z}^l, \rho) \\ &= \arg\min_{\mathcal{Y}} \|\mathcal{Y}\|_* + \frac{\rho}{2}\|\mathcal{M}^l - \mathcal{Y}\|_F^2 + \langle \mathcal{Z}^l, \mathcal{M}^l - \mathcal{Y}\rangle \\ &= \arg\min_{\mathcal{Y}} \|\mathcal{Y}\|_* + \frac{\rho}{2}\|\mathcal{M}^l - \langle \mathcal{M}^l + \frac{1}{\rho}\mathcal{Z}^l\rangle\|_F^2 \\ &= \mathcal{D}_{\frac{1}{\rho}}\left(\mathcal{M}^l + \frac{1}{\rho}\mathcal{Z}^l\right)\end{aligned} \tag{5-26}$$

式中：$\mathcal{D}_{\frac{1}{\rho}}\left(\mathcal{M}^l + \frac{1}{\rho}\mathcal{Z}^l\right)$为张量的奇异值阈值分解。

(2) 求解 $\mathcal{M}^{l+1}$，固定 $\mathcal{Y}^{l+1}$ 和 $\mathcal{Z}$：

$$\begin{aligned}\mathcal{M}^{l+1} &= \arg\min_{\mathcal{M}} \mathcal{L}(\mathcal{M}, \mathcal{Y}^{l+1}, \mathcal{Z}^l, \rho) \\ &= \arg\min_{\mathcal{M}} \|\mathcal{P}_\Omega(\mathcal{M}) - \mathcal{P}_\Omega(\mathcal{X})\|_F^2 + \frac{\rho}{2}\|\mathcal{M} - \mathcal{Y}^{l+1}\|_F^2 + \langle \mathcal{Z}^l, \mathcal{M}\rangle \\ &= \arg\min \|\mathcal{P}_\Omega(\mathcal{M}) - \mathcal{P}_\Omega(\mathcal{X})\|_F^2 + \frac{\rho}{2}\|\mathcal{M}\|_F^2 - \\ &\quad \rho\langle \mathcal{Y}^{l+1}, \mathcal{M}\rangle + \langle \mathcal{Z}^l, \mathcal{M}\rangle \\ &= \left(\mathcal{Y}^{l+1} - \frac{1}{\rho}\mathcal{Z}^l\right)_{\bar{\Omega}} + \mathcal{P}_\Omega(\mathcal{X})\end{aligned} \tag{5-27}$$

(3) 求解 $\mathcal{Z}^{l+1}$：

$$\mathcal{Z}^{l+1} = \mathcal{Z}^l + \rho(\mathcal{Y}^{l+1} - \mathcal{M}^{l+1}) \tag{5-28}$$

LRTC-TSVT 算法的伪代码如下：

算法 5-4：LRTC-TSVT 算法

输入：$\mathcal{M}$，$\mathcal{P}_\Omega(\mathcal{M}) = \mathcal{P}_\Omega(\mathcal{X})$，$\mathcal{Z} = \mathcal{Y} = \mathbf{0}$，$\rho$，$k$

输出：$\mathcal{M}$

For $i = 1$ to k

　Update

$$\mathcal{Y} = D_{\frac{1}{\rho}}\left(\mathcal{M}^l + \frac{1}{\rho}\mathcal{Z}^l\right)$$

　Update

$$\mathcal{M} = \left(\mathcal{Y}^{l+1} - \frac{1}{\rho}\mathcal{Z}^l\right)_{\bar{\Omega}} + \mathcal{P}_\Omega(\mathcal{X})$$

　Update

$$\mathcal{Z} = \mathcal{Z} + \rho(\mathcal{Y} - \mathcal{M})$$

　If

$$\frac{\|\hat{\mathcal{M}}^{l+1} - \hat{\mathcal{M}}^l\|_F^2}{\|\mathcal{P}_\Omega(\mathcal{M})\|_F^2} < \varepsilon$$

　Break

End For

在此，使用 ADMM 框架进行求解的思想与 HaLRTC 的思想相同。

本章小结

本章提出了基于多种 TNN 与基于张量核范数两种低秩张量补全模型。这两种模型的建模思想一致，同样是运用阈值逼近的方式对缺失值进行补全，后续都运用了块状坐标下降法与交替方向乘子法进行求解。

块状坐标下降法是对需要寻优的函数进行求导，选取其下降速度最快的方向，也就是梯度方向，设置合适的参数进行迭代更新。它的主要目的是通过迭代找到目标函数的最小值，或者收敛到最小值。ADMM 通过分解协调过程，将大的全局问题分解为多个较小、较容易求解的局部子问题，并通过协调子问题的解而得到大的全局问题的解。

相较而言，交替方向乘子法对问题的求解更加精细，是一种螺旋下降的方式；而块状坐标下降法是一种蜿蜒折叠的方式。交替方向乘子法对数据补全的精度更高，但优势并不特别明显。块状坐标下降法的实现更为简单，更容易实现和理解；而交替方向乘子法的收敛性是有保证的，但收敛速度可能较慢。

参考文献

[1] KOLDA T G, BADER B W. Tensor decompositions and applications[J]. SIAM rev, 2009, 51 (3), 455-500.

[2] JI L, MUSIALSKI P, WONKA P, et al. Tensor completion for estimating missing values in visual date [C]. IEEE International Conference on Computer Vision. IEEE, 2009.

[3] LIU J, MUSIALSKI P, et al. Tensor completion for estimating missing values in visual data[J]. IEEE trans. pattern anal. mach. intell. 2013, 35 (1), 208-220.

[4] TOMIOKA R, HAYASHI K, KASHIMA H. On the extension of trace norm to tensors[J]. Proceedings of nips workshop on tensors kernels & machine learning. 2010(7): 1-4.

[5] SHANG K, LI Y F, HUANG Z H. Iterative p-shrinkage thresholding algorithm for low tucker rank tensor recovery[J]. Information sciences, 2019, 482: 374-391.

[6] SIGNORETTO M, TRAN D Q, DE L L, et al. Learning with tensors: a framework based on convex optimization and spectral regularization [J]. Machine learning, 2014, 94(3): 303-351.

[7] CHEN X, YANG J, SUN L. A nonconvex low-rank tensor completion model for spatiotemporal traffic data imputation [J]. Transportation reasearch part C: emerging technologies, 2010, 117: 102673.

第6章

p-shrinkage 范数张量数据补全方法

传统的 Tucker 模型和 CP 模型在对张量进行补全时需要考虑秩的选取，然而对于高维张量，秩选取一直是 NP 难问题。与传统模型不同，低秩张量补全模型不需要准确地去确定秩的大小，而是通过最小化张量核范数来对张量的秩进行逼近，从而保障了较高的补全精度。核范数的选择对于模型的收敛性至关重要，本章在介绍基本核范数的基础上，重点介绍基于 p-shrinkage 范数的张量数据补全方法与加权截断核范数补全方法。

6.1 张量的基本核范数

假定张量 $\mathcal{A}$ 的奇异值分解为 $\mathcal{U} * \mathcal{S} * \mathcal{V}^{\mathrm{T}}$，则张量核范数定义为张量奇异值的和，如下所示：

$$\|\mathcal{A}\|_* = \sum_{i=1}^{r} \mathcal{S}(i, i, 1) = \sum_{i=1}^{r} \sigma_i(\mathcal{A}) \tag{6-1}$$

式中：$\mathcal{A} \in \mathbb{R}^{n_1 \times n_2 \times n_3}$。一般张量核范数只由第一个切片 $\mathcal{S}(i, i, 1)$ 决定。

张量的截断核范数可以看作矩阵截断核范数的高阶扩展。然而，张量的截断核范数又与矩阵不同，这与张量的性质有关。给定一个 3 阶张量 $\mathcal{X} \in \mathbb{R}^{n_1 \times n_2 \times n_3}$ 和一个正整数 $t = \min(n_1, n_2)$，其截断核范数[1]表示为张量的最小奇异值之和，即

$$\begin{aligned}
\|\mathcal{X}\|_{r,*} &= \frac{1}{n_3} \|\bar{\boldsymbol{X}}\|_{r,*} \\
&= \frac{1}{n_3} \sum_{j=1}^{n_3} \sum_{i=r+1}^{t} \sigma_i[\bar{\boldsymbol{X}}^{(i)}] \\
&= \frac{1}{n_3} \sum_{j=1}^{n_3} \sum_{i=1}^{t} \sigma_i[\bar{\boldsymbol{X}}^{(i)}] - \frac{1}{n_3} \sum_{j=1}^{n_3} \sum_{i=1}^{r} \sigma_i[\bar{\boldsymbol{X}}^{(i)}] \\
&= \sum_{i=1}^{t} \sigma_i(\mathcal{X}) - \sum_{i=1}^{r} \sigma_i(\mathcal{X})
\end{aligned} \tag{6-2}$$

式中：$\|.\|_{r,*}$ 为张量的截断核范数，r 是张量核范数的截断参数。与矩阵的截断核范数不同，$\sigma_i[\mathcal{X}^{(j)}]$ 是取奇异值分解后张量 $\mathcal{S}(:, :, 1)$ 切片的第 i 项。

由于张量的核范数取值只与第一个切片 $\mathcal{S}(:, :, 1)$ 有关，若取张量的最小奇异值之和，并且保留较大奇异值的特征信息，则式(6-2)也可表示为

$$\|\mathcal{X}\|_{r,*}=\max_{\substack{\mathcal{A}*\mathcal{A}^*=\mathcal{B}*\mathcal{B}^*=\mathcal{I}\\ \mathcal{C}*\mathcal{C}^*=\mathcal{D}*\mathcal{D}^*=\mathcal{I}}} \operatorname{tr}(\mathcal{A}*\mathcal{X}*\mathcal{B}^*)-\operatorname{tr}(\mathcal{C}*\mathcal{X}*\mathcal{D}^*) \tag{6-3}$$

式中：$\mathcal{A}$、$\mathcal{B}^*$ 和 $\mathcal{C}$、$\mathcal{D}^*$ 有如下关系：

$$\begin{cases}\mathcal{A}_k=\mathcal{U}^*,\ \mathcal{B}_k=\mathcal{V}^*\\ \mathcal{C}_k=\mathcal{U}(:,1:r,:)^*\in\mathbb{R}^{n_1\times r\times n_3},\ \mathcal{D}_k=\mathcal{V}(:,1:r,:)^+\in\mathbb{R}^{n_1\times r\times n_3}\end{cases} \tag{6-4}$$

对于任何给定的矩阵 $\boldsymbol{Y}\in\mathbb{R}^{m\times n}$，惩罚函数 G_p^μ 的近端算子 S_p^μ 定义如下：

$$S_p^\mu(\boldsymbol{Y})=\arg\min_{x\in\mathbb{R}^n} G_p^\mu[\sigma(\boldsymbol{X})]+\frac{1}{2\mu}\|\boldsymbol{X}-\boldsymbol{Y}\|_F^2 \tag{6-5}$$

$G_p^\mu[\sigma(\boldsymbol{X})]=\sum_{i=1}^{n} g_p^\mu[(\sigma_i(\boldsymbol{X})]$，替代了原始的张量核范数。$p$ 的取值为 $p=\min(n_1,n_2)$。

令矩阵 $\boldsymbol{Y}\in\mathbb{R}^{m\times n}$ 的 SVD 为 $\boldsymbol{U\Sigma V}^{\mathrm{T}}$，则 $S_p^\mu(\boldsymbol{Y})=\boldsymbol{U}\mathcal{S}_p^\mu(\boldsymbol{\Sigma})\boldsymbol{V}^{\mathrm{T}}$，其中 $S_p^\mu(\boldsymbol{\Sigma})$ 的定义如下所示：

$$\mathcal{S}_p^\mu(\boldsymbol{\Sigma}):=\operatorname{diag}\{S_p^\mu[\sigma_i(\boldsymbol{X})]\}=\operatorname{diag}\{[\sigma_i(\mathbf{A})-\mu(\sigma_i(\mathbf{A}))^{p-1}]_+\} \tag{6-6}$$

对于任何 $a\in\mathbb{R}$，加函数$(.)_+$定义为 $a_+=\max\{a,0\}$。

对于给定的张量 $\mathcal{X}\in\mathbb{R}^{n_1\times n_2\times n_3}$，张量的 p-shrinkage 范数可以有如下定义：

$$\|\mathcal{X}\|_p=\frac{1}{n_3}\sum_{k=1}^{n_3}\|\overline{\boldsymbol{X}}^{(k)}\|_p=\frac{1}{n_3}\sum_{k=1}^{n_3}\sum_{i=1}^{\min\{n_1,n_2\}}\mathcal{S}_p^\mu(\boldsymbol{\Sigma}) \tag{6-7}$$

将 $\mathcal{S}_p^\mu(\boldsymbol{\Sigma})$扩展到张量，定义如下：

$$[\mathcal{S}_p^\mu(\boldsymbol{\Sigma})]_{ijk}=\mathcal{S}_p^\mu(\boldsymbol{\Sigma}_{ijk})=\max\{|\Sigma_{ijk}|-\mu|\Sigma_{ijk}|^{p-1},0\} \tag{6-8}$$

式中：Σ_{ijk} 表示张量 $\mathcal{X}$ 的奇异值。

当使用核范数作为张量低秩问题的凸包络时，每次迭代过程中所有奇异值减去的 τ 值都是恒定的。然而不同奇异值表示的特征大小不同，恒定的阈值不能够有效地保留矩阵或张量的主要特征。与核范数不同，p-shrinkage 范数通过设定参数 p，在每次迭代过程中，每个奇异值所减去的 τ 值是不同的，p-shrinkage 范数使得越小的奇异值惩罚越重，从而保留了数据的主要特征。

张量截断核范数是取张量最小奇异值之和。在物理意义上，截断核范数是通过截断参数选取的，在每次迭代过程中，保留截断参数前的奇异值特征，对截断参数后的奇异值进行统一惩罚，从而保留了数据特征。将截断核范数与 p-shrinkage 范数结合，可提高数据补全的精度，降低算法的时间复杂度。

6.2 截断 *p*-shrinkage 范数的张量数据补全方法

6.2.1 截断 *p*-shrinkage 范数

结合截断核范数与 p-shrinkage 范数，3 阶张量的截断 p-shrinkage 范数[2] (PTNN)定义如下：

$$\|\mathcal{X}\|_{p,r}=\frac{1}{n_3}\sum_{j=1}^{n_3}\sum_{i=r+1}^{t}|\bar{\sigma}_i|^{p-1}=\frac{1}{n_3}\sum_{k=1}^{n_3}\sum_{i=r+1}^{\min\{n_1,n_2\}}\mathcal{S}_p^\mu(\boldsymbol{\Sigma})。 \tag{6-9}$$

式中：$\|\cdot\|_{p,r}$表示张量的截断 p-shrinkage 范数，张量的截断 p-shrinkage 范数在物理意义上与矩阵形式类似。

$$[\mathcal{S}_p^{\mu}(\boldsymbol{\Sigma})_*]_{ijk}=\mathcal{S}_p^{\mu}(\boldsymbol{\Sigma}_{ijk})_*=\mathrm{diag}(\sigma_1,\cdots,\sigma_r,[\sigma_{r+1}-\mu|\sigma_{r+1}|^{p-1}]_+,\cdots,[\sigma_{\min(m,n)}-\mu|\sigma_{\min(m,n)}|^{p-1}]_+)^{\mathrm{T}} \tag{6-10}$$

式中：σ_i 表示张量的奇异值，与单独的 p-shrinkage 范数不同，PTNN 用截断的方式阻止了大特征值的收缩，进一步保留了有效特征信息。

截断 p-shrinkage 范数综合了两个范数(截断核范数和 p-shrinkage 范数)的优势，物理意义上可以表示：在每次迭代过程中都完全保留了大奇异值的特征，截断参数之后的奇异值越大，惩罚越小；奇异值越小，惩罚越大。

6.2.2　LRTC-PTNN 模型

低秩张量补全是一个难以求解的非凸问题。可利用张量 PTNN 代替张量的秩最小化模型以解决非凸问题。对于原始的张量补全模型式(6-7)，引入辅助张量变量 $\mathcal{Y}\in\mathbb{R}^{n_1\times n_2\times n_3}$，给定约束限制，可以重写为

$$\begin{cases}\min\limits_{\mathcal{M}} G_p^{\mu}(\mathcal{Y})\\ \text{s.t. } \mathcal{M}=\mathcal{Y}\\ \mathcal{P}_{\Omega}(\mathcal{M})=\mathcal{P}_{\Omega}(\mathcal{X})\end{cases} \tag{6-11}$$

下面通过经典的交替方向乘子法求解式(6-11)。首先将式(6-11)用增强拉格朗日函数表示为

$$L_{\rho}(\mathcal{Y},\mathcal{M},\mathcal{Z},\rho)=G_p^{\mu}(\mathcal{Y})+\frac{\rho}{2}\|\mathcal{M}-\mathcal{Y}\|_{\mathrm{F}}^2+\langle\mathcal{Z},\mathcal{M}-\mathcal{Y}\rangle \tag{6-12}$$

式中：$\mathcal{Z}\in\mathbb{R}^{n_1\times n_2\times n_3}$为拉格朗日乘子，$\rho$ 为加入约束条件后的惩罚参数。根据 ADMM 框架的求解方式，将 $\mathcal{Y}^l$，$\mathcal{M}^l$，$\mathcal{Z}^l$，ρ 分别拆解为局部的子问题，通过交替更新的方式来逼近问题的最优解。在此过程中固定其他位置元素，迭代更新如下：

$$\mathcal{Y}^{l+1}=\arg\min_{\mathcal{Y}} L(\mathcal{Y}^l,\mathcal{M}^l,\mathcal{Z}^l,\rho)$$
$$\mathcal{M}^{l+1}=\arg\min_{\mathcal{M}} L(\mathcal{M}^l,\mathcal{Y}^{l+1},\mathcal{Z}^l,\rho)$$
$$\mathcal{Z}^{l+1}=\mathcal{Z}^l+\rho(\mathcal{Y}^{l+1}-\mathcal{M}^{l+1})$$

(1) 更新 $\mathcal{Y}^{l+1}$，固定 $\mathcal{M}^l$ 和 $\mathcal{Z}^l$的参数不变：

$$\begin{aligned}\mathcal{Y}^{l+1}&=\arg\min_{\mathbf{y}}\mathcal{L}(\mathcal{Y}^l,\mathcal{M}^l,\mathcal{Z}^l,\rho)\\&=G_p^{\mu}(\mathcal{Y})+\frac{\rho}{2}\|\mathcal{M}^l-\mathcal{Y}^l\|_{\mathrm{F}}^2+\langle\mathcal{Z}^l,\mathcal{M}^l-\mathcal{Y}^l\rangle\\&=G_p^{\mu}(\mathcal{Y})+\frac{\rho}{2}\|\mathcal{Y}^l-\langle\mathcal{M}^l+\frac{1}{\rho}\mathcal{Z}^l\rangle\|_{\mathrm{F}}^2\\&=S_p^{\frac{1}{\rho}}\left(\mathcal{M}^l+\frac{1}{\rho}\mathcal{Z}^l\right)\end{aligned} \tag{6-13}$$

式中：$S_p^{\frac{1}{\rho}}\left(\mathcal{M}^l+\frac{1}{\rho}\mathcal{Z}^l\right)$为张量的奇异值阈值分解，取 $\mu=\frac{1}{\rho}$。

(2) 更新 $\mathcal{M}^{l+1}$，固定 $\mathcal{Y}^{l+1}$ 和 $\mathcal{Z}^{l}$ 的参数：

$$
\begin{aligned}
\mathcal{M}^{l+1} &= \arg\min_{\mathcal{M}} \mathcal{L}(\mathcal{M}^{l}, \mathcal{Y}^{l+1}, \mathcal{Z}^{l}, \rho) \\
&= \frac{\rho}{2}\|\mathcal{M}^{l}-\mathcal{Y}^{l+1}\|_{F}^{2}+\langle \mathcal{Z}^{l}, \mathcal{M}^{l}\rangle \\
&= \frac{\rho}{2}\|\mathcal{M}^{l}\|_{F}^{2}-\rho\langle \mathcal{Y}^{l+1}, \mathcal{M}^{l}\rangle+\langle \mathcal{Z}^{l}, \mathcal{M}^{l}\rangle \\
&= \left(\mathcal{Y}^{l+1}-\frac{1}{\rho}\mathcal{Z}^{l}\right)
\end{aligned}
\tag{6-14}
$$

再加入约束条件 $\mathcal{P}_{\Omega}(\mathcal{M})=\mathcal{P}_{\Omega}(\mathcal{X})$，则有

$$
\mathcal{M}^{l+1}=\left(\mathcal{Y}^{l+1}-\frac{1}{\rho}\mathcal{Z}^{l}\right)_{\bar{\Omega}}+\mathcal{P}_{\Omega}(\mathcal{X}) \tag{6-15}
$$

(3) 求解 $\mathcal{Z}^{l+1}$：

$$
\mathcal{Z}^{l+1}=\mathcal{Z}^{l}+\rho(\mathcal{Y}^{l+1}-\mathcal{M}^{l+1}) \tag{6-16}
$$

将上述求解步骤称为 LRTC-PTNN 算法，其伪代码如下：

算法 6-1：LRTC-PTNN 算法

输入：$\mathcal{M}$，$\mathcal{P}_{\Omega}(\mathcal{M})=\mathcal{P}_{\Omega}(\mathcal{X})$，$\mathcal{Z}=\mathcal{Y}=\mathbf{0}$，$\rho$，$k$

输出：$\mathcal{M}$

For $i=1$ to k

Update

$$
\mathcal{Y}^{l+1}=S_{p}^{\frac{1}{\rho}}\left(\mathcal{M}^{l}+\frac{1}{\rho}\mathcal{Z}^{l}\right)
$$

Update

$$
\mathcal{M}^{l+1}=\left(\mathcal{Y}^{l+1}-\frac{1}{\rho}\mathcal{Z}^{l}\right)_{\bar{\Omega}}+\mathcal{P}_{\Omega}(\mathcal{X})
$$

Update

$$
\mathcal{Z}^{l+1}=\mathcal{Z}^{l}+\rho(\mathcal{Y}^{l+1}-\mathcal{M}^{l+1})
$$

If

$$
\frac{\|\mathcal{M}^{l+1}-\mathcal{M}^{l}\|_{F}^{2}}{\|P_{\Omega}(\mathcal{M})\|_{F}^{2}}<\varepsilon
$$

Break

End for

在整个求解过程中，并未考虑噪声的影响，LRTC-PTNN 模型仅考虑给定数据的补全精度问题。

6.2.3 实验过程及其分析

实验过程包括以下几个环节。

(1) 数据集选取。

选取 NASA 开源的 PHM2008 实验数据集。该数据集与其他发动机退化数据集类似。

航空发动机的单个传感器数据用向量表示为 $\boldsymbol{X}=[X_1, X_2, \cdots, X_N]$。已知每个涡轮发动机中共有 21 个传感器，PHM2008 数据集中将发动机传感器数据构建为矩阵的形式。每个发动机的传感器采集的数据个数并不相同，但都表示涡轮发动机的完整寿命周期。

（2）数据预处理。

由于每个发动机的寿命周期不同，因此不同发动机在整个退化周期所得到的传感器数据个数不同。数据个数较少的传感器数据并不能完全反映出发动机的寿命周期退化特征，因此，需要将原始数据进行预处理。因此在构建张量时，将寿命数据进行截取，得到相同长度的时间序列特征。取传感器时间序列超过 100 个的发动机数据，并将其截取。对每个航空发动机的寿命退化数据做出相似性的假设，最后构建为 268×100×21 的张量数据。然而，因为一些传感器所采集的数据数值差异过大，不方便进行数学计算，所以将其归一化到一个统一的区间，再进行张量数据的补全计算，后续通过逆归一化处理将数据还原为原始数据范围。航空发动机数据的模式构建过程可以通过图 6－1 来表示。

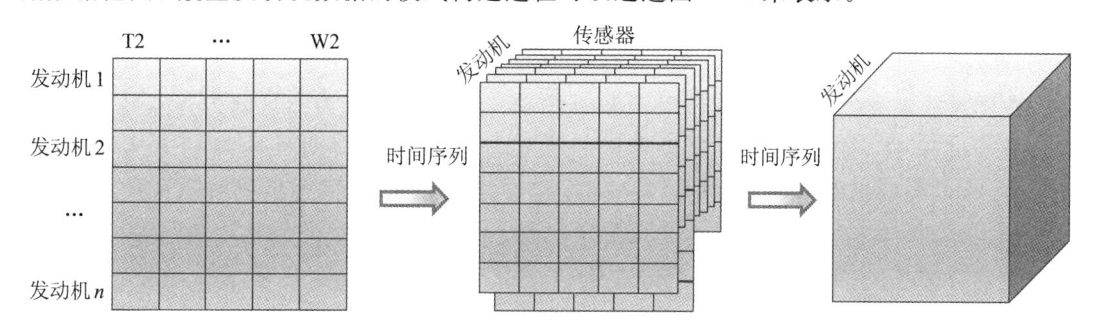

图 6－1　张量模式构建

（3）基线模型选取。

对于基线模型，选取经典的矩阵形式的补全模型进行对比。现行的 3 种矩阵形式的高精度补全模型有 KNN、SVT、LRMC 等。KNN 模型是一种基于相似度插补的模型。SVT 模型是基于矩阵奇异值阈值分解的补全模型。LRMC 模型是经典的低秩矩阵补全模型。

（4）相关性分析。

在数据预处理阶段，有学者提出了航空发动机退化趋势相似性的假设。但 NASA 给定的数据集对每个发动机数据集采集时间与间隔没有详细的解释，相似性无法直观地证明。而基于 TSVT 的 LRTC 模型对数据的补全效果与数据的输入方向有关。为了选取合适的数据输入方向，使用相关性系数来计算传感器的相关性，计算公式如下：

$$\rho_{\boldsymbol{X},\boldsymbol{Y}}=\frac{\operatorname{cov}(\boldsymbol{X},\boldsymbol{Y})}{\sigma_{\boldsymbol{X}}\sigma_{\boldsymbol{Y}}} \tag{6-17}$$

式中：$\operatorname{cov}(\boldsymbol{X},\boldsymbol{Y})$表示不同列向量之间的协方差，$\sigma_{\boldsymbol{X}}$、$\sigma_{\boldsymbol{Y}}$ 表示标准差，$\rho_{\boldsymbol{X},\boldsymbol{Y}}$表示两个列向量之间的皮尔森相关系数，$\rho_{\boldsymbol{X},\boldsymbol{Y}}\in(-1, 1)$。传感器之间的负相关与正相关可通过热力图直观呈现，如图 6－2 所示。

从图 6－2 中可以看出，传感器 BPR 的相关性较弱，其余传感器之间的相关性较强。因此在后续的 LRTC-PTNN 模型中选取传感器的切面进行计算，保证有足够多的相关性信息。

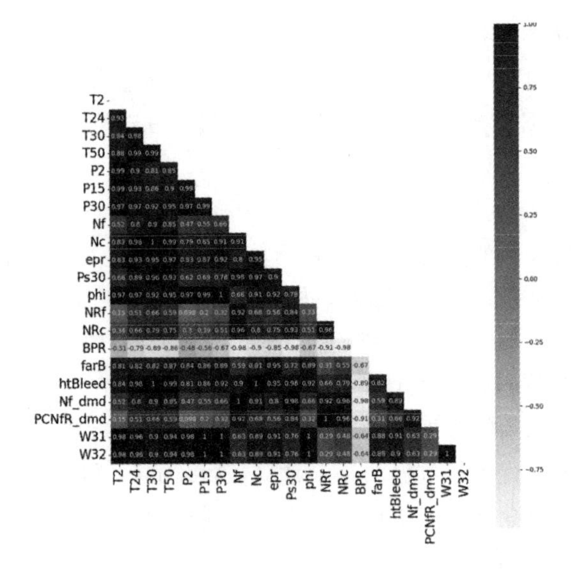

图 6-2 传感器之间的相关性热力图

在实际的工程应用中，航空发动机数据的缺失问题主要分为随机缺失与非随机缺失。在实验的过程中，依据实际情况设置随机缺失与非随机缺失两种数据缺失实验场景。PHM2008 实验数据集是一个完整的数据集，用于补全实验时，需要根据场景首先对数据集进行缺失处理，然后通过补全的方式恢复数据集。通过计算补全值与真实值的差值对模型的优劣进行度量，使用 RMSE 和 MAPE 的信息来判断补全的精度。

对于 LRTC-PTNN 模型，ρ 设置的初始值为 1e−9，通过 $\rho=\min\{1.05\rho, \rho_{\max}\}$ 对 ρ 进行更新，迭代次数设置为 200。对于收敛条件，用 $\| \mathcal{M}^{l+1}-\mathcal{M}^{l} \|_F^2 / \| \mathcal{P}_\Omega(\mathcal{M}) \|_F^2 < \varepsilon$ 来确保模型的收敛精度，ε 设置为 1e−9。对于 KNN 模型，K 设置为 10。对于 LRMC、SVT 模型，初始值 ρ 设置为 1e−5，其余参数与 LRTC-PTNN 模型相同。

在随机缺失场景下，设置 PH2008 数据集的缺失率为 20%～70%。分别使用 RMSE 和 MAPE 来计算原始值与补全数值点的差。在此过程中，RMSE 和 MAPE 的值越小，说明补全精度越高，补全值点与原始值越接近，补全精度对比如表 6-1 所示。

表 6-1 RM 情况下的数据补全精度对比

缺失率	KNN	LRMC	SVT	LRTC-PTNN
20%	2.51/0.152	3.61/0.80	7.96/1.82	2.37/0.37
30%	4.30/0.26	3.98/0.91	8.36/1.87	2.47/0.38
40%	13.71/1.39	5.22/1.04	9.38/1.91	2.92/0.44
50%	28.68/3.63	7.87/1.32	12.69/2.17	3.83/0.56
60%	38.02/4.93	15.49/1.77	21.89/3.03	6.17/0.82
70%	41.67/5.22	30.62/2.68	65.08/7.27	13.13/1.49

从表 6-1 中可以看出，在随机缺失场景，低缺失率为 20%～30%的情况下，KNN 模型的重构精度很高，LRMC、SVT 与 KNN 模型相比来说重构精度较差，但随着缺失率的

增加，到缺失率为 40%的情况下，KNN 模型的性能下降，远低于 LRTC 和 SVT 模型。在极端情况下，三种基于矩阵的重构方法精度都不高，效果最好的是 LRMC 模型，但仍发生了严重的失真情况。相较来说，基于矩阵的重构方法稳定性最好的也是 LRMC 模型，证明了低秩特性对重构的影响，而 LRTC-PTNN 模型作为 LRMC 模型的高维扩展与增强，表现出了极强的重构效果和稳定性效果。在整个随机缺失情况下，LRTC-PTNN 模型的重构精度都要优于基于矩阵的重构方法，在极端场景下，LRTC-PTNN 模型也发生了失真，但相较于基线的重构模型，LRTC-PTNN 模型的失真并不算严重，在可控范围内。

以高缺失率(70%)场景为例，将 KNN 模型的补全效果与 LRTC-PTNN 模型作比较，原始值与补全值的差值情况如图 6－3 所示。

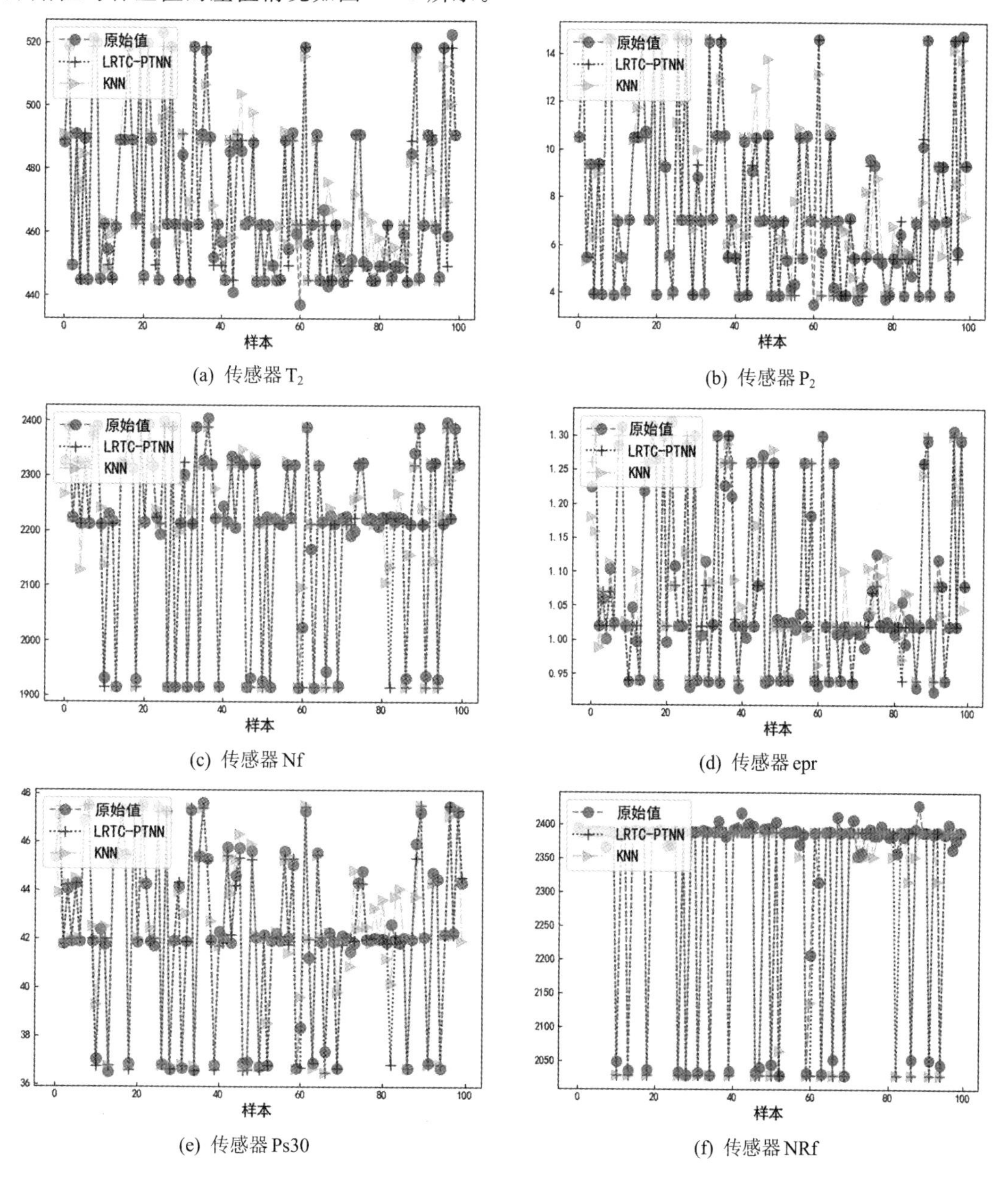

(a) 传感器 T_2　(b) 传感器 P_2

(c) 传感器 Nf　(d) 传感器 epr

(e) 传感器 Ps30　(f) 传感器 NRf

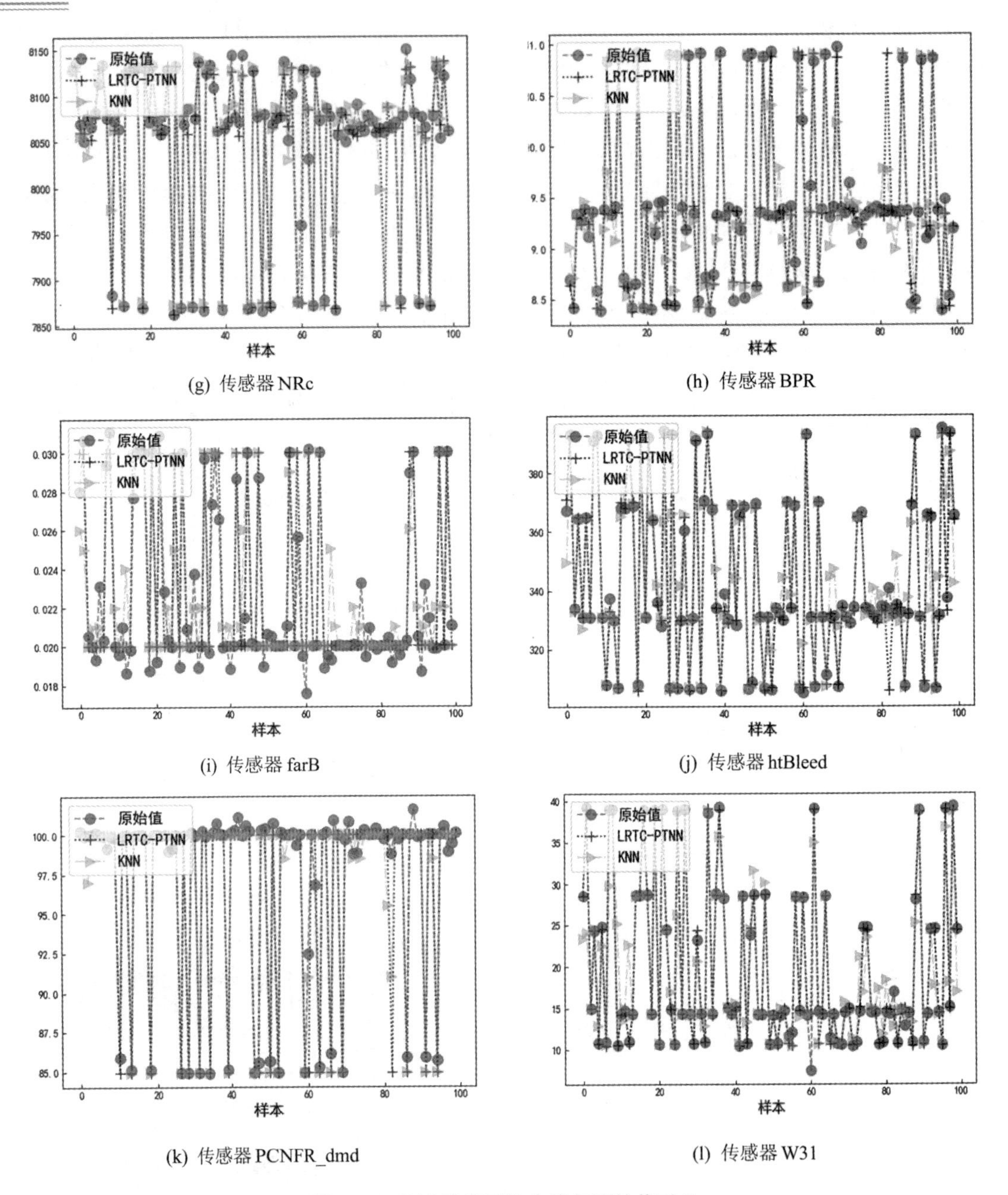

(g) 传感器 NRc

(h) 传感器 BPR

(i) 传感器 farB

(j) 传感器 htBleed

(k) 传感器 PCNFR_dmd

(l) 传感器 W31

图 6-3 RM 情况下补全值与原始值对比

由于临近型号传感器的数据特征类似，每种型号的传感器只保留一种，去掉的传感器是：T24、T30、T50、P15、P30、Nc、phi、Nf_dmd、W2。

从图 6-3 的对比中可以直观地看到，KNN 模型在随机缺失的高缺失率情况下，每个传感器中都有部分点的补全值与原始值差异较大，并不能完全恢复原始数据信息。而 LRTC-PTNN 模型在大多数传感器中的补全值与原始值基本重合，只有在 NRf、farB、PCNFR_dmd 的 3 个传感器中补全值与原始值有差异。因此在随机缺失场景中 LRTC-PTNN 模型的补全效果最好。

在非随机缺失场景下，设置缺失率为 20%～40%，KNN 模型的插补精度在基于矩阵的方法中是最高的。但随着缺失率(50%～70%)的增加，KNN 模型在缺失率为 50%时开始出现严重失真情况，此时 LRMC 模型的补全精度最高。LRMC 模型在缺失率为 70%时才发生失真情况，LRMC 模型的补全效果在三种方法中最为稳定。而 SVT 模型在缺失率的增加中补全同样平稳。但它的补全效果是最差的(见表 6-2)。与基于张量的补全算法对比，LRTC-PTNN 模型在非随机缺失场景下与在随机缺失场景下一样获得了很好的效果。在整个缺失率设置过程中，LRTC-PTNN 模型的补全精度都要优于基于矩阵的模型。

表 6-2　NM 情况下的数据补全精度对比

缺失率	KNN	LRMC	SVT	LRTC-PTNN
20%	2.57/0.14	3.59/0.78	7.80/1.77	**2.10/0.32**
30%	2.57/0.15	3.52/0.91	7.59/1.88	**2.43/0.38**
40%	3.00/0.20	5.23/1.10	10.27/1.96	**2.65/0.43**
50%	15.37/0.90	7.51/1.32	11.51/2.10	**4.28/0.63**
60%	28.81/2.90	12.03/1.76	29.01/3.85	**5.12/0.76**

同样以高缺失率(70%)场景为例，将 KNN 模型的补全效果与 LRTC-PTNN 模型作比较，原始值与补全值的差值情况如图 6-4 所示。

(a) 传感器 T_2

(b) 传感器 P_2

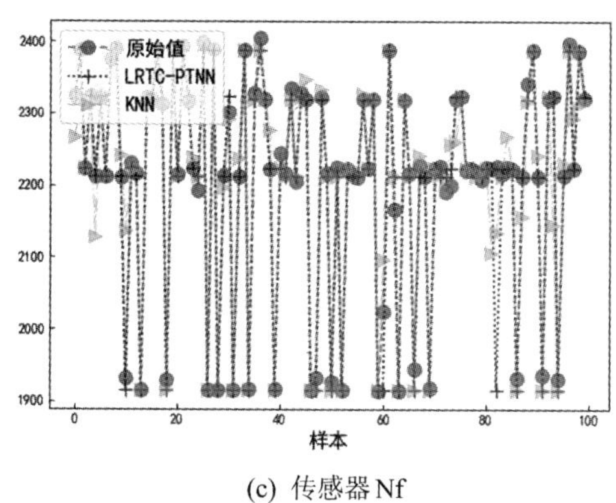

(c) 传感器 Nf

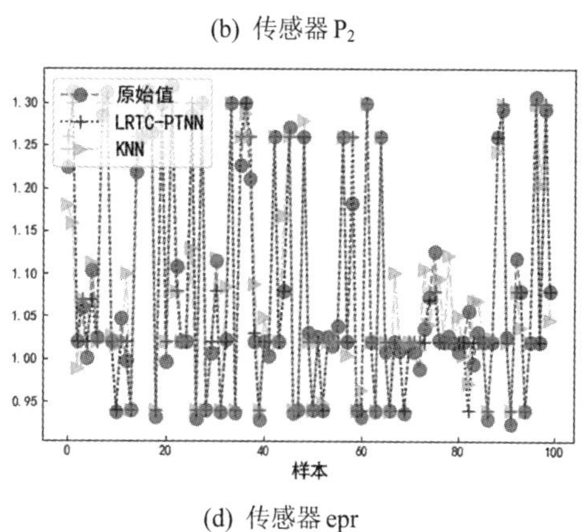

(d) 传感器 epr

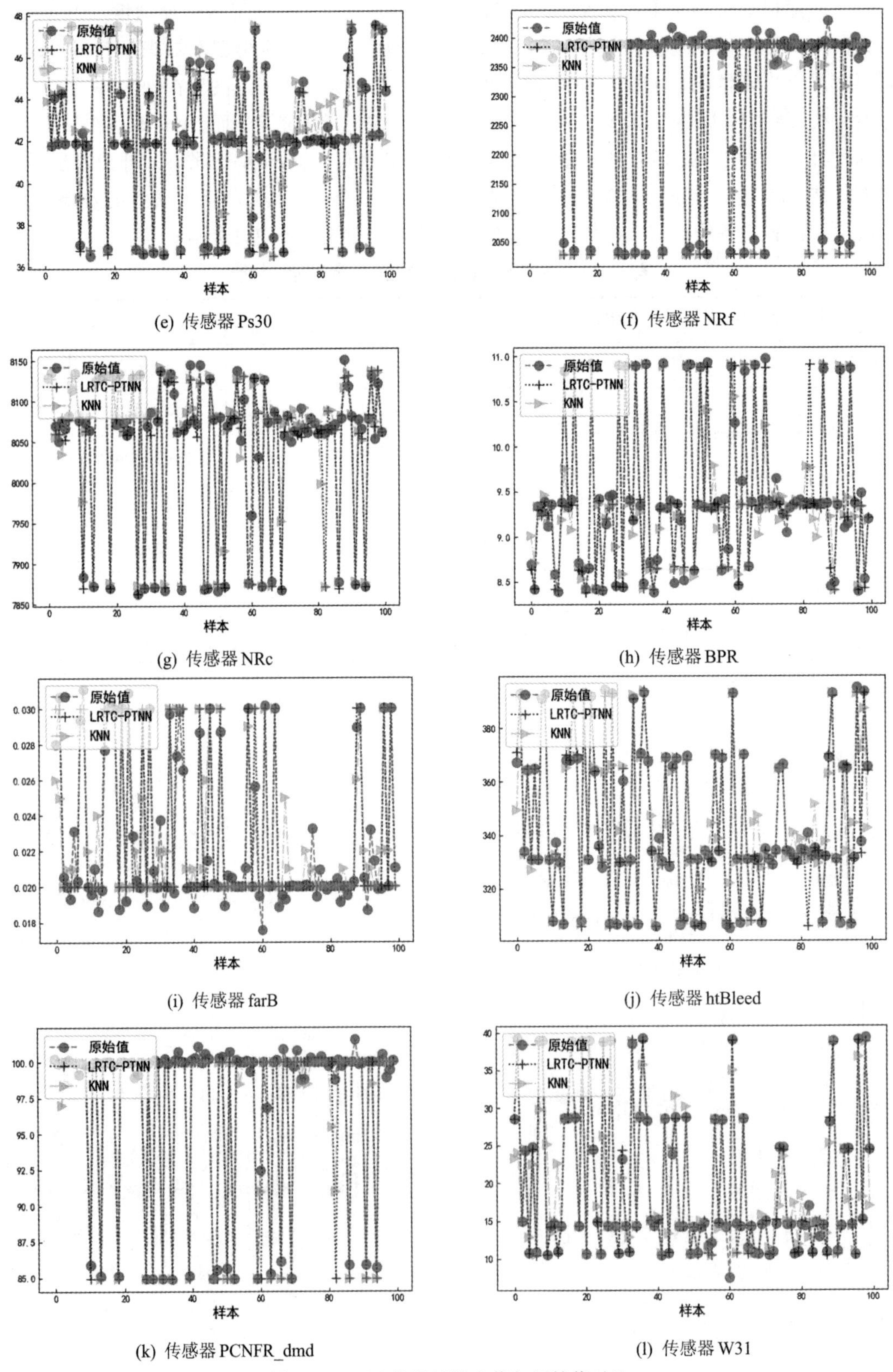

(e) 传感器 Ps30

(f) 传感器 NRf

(g) 传感器 NRc

(h) 传感器 BPR

(i) 传感器 farB

(j) 传感器 htBleed

(k) 传感器 PCNFR_dmd

(l) 传感器 W31

图 6-4　NM 情况下补全值与原始值对比

从图 6-4 中可以得出，与随机缺失场景相同，去除部分传感器，KNN 模型在非随机缺失的极端情况下，在 P2、Nf、Ps30 等传感器中的补全效果较好，大多数补全值与原始值相近，其余传感器中补全值与真实值的差值较大。LRTC-PTNN 模型与随机缺失情况下表现类似，在大多数传感器中的补全值与原始值基本重合，只有在 NRf、farB、PCNFR_dmd 的 3 个传感器中补全值与原始值有差异。因此在非随机缺失场景中 LRTC-PTNN 模型的补全效果最好。

对比随机缺失与非随机缺失情况下各基线算法的表现，在低缺失率的情况下，基于矩阵方法的 KNN 模型的补全精度高于 LRMC 和 SVT 模型。但随着缺失率的增加，KNN 模型首先发生失真，其次是 SVT 模型，并且 SVT 模型的整体补全效果不好。相较来说，LRMC 模型在三种方法中最为稳定，补全精度随着缺失率的增加下降得更为平滑，到了高缺失率情况下才开始失真。当缺失率较低时，数据集内部保留了大部分的发动机传感器数据，KNN 模型通过计算相似度进行插补，能够获得更多的信息。LRMC 与 SVT 模型都是基于低秩矩阵奇异值分解进行阈值迭代的模型，阈值迭代的过程中因为对所有的奇异值进行惩罚处理，所以无法保留主要的数据特征；在高缺失率情况下，KNN 模型无法获得足够的相似性信息，而 LRMC 与 SVT 模型又因为阈值迭代的方式相较来说更为稳定。

LRTC-PTNN 模型在两种缺失情况下的补全精度都较高。虽然在缺失率较高的情况下补全精度也不高，但相比其他三种补全模型效果较好。LRTC-PTNN 模型将数据构建为高维的紧凑结构，能够保留数据内部足够多的相关性信息。此外，LRTC-PTNN 模型选取传感器与时间序列作为切面，保证了在变换域求解时的低秩特性，充分利用了传感器的相关信息进行计算。

6.3　加权与截断核范数的张量补全方法

6.3.1　加权截断核范数补全模型及算法

目前对低秩框架中范数的改进是学术研究的热点问题，研究主要集中在如何获得低秩问题更紧致的凸包络。在迭代过程中，包络越紧致，能够获得的补全精度越高，然而，范数的提出是一个严谨的数学问题，对该问题的研究一直处于瓶颈期。一些研究者转向对低秩框架进行改进，如利用酉变换矩阵替代低秩建模问题，或在框架中加入时间正则化因子、惩罚因子，希望改变低秩框架来提高补全的精度。

然而一个根本性问题并没有解决。以基于多重 TNN 的 LRTC 框架为例，常规表示是运用多重展开矩阵加权的方式来代替张量的秩最小化约束。这与使用张量进行建模的思想相悖，存在张量展开可能会打破张量内部多维通道相关性的问题。有学者试图使用张量的奇异值分解解决该问题，在张量的奇异值分解中不对张量进行展开，而将张量通过正向切片的形式转换到变换域中进行求解，然后通过逆变换还原。然而张量的奇异值分解也存在一个问题，即只使用正向切片对数据进行操作可能会忽略另外两面切片的相关性信息，这就导致了相关性信息的提取不完整(相关性信息的提取与数据的输入方向有关)。

为了减小数据方向对模型的影响，同时保留张量数据模式下的补全方式，我们对基于张量奇异值分解的 LRTC 模型框架进行了改进，并综合了多重 TNN 的思想，对 LRTC 框架进行加权。在三个切面方向上运用截断核范数替代张量的平均秩最小化问题，进一步压缩相关性信息，并对该模型进行参数优化。

根据上述提出的 LRTC 框架与张量的截断核范数定义，对原始的模型(式(5-3))进行优化。对此传统的基于 T-SVD 的 LRTC 模型，当有数据输入时，T-SVD 的含义是对张量的正向切片 $\mathcal{A}(:,:,k)$在变换域中进行奇异值分解，而为了避免对数据的输入方向产生依赖性和保留数据内部重要的特征信息。用加权的思想来尽量消除数据输入方向的影响，定义 3 个张量的模式大小分别为 $\mathcal{D}\in\mathbb{R}^{n_1\times n_2\times n_3}$，$\mathcal{Z}\in\mathbb{R}^{n_2\times n_3\times n_1}$，$\mathcal{W}\in\mathbb{R}^{n_3\times n_1\times n_2}$，它们分别表示数据以 3 个不同的方向输入，再加入张量的截断核范数定义，基于原问题重新建模。WLRTC-TTNN 模型[3]如下：

$$\begin{cases}\min\limits_{\mathcal{X},\mathcal{D},\mathcal{Z},\mathcal{W}} \alpha_1\|\mathcal{D}\|_{r,*}+\alpha_2\|\mathcal{Z}\|_{r,*}+\alpha_3\|\mathcal{W}\|_{r,*}\\ \text{s.t. } \mathcal{P}_\Omega(\mathcal{D})=\mathcal{P}_\Omega(\mathcal{M}_1),\ \mathcal{P}_\Omega(\mathcal{Z})=\mathcal{P}_\Omega(\mathcal{M}_2),\ \mathcal{P}_\Omega(\mathcal{Z})=\mathcal{P}_\Omega(\mathcal{M}_3)\end{cases} \tag{6-18}$$

式中：权重 α_i 的总和为 1，而 $\mathcal{D}$、$\mathcal{Z}$ 和 $\mathcal{W}$ 为各方向的截面。根据 T-SVD 的含义，模型也等同于取原始张量 3 个方向的切片信息(分别为水平切片、侧向切片、正向切片)进行加权。$\mathcal{M}_i(i=1、2、3)$的大小与对应张量的大小相同，目的是使得变换后的观测元素和补全后对应观测位置的元素相等。引入一个 3 阶辅助张量变量 $\mathcal{X}_i$ 和一组附加的约束条件 $\mathcal{M}_i=\mathcal{X}_i$ $(i=1、2、3)$，将模型(6-18)转化为如下形式：

$$\begin{cases}\min\limits_{\mathcal{X},\mathcal{D},\mathcal{Z},\mathcal{W}} \alpha_1\|\mathcal{D}\|_{r,*}+\alpha_2\|\mathcal{Z}\|_{r,*}+\alpha_3\|\mathcal{W}\|_{r,*}\\ \text{s.t. } \mathcal{P}_\Omega(\mathcal{X}_i)=\mathcal{P}_\Omega(\mathcal{M}_i)\\ \mathcal{X}_1=\mathcal{D},\ \mathcal{X}_2=\mathcal{Z},\ \mathcal{X}_3=\mathcal{W}\end{cases} \tag{6-19}$$

用交替方向乘子法对 WLRTC-TTNN 模型进行求解。增强的拉格朗日函数表示如下：

$$\begin{aligned}&\mathcal{L}(\mathcal{X},\mathcal{D},\mathcal{Z},\mathcal{W},\mathcal{Y})\\&=\alpha_1\|\mathcal{D}\|_{r,*}+\alpha_2\|\mathcal{Z}\|_{r,*}+\alpha_3\|\mathcal{W}\|_{r,*}+\langle\mathcal{Y}_1,\mathcal{X}_1-\mathcal{D}\rangle+\\&\quad\frac{\rho}{2}\|\mathcal{X}_1-\mathcal{D}\|_F^2+\langle\mathcal{Y}_2,\mathcal{X}_2-\mathcal{Z}\rangle+\frac{\rho}{2}\|\mathcal{X}_2-\mathcal{Z}\|_F^2+\\&\quad\langle\mathcal{Y}_3,\mathcal{X}_3-\mathcal{W}\rangle+\frac{\rho}{2}\|\mathcal{X}_3-\mathcal{W}\|_F^2\end{aligned} \tag{6-20}$$

式中：$\mathcal{Y}_1\in\mathbb{R}^{n_1\times n_2\times n_3}$、$\mathcal{Y}_2\in\mathbb{R}^{n_2\times n_3\times n_1}$、$\mathcal{Y}_3\in\mathbb{R}^{n_3\times n_1\times n_2}$ 为定义的拉格朗日乘子，ρ 为惩罚参数，根据 ADMM 框架的求解方式，将 $\mathcal{D}$，$\mathcal{Z}$，$\mathcal{W}$ 和 $\mathcal{X}$，$\mathcal{Y}$ 分别进行交替迭代更新操作：

$$\mathcal{D}^{l+1}=arg\min_{\mathcal{D}}\mathcal{L}(\mathcal{X}^l,\mathcal{D}^l,\mathcal{Z}^l,\mathcal{W}^l,\mathcal{Y}_1^l)$$

$$\mathcal{Z}^{l+1}=\arg\min_{\mathcal{Z}}\mathcal{L}(\mathcal{X}^l,\mathcal{D}^{l+1},\mathcal{Z}^l,\mathcal{W}^l,\mathcal{Y}_2^l)$$

$$\mathcal{W}_i^{l+1}=\arg\min_{\mathcal{W}}\mathcal{L}(\mathcal{X}^l,\mathcal{D}^{l+1},\mathcal{Z}^{l+1},\mathcal{W}^l,\mathcal{Y}_3^l)$$

$$\mathcal{X}^{l+1}=\arg\min_{\mathcal{X}}\mathcal{L}(\mathcal{X}^l,\mathcal{D}^{l+1},\mathcal{Z}^{l+1},\mathcal{W}^{l+1},\mathcal{Y}_i^l)$$

$$\mathcal{Y}_i^{l+1}=\mathcal{Y}_i^l+\rho[a_1(\mathcal{X}^{l+1}-\mathcal{D}^{l+1})+a_2(\mathcal{X}^{l+1}-\mathcal{Z}^{l+1})+a_3(\mathcal{X}^{l+1}-\mathcal{W}^{l+1})]$$

模型求解如下：

(1) 对每个输入方向的数据进行相关信息的提取与加权。

固定 $\mathcal{X}_i^l$、$\mathcal{Y}_i^l$、$\mathcal{Z}^l$和 $\mathcal{W}^l$，求解 $\mathcal{D}^{l+1}$：

$$\begin{aligned}\mathcal{D}^{l+1} &= \arg\min_{\mathcal{D}} \mathcal{L}(\mathcal{X}_i^l, \mathcal{D}^l, \mathcal{Z}^l, \mathcal{W}^l, \mathcal{Y}_1^l) \\ &= \alpha_1 \| \mathcal{D}^l \|_{r,*} + \langle \mathcal{Y}_1^l, \mathcal{X}_1^l - \mathcal{D}^l \rangle + \frac{\rho}{2} \| \mathcal{X}_1 - \mathcal{D}^l \|_F^2 \\ &= \alpha_1 \| \mathcal{D}^l \|_{r,*} + \frac{\rho}{2} \| \mathcal{D}^l - \langle \mathcal{X}_1^l + \frac{1}{\rho}\mathcal{Y}_1^l \rangle \|_F^2 \\ &= \mathcal{D}_{\frac{\alpha_1}{\rho}, r, *}\left(\mathcal{X}_1^l + \frac{1}{\rho}\mathcal{Y}_1^l\right)\end{aligned} \tag{6-21}$$

同理，$\mathcal{Z}^{l+1}$、$\mathcal{W}^{l+1}$的求解与 $\mathcal{D}^{l+1}$基本相同：

$$\begin{aligned}\mathcal{Z}^{l+1} &= \arg\min_{\mathcal{Z}} \mathcal{L}(\mathcal{X}^l, \mathcal{D}^{l+1}, \mathcal{Z}^l, \mathcal{W}^l, \mathcal{Y}_2^l) \\ &= \alpha_2 \| \mathcal{Z}^l \|_{r,*} + \langle \mathcal{Y}_2^l, \mathcal{X}_2^l - \mathcal{Z}^l \rangle + \frac{\rho}{2} \| \mathcal{X}_2^l - \mathcal{Z}^l \|_F^2 \\ &= \alpha_2 \| \mathcal{Z}^l \|_{r,*} + \frac{\rho}{2} \| \mathcal{Z}^l - \langle \mathcal{X}_2^l + \frac{1}{\rho}\mathcal{Y}_2^l \rangle \|_F^2 \\ &= \mathcal{D}_{\frac{\alpha_2}{\rho}, r, *}\left(\mathcal{X}_2^l + \frac{1}{\rho}\mathcal{Y}_2^l\right)\end{aligned} \tag{6-22}$$

$$\begin{aligned}\mathcal{W}^{l+1} &= \arg\min_{\mathcal{W}} \mathcal{L}(\mathcal{X}_3^l, \mathcal{D}^{l+1}, \mathcal{Z}^{l+1}, \mathcal{W}^l, \mathcal{Y}_3^l) \\ &= \alpha_3 \| \mathcal{W}^l \|_{r,*} + \langle \mathcal{Y}_3^l, \mathcal{X}_3^l - \mathcal{W}^l \rangle + \frac{\rho}{2} \| \mathcal{X}_3^l - \mathcal{W}^l \|_F^2 \\ &= \alpha_3 \| \mathcal{W}^l \|_{r,*} + \frac{\rho}{2} \| \mathcal{W}^l - \langle \mathcal{X}_3^l + \frac{1}{\rho}\mathcal{Y}_3^l \rangle \|_F^2 \\ &= \mathcal{D}_{\frac{\alpha_3}{\rho}, r, *}\left(\mathcal{X}_3^l + \frac{1}{\rho}\mathcal{Y}^l\right)\end{aligned} \tag{6-23}$$

(2) 在上一步的基础上对需要补全值点进行逼近(通过替换操作来完成)。

求解 $\mathcal{X}_i^{l+1}$，固定 $\mathcal{D}^{l+1}$、$\mathcal{Z}^l$、$\mathcal{W}^l$ 和 $\mathcal{Y}_i^l$：

$$\begin{aligned}\mathcal{X}_i^{l+1} &= \arg\min_{\mathcal{X}} \mathcal{L}(\mathcal{X}_i^l, \mathcal{D}^{l+1}, \mathcal{Z}^{l+1}, \mathcal{W}^{l+1}, \mathcal{Y}_i^l) \\ &= \langle \mathcal{Y}_1^l, \mathcal{X}_1^l - \mathcal{D}^{l+1} \rangle + \frac{\rho}{2} \| \mathcal{X}_1^l - \mathcal{D}^{l+1} \|_F^2 + \langle \mathcal{Y}, \mathcal{X}_2^l - \mathcal{Z}^{l+1} \rangle + \\ &\quad \frac{\rho}{2} \| \mathcal{X}_2^l - \mathcal{Z}^{l+1} \|_F^2 + \langle \mathcal{Y}_3^l, \mathcal{X}_3^l - \mathcal{W}^{l+1} \rangle + \frac{\rho}{2} \| \mathcal{X}_3^l - \mathcal{W}^{l+1} \|_F^2 \\ &= \sum_{i=1}^{3}\left[(\mathcal{D}^{l+1} + \mathcal{Z}^{l+1} + \mathcal{W}^{l+1}) - \frac{1}{\rho}\mathcal{Y}_i^l\right]\end{aligned} \tag{6-24}$$

加上约束条件 $\mathcal{P}_\Omega(\mathcal{X}_i) = \mathcal{P}_\Omega(\mathcal{M}_i)$，于是有：

$$\mathcal{X}_i^{l+1} = \begin{cases}\sum_{i=1}^{3}\left[(\mathcal{D}^{l+1} + \mathcal{Z}^{l+1} + \mathcal{W}^{l+1}) - \frac{1}{\rho}\mathcal{Y}_i^l\right] \\ \text{s.t. } \mathcal{P}_\Omega(\mathcal{X}_i^l) = \mathcal{P}_\Omega(\mathcal{M}_i^l)\end{cases} \tag{6-25}$$

取原始观测点位置的元素替换补全张量中观测点位置的元素：

$$\mathcal{X}_i^{l+1} = \sum_{i=1}^{3}\left[(\mathcal{D}^{l+1} + \mathcal{Z}^{l+1} + \mathcal{W}^{l+1}) - \frac{1}{\rho}\mathcal{Y}_i^l\right]_{\bar{\Omega}} + \mathcal{P}_\Omega(\mathcal{M}) \tag{6-26}$$

(3) 更新 $\mathcal{Y}_i^{l+1}$：

$$\mathcal{Y}_i^{l+1}=\mathcal{Y}_i^l+\rho[a_1(\mathcal{D}^{l+1}-\mathcal{X}_1^{l+1})+a_2(\mathcal{Z}^{l+1}-\mathcal{X}_2^{l+1})+a_3(\mathcal{W}^{l+1}-\mathcal{X}_3^{l+1})] \tag{6-27}$$

WLRTC-TTNN 算法的伪代码如下：

算法 6-2：WLRTC-TTNN 算法

输入：$\mathcal{X}_i$，$\mathcal{M}_i$，$\mathcal{P}_\Omega(\mathcal{M}_i)=\mathcal{P}_\Omega(\mathcal{X}_i)$，$\mathcal{D}\in\mathbb{R}^{n_1\times n_2\times n_3}$，$\mathcal{Z}\in\mathbb{R}^{n_2\times n_3\times n_1}$，$\mathcal{W}\in\mathbb{R}^{n_3\times n_1\times n_2}$，$\mathcal{Y}_i=\mathbf{0}$，$\rho$，$k$，$r$

输出：$\mathcal{X}_i$

For $i=1$ to k

Update

$$\mathcal{D}^{l+1}=\mathcal{D}_{\frac{a_1}{\rho},r,*}\left(\mathcal{X}_1^l+\frac{1}{\rho}\mathcal{Y}_1^l\right)$$

$$\mathcal{Z}^{l+1}=\mathcal{D}_{\frac{a_2}{\rho},r,*}\left(\mathcal{X}_2^l+\frac{1}{\rho}\mathcal{Y}_2^l\right)$$

$$\mathcal{W}^{l+1}=\mathcal{D}_{\frac{a_3}{\rho},r,*}\left(\mathcal{X}_3^l+\frac{1}{\rho}\mathcal{Y}_3^l\right)$$

Update

$$\mathcal{X}_i^{l+1}=\sum_{i=1}^{3}\left[(\mathcal{D}^{l+1}+\mathcal{Z}^{l+1}+\mathcal{W}^{l+1})-\frac{1}{\rho}\mathcal{Y}_i^l\right]_{\bar{\Omega}}+\mathcal{P}_\Omega(\mathcal{M})$$

Update

$$\mathcal{Y}_i^{l+1}=\mathcal{Y}_i^l+\rho[a_1(\mathcal{D}^{l+1}-\mathcal{X}_1^{l+1})+a_2(\mathcal{Z}^{l+1}-\mathcal{X}_2^{l+1})+a_3(\mathcal{W}^{l+1}-\mathcal{X}_3^{l+1})]$$

If $\dfrac{\|\mathcal{X}^{l+1}-\mathcal{X}^l\|_F^2}{\|\mathcal{P}_\Omega(\mathcal{X})\|_F^2}<\varepsilon$

Break

End for

WLRTC-TTNN 模型与大多数统计学习的模型相同，通过现有观测数据低秩问题的迭代方式来提高交通流数据的恢复精度，所以不会在迁移过程中出现数据穿越的问题，并且在整个过程中并未考虑噪声的影响。WLRTC-TTNN 模型适用于多数的低秩交通流数据补全问题。

6.3.2 基于时空交通数据实验过程及分析

本节选取两组交通数据：

(1) 中国广州的城市交通数据集，时间为 2016 年 8 月 1 日至 2016 年 9 月 30 日共 61 天的数据，以 10 min 为间隔，由 214 条匿名路段(主要由城市高速公路和干道组成)信息组成。

(2) Cui 等人[4]收集的西雅图高速公路交通速度数据。该数据集包含了美国西雅图 2015 年全年的高速公路交通速度，来自 323 个分辨率为 5 min 的环路检测器，选择 1 月的子集(1 月 1 日至 1 月 28 日的 4 周)作为实验数据。

将交通数据构建为链路/传感器、日期、时间窗口的张量模式，确保了张量数据在每个切片上具有足够的低秩性，可以最大程度地利用内部的相关性信息提升数据的补全精度，其中链路维度表示交通数据空间层面的特征，日期与时间窗口表示时间层面的特征。

对于上述两个数据集，建立大小为 214×61×144 与 323×28×288 的 3 阶张量，并且为了简单起见，将该数据集用“G”和“S”来简称。

以 G 数据集为例，用 Tan 等人[5]计算模式相关性的方法计算 G 数据集每个模式的相关系数：

$$S = \frac{\sum_{n \geqslant i > j \geqslant 1} \boldsymbol{R}(i, j)}{n(n-1)/2} \tag{6-28}$$

式(6-28)采用了皮尔逊相关系数和相似系数，其中 $\boldsymbol{R}(i, j)$表示取每个模式下的相关系数矩阵，S 表示相似系数，用于衡量矩阵 $\boldsymbol{R}$ 中的平均相关系数。表 6-3 所示是每个模式的相关性系数。

表 6-3 模式的相关性系数

模式	大小	相关系数
链路	214×288	0.926
日期	61×288	0.969
时间窗口	288×61	0.953

基线模型的选取考虑了两组时空交通数据的组织形式与数据输入方向对补全精度的影响。将数据构建为矩阵时，选取高精度的 TRMF 模型作为对比，并将数据处理为“位置/传感器×时间”的形式；将数据构建为张量时，选取经典的 HaLRTC 模型、CP_ALS 模型和近年提出的基于贝叶斯的 CP 分解(Bayesian Gaussian CP decomposition，BGCP)张量补全模型作为对比，张量的数据模式构建为“位置/传感器×天×时间”。

在进行实验参数设置时，首先对现有数据集进行初始化的数据丢失处理，然后通过补全算法进行缺失值补全。在精度对比上，使用数据集的真实值和补全值进行度量，对比 MAPE 和 RMSE 的数值大小来判断补全的优劣。

在随机缺失场景下，数据集内部的缺失是随机且无目的的，通常是传感器或通信设备不灵敏导致数据的间歇性丢失；在非随机缺失场景下，交通数据是以相关的方式损坏的，通常是特定时间或特定路段传感器或通信设备损坏而导致连续一段时间的数据完全丢失。这两种缺失场景的设置可以更好地评估不同模型的性能和有效性。

模型参数设置：在 WLRTC-TTNN 模型中，ρ 为每次的迭代步长，设置初始的迭代步长 $\rho=1.05$，通过 $\rho=\min\{1.05\rho, \rho_{\max}\}$ 对 ρ 进行更新；对于截断参数 r，在随机缺失场景与非随机缺失场景下分别设置为 0.1 和 0.05；对于收敛条件，用 $\| \mathcal{X}^{l+1}-\mathcal{X}^{l} \|_{\mathrm{F}}^{2} / \| \mathcal{P}_{\Omega}(\mathcal{X}) \|_{\mathrm{F}}^{2}$ 来判断算法是否收敛，选取收敛精度限制 ε，设置 ε 为 1e−4。最后，以 G 数据集 60%的随机缺失场景为例，WLRTC-TTNN 模型的迭代收敛曲线如图 6-5 所示(其中 RMSE 是均方根误差，MAPE 为平均绝对百分比误差)。

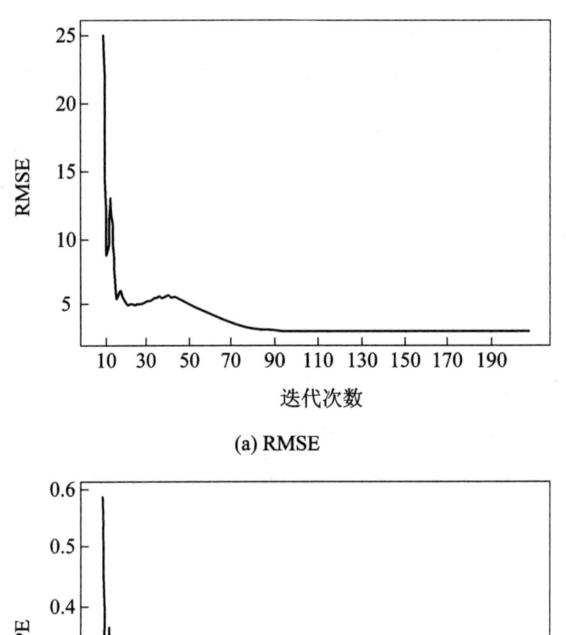

(a) RMSE

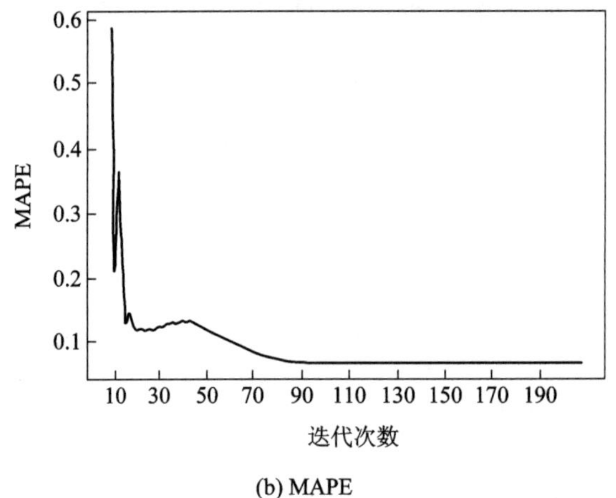

(b) MAPE

图 6-5　收敛曲线

当迭代到 130 时，模型已基本完全收敛，但考虑到未知因素，将迭代参数 k 设置为 150。

在随机缺失与非随机缺失场景下，分别设置 G 与 S 数据集的缺失率为 20%～80%，通过实验来对比不同场景与不同缺失率下算法的补全精度。对于基线模型，设置 TRMF 模型、BGCP 模型、CP_ALS 模型在 G 和 S 数据集随机缺失场景下的秩分别为 80 和 50，而在非随机缺失场景下的秩统一设置为 10，用 RMSE 与 MAPE 的大小来判断补全性能的优劣。在整个实验过程中并不考虑噪声的影响，其对比如表 6-4 所示。

表 6-4　G 和 S 数据集在随机缺失场景下对比

缺失率	模　型				
	TRMF	**BGCP**	**HaLRTC**	**CP_ALS**	**WLRTC-TTNN**
20%	3.14/7.47	3.57/8.28	3.33/8.13	3.59/8.33	**2.68/6.11**
30%	3.19/7.56	3.59/8.31	3.46/8.48	3.60/8.33	**2.77/6.32**
40%	3.25/7.76	3.59/8.29	3.61/8.86	3.61/8.37	**2.86/6.52**

续表

缺失率	模型				
	TRMF	**BGCP**	**HaLRTC**	**CP_ALS**	**WLRTC-TTNN**
50%	3.34/8.02	3.77/9.31	3.77/9.30	3.66/8.49	**2.97/6.75**
60%	3.47/8.37	3.96/9.83	3.96/9.82	3.72/8.61	**3.10/7.06**
70%	3.70/8.97	4.18/10.45	4.18/10.45	3.82/8.84	**3.28/7.46**
80%	4.04/9.89	3.80/8.76	4.47/11.32	4.13/9.38	**3.54/8.11**
20%	3.71/5.96	4.50/7.45	3.47/5.93	4.49/7.42	**3.21/5.04**
30%	3.75/6.07	4.52/7.51	3.64/6.33	4.57/7.63	**3.30/5.24**
40%	3.79/6.16	4.54/7.58	3.83/6.76	4.55/7.58	**3.40/5.42**
50%	3.84/6.29	4.08/7.31	4.07/7.30	4.61/7.71	**3.51/5.64**
60%	3.91/6.46	4.34/7.91	4.34/7.90	4.63/7.77	**3.64/5.89**
70%	4.07/6.84	4.76/8.89	4.76/8.89	4.65/7.78	**3.86/6.28**
80%	4.38/7.59	4.68/7.84	5.31/10.25	4.81/8.12	**4.17/6.89**

表 6-4 表明，在 G 和 S 数据集的随机缺失场景下，当缺失率为 20%～80%的情况时，WLRTC-TTNN 模型对时空交通数据的补全精度一直远优于其他模型。在 G 数据集中，随着缺失率的不断增加，WLRTC-TTNN 模型的补全精度优势依旧保持，当缺失率为 80%时，BGCP 的补全精度有所提升，但仍不如 WLRTC-TTNN 模型。而在 S 数据集中，随着缺失率的不断增加，WLRTC-TTNN 模型的补全精度优势相较于 TRMF、BGCP、CP_ALS 模型来说不断减小，并且在极端缺失率(80%)的情况下，TRMF 模型的补全精度与 WLRTC-TTNN 模型较为逼近。整体来看，WLRTC-TTNN 模型在 G 与 S 数据集的随机缺失情况下的补全精度提高了 5.2%～28%。以 G 数据集为例，在随机缺失率为 30%、60%时的补全效果分别如图 6-6、图 6-7 所示。

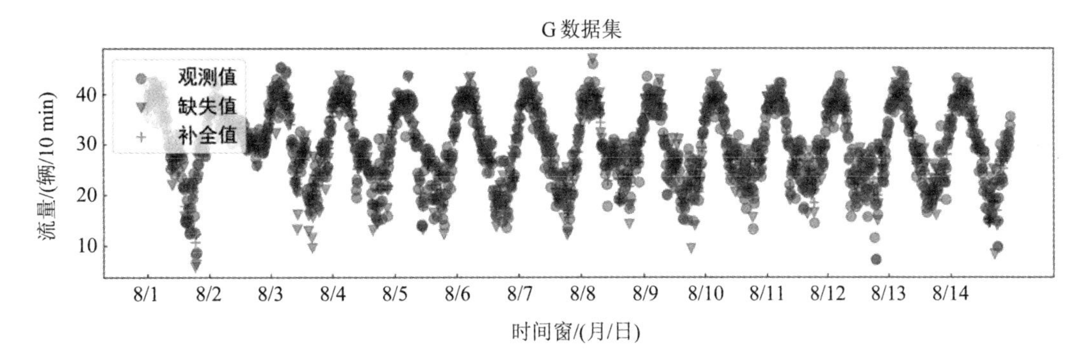

图 6-6　随机缺失率为 30%的补全效果图

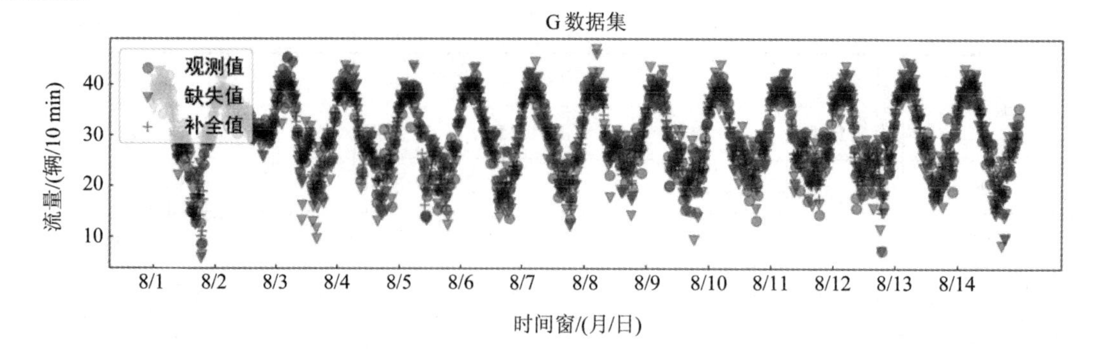

图 6-9 随机缺失率为 60%的补全效果图

G 数据集在非随机缺失场景下(见表 6-5),当缺失率为 20%~80%的情况时,WLRTC-TTNN模型在起始阶段与 BGCP、TRMF、CP_ALS 模型相比补全优势较为突出。但随着缺失率的增加,TRMF 模型逐渐与 WLRTC-TTNN 模型逼近,但 WLRTC-TTNN 模型仍远优于 TRMF 模型,且当缺失率达到 80%时,TRMF 模型发生了极端的偏移,而 WLRTC-TTNN 模型仍较为稳定。

表 6-5 S 和 G 数据集在非随机缺失场景下对比

缺失率	模型				
	TRMF	BGCP	HaLRTC	CP_ALS	WLRTC-TTNN
20%	4.27/10.24	4.27/10.20	4.21/10.45	4.29/10.27	**4.11/9.74**
30%	4.32/10.27	4.31/10.25	4.27/10.60	4.33/10.29	**4.17/9.78**
40%	4.37/10.37	4.32/10.25	4.38/10.88	4.32/10.28	**4.20/9.83**
50%	4.46/10.57	4.52/11.31	4.52/11.30	4.45/10.48	**4.28/10.00**
60%	4.53/10.80	4.69/11.81	4.69/11.80	4.58/10.73	**4.33/10.12**
70%	4.68/11.31	4.96/12.65	4.97/12.66	4.90/11.09	**4.40/10.36**
80%	4.87/11.85	5.32/11.88	5.77/14.61	5.24/11.64	**4.59/10.74**
20%	5.26/9.12	5.65/9.93	4.69/8.79	5.63/9.95	**4.48/7.66**
30%	5.27/9.14	5.68/9.96	4.96/9.51	5.74/10.20	**4.62/7.96**
40%	5.30/9.19	5.68/9.94	5.27/10.19	5.70/10.04	**4.85/8.33**
50%	5.38/9.44	5.64/11.20	5.64/11.19	5.78/10.34	**5.00/8.77**
60%	4.27/10.24	4.27/10.20	4.21/10.45	4.29/10.27	**4.11/9.74**
70%	4.32/10.27	4.31/10.25	4.27/10.60	4.33/10.29	**4.17/9.78**
80%	4.37/10.37	4.32/10.25	4.38/10.88	4.32/10.28	**4.20/9.83**

S 数据集在非随机缺失场景下，当缺失率为 20%～80%的情况时，经典模型 HaLRTC 在低缺失率情况下的补全精度与 WLRTC-TTNN 模型相近，但随着缺失率的增加，WLRTC-TTNN 模型的精度优势开始体现，在缺失率为 20%～70%的情况下，BGCP、TRMF、CP_ALS 模型的补全精度都稳定在一个阈值区间，并且缺失率对补全精度的影响较小。但当缺失率为 80%时，这些模型都出现了失真情况，发生了严重的漂移，补全精度并不理想，而 WLRTC-TTNN 模型的补全精度虽然在稳定递减，但仍高于其他基线模型。整体来看，WLRTC-TTNN 模型在非随机缺失场景下不同的缺失率情况下一直优于其他基线模型，并且在时空交通数据的极端缺失率情况下的补全效果仍然稳定，补全精度提高了 3%～37%。以 G 数据集为例，非随机缺失率为 30%、60%的补全效果分别如图 6-8、图 6-9 所示。

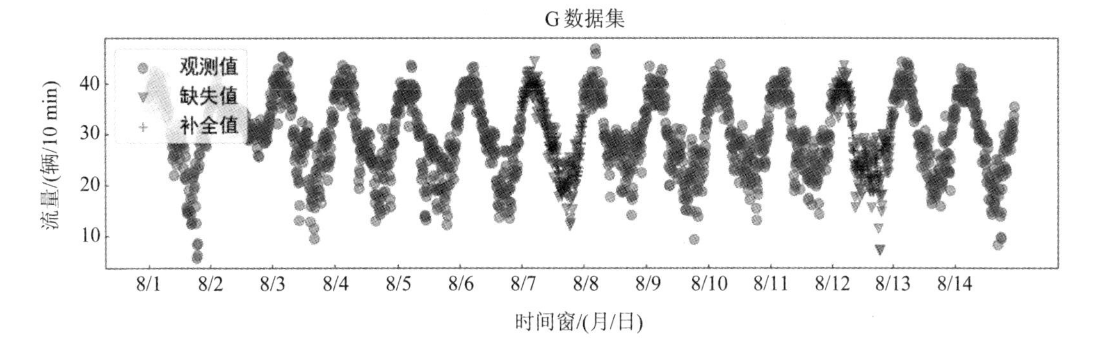

图 6-8　非随机缺失率为 30%的补全效果图

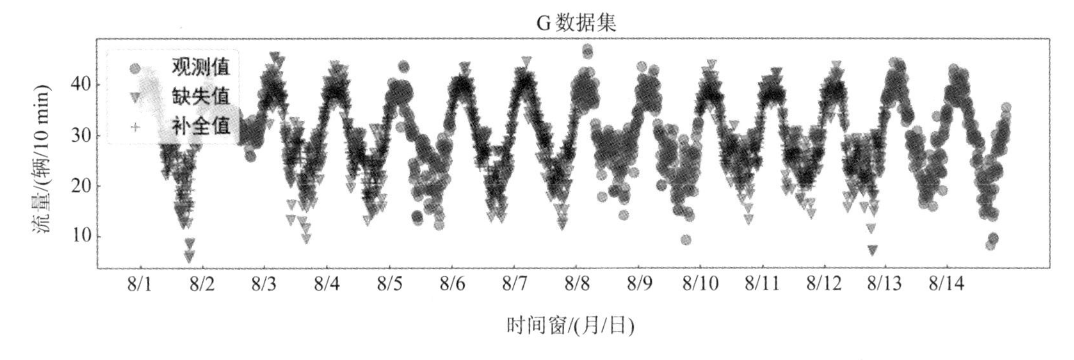

图 6-9　非随机缺失率为 60%的补全效果图

由表 6-4、图 6-6、图 6-7 可以看到，随机缺失情况下数据变得更为稀疏，但仍保留了足够多的内部相关性信息。而张量交通数据集内部相关性信息保留得越多，WLRTC-TTNN 模型的补全精度越高。在非随机缺失情况下，由表 6-5、图 6-8、图 6-9 可以看到，时空交通数据集内部的临近信息很难被使用，于是交通数据的不完全周期性特征是进行补全的关键。三向加权的方式充分利用了每个模态的相关性信息，截断核范数的方式将相关性信息进行了压缩提取，补全的交通流量数据相比原始数据更为平滑，可以看作原始观测值的光滑包络，但不能补全到极端尖锐点的流量值。

本章小结

实际应用中经常面临高维数据处理问题，而基于张量表示的数据分析方法取得了较好的效果。张量作为矩阵的高阶形式，被广泛运用到各种应用场景中。构建张量时，需要根据具体问题进行分析，确定张量的阶数以及各阶含义。例如，在图像数据分析中，静态图像数据可以表示为“宽×长×通道”这样的3阶张量，动态视频数据可以表示为“宽×长×通道×时间”这样的4阶张量，高光谱数据也可用3阶张量(宽×长×频段)表示。

对于一些特征模式较多的数据，可以根据问题背景需要融合不同来源、不同维度的数据。例如，交通数据拥有日模式、小时模式、周模式与流量数据，可以构建为3阶张量或者4阶张量的形式，张量模式能够涵盖更多的信息。

本章介绍了两个模型，基于PTNN的张量补全模型LRTC-PTNN与基于加权与截断核范数的张量补全模型WLRTC-TTNN，并分别基于航空发动机与交通速度数据进行了相关实验。

在航空发动机内部的21个传感器中，除去BPR，其余传感器的相关性极高，大多数传感器的相关性系数高于0.8，LRTC-PTNN模型用传感器与时间序列的切面进行补全计算能够充分利用这种相关性。本文提出的LRTC-PTNN模型可以解决航空发动机传感器数据在不同缺失场景下的恢复问题，补全后数据的RMSE与MAPE值分别介于2.10%～13.13%和0.32%～1.49%，在大多数传感器中补全值与原始值接近。LRTC-PTNN模型的补全精度高于基于矩阵的模型，证明高维结构能够更充分地使用数据内部的相关性信息来提高补全精度。LRTC-PTNN模型的缺点是要求数据基本等长，只能够选取时间序列相近长度的发动机数据进行预处理，后续将考虑引入多元时间序列的方式进行补全。

WLRTC-TTNN是一种基于张量平均秩概念的模型，综合了T-SVD的多向性与交通数据低秩性的双重优势，通过采取对模型方向加权与截断核范数的方式，减小了数据输入方向的依赖性影响，同时利用交通数据时间层面与空间层面的特征，最大程度地提取交通数据模式之间与低秩特性所带来的相关性信息。基于两个真实的时空交通数据集，WLRTC-TTNN模型在两种缺失情况下的补全精度比现行的其他模型分别高5.2%～28%和3%～37%，并且在极端情况下没有失真。WLRTC-TTNN模型补全后的数据是原始时空交通数据的平滑包络，具有很高的补全精度，但在极端尖锐点无法补全，后续将考虑引入稀疏性的问题。

参考文献

[1] LIU C, SHAN H, CHEN C. Tensor p-shrinkage nuclear norm for low-rank tensor completion[J]. Neurocomputing, 2020, 387:255-267.

[2]　张红梅，武江南，赵永梅，等. 基于截断 p-shrinkage 范数的航空发动机数据补全[J]. 北京航空航天大学学报，2022，50:39-47.

[3]　武江南，张红梅，赵永梅，等. 基于张量加权与截断核范数的交通数据补全方法[J]. 计算机科学，2023，50(8)：45-51.

[4]　CUI Z，KE R，PU Z，et al. Deep bidirectional and unidirectional LSTM recurrent Neural network for network-wide traffic speed prediction[J]. 2018，arXiv：1801.02143.

[5]　TAN H，FENG G，FENG J，et al. A tensor-based method for missing traffic data completion[J]. Transportation research part C，2013，28:1527.

第 7 章

时空交通数据的非负低秩张量补全

张量补全理论虽然在数据高缺失率的情况下仍然具有较好的表现，但是目前对补全数据的非负性约束重视不够，缺乏有效的非负张量补全方法。本章介绍一种新的基于低秩张量补全理论的非负张量补全模型(NWLRTC)。该模型不仅考虑了截断核范数在低秩逼近方面的优势，还避免了对数据的输入方向依赖性。从不同的缺失方式、迭代次数进行实验，实验结果表明 NWLRTC 算法不仅在低缺失率时具有较高的补全精度，并且在缺失率高达80%时，也保持了稳定的补全精度。

7.1 非负低秩张量补全发展现状

在过去的几年中，学者们采用了卡尔曼滤波、自回归综合移动平均模型、期望值最大化等多种方法，在缺失交通数据的补全方面进行了深入的研究。但是，上述方法随着数据丢失率的增高难以保持稳定的补全精度。近几年，张量补全理论在交通数据补全中展现了其较好的应用前景，为具有多维、多模态和多相关结构的交通数据精确补全奠定了理论基础。2013 年 Tan 等人[1]首次将张量理论引入交通数据建模，并通过实验证明即使在缺失率高达 90%的情况下张量补全方法仍然能保持良好的性能。在交通数据处理方面，已有学者开展了基于张量补全理论的交通需求与路网异常检测、路径规划、交通流重构、交通预测等研究。

一种常用的张量补全方法是将张量进行因子分解，通过分解后的因子重构张量。目前，张量分解模型主要有 CP(Candecomp/Parafac)分解模型和 Tucker 分解模型，CP 分解是 Tucker 分解的一种特殊情况。Tucker[2]在 1966 年就提出了 Tucker 模型，也称高阶奇异值分解(Higher-order SVD，HOSVD)。Tucker 分解存在两个主要缺点：一是核张量的大小相对阶数 n 呈指数增长；二是由于无约束，Tucker 分解本质上只估计每个模式的一个子空间而缺乏唯一性。非负性与稀疏性约束可以克服 Tucker 分解的这两个限制。因此非负性 Tucker 分解引起了学者们的重点关注。但是张量分解的秩求解是一个 NP 难问题。在大多数情况下，实际张量数据仅近似服从低秩要求。大量研究表明，在张量没有显著低秩结构的情况下，仅使用低秩约束是不够的。

另外一种常用的张量补全方法是用张量的核范数近似逼近低秩求解模型，并利用凸松弛技术将非凸优化转变为凸优化问题。2013 年 Liu 等人[3]第一个论述了低秩张量补全理论以及张量迹范数的定义，实现了经典的低秩张量补全算法(Low Rank Tensor Completion，LRTC)。在此基础上，出现了很多优化算法，如 LRTC-TNN 模型、低秩自回归张量完成

(LATC)框架。Bengua 等人[4]提出了基于 TT 秩的 SiLRTC-TT，Zheng 等人[5]提出了一种新的低秩张量完备模型(SMF-LRTC)。选取合适的核范数是低秩张量补全的核心问题之一，如对标度潜核范数、张量收缩核范数(p-TNN)的研究。Du 等人[6]将张量因子分解(TF)和张量核范数(TNN)正则化集成到一个框架中，取得了较好的效果。

虽然低秩张量补全取得了很大的进步，但是对模型非负性约束的重视性不够。实际应用中采集到的数据往往是正的，补全后的数据出现负值将导致数据缺乏可解释性，大大降低了实际应用价值。非负张量补全不仅在理论方面有着迫切的需求，而且有着重要的实际工程应用价值。

7.2 非负张量基础

张量分解与张量补全非常相似。以 CP 分解为例，其分解过程是将一个张量分解为秩 1 张量的和。

CP 分解的数学模型可表达如下：

$$\min_{\mathcal{A},\boldsymbol{U}_1,\boldsymbol{U}_2,\cdots,\boldsymbol{U}_n} \|\mathcal{A}-\boldsymbol{U}_1\circ\boldsymbol{U}_2\circ\cdots\circ\boldsymbol{U}_n\|_F^2 \tag{7-1}$$

其中：$\mathcal{A}$ 为观测值，$\boldsymbol{U}_1$，$\boldsymbol{U}_2$，…，$\boldsymbol{U}_n$ 为分解后的秩 1 张量。

张量补全则是通过某种分解模型恢复丢失的数据。与张量分解不同，张量补全在每次迭代中都需要估计补全数据与原始观测数据缺失位置上的差异。下式为基于 CP 分解的补全模型：

$$\begin{gathered}\min_{\mathcal{A},\boldsymbol{U}_1,\boldsymbol{U}_2,\cdots,\boldsymbol{U}_n}:\|\mathcal{A}-\boldsymbol{U}_1\circ U_2\circ\cdots\circ\boldsymbol{U}_n\|_F^2\\ \text{s. t. } \mathcal{P}_\Omega(\mathcal{M})=\mathcal{P}_\Omega(\mathcal{A})\end{gathered} \tag{7-2}$$

式中：$\mathcal{M}$ 为补全后的数据。在每次算法的迭代中，都需要对 $\mathcal{P}_{\bar{\Omega}}(\mathcal{M})$ 与 $\mathcal{P}_{\bar{\Omega}}(\mathcal{A})$ 对应位置(缺失数据的位置)的数据值进行比较，判断是否达到补全精度。

非负秩：非负矩阵 $\boldsymbol{Y}$ 的非负秩即 $\mathrm{rank}_+(\boldsymbol{Y})$。非负秩确保 $\boldsymbol{Y}=\boldsymbol{AB}^{\mathrm{T}}$ 时 R 最小，其中 $\boldsymbol{A}\in\mathbb{R}_+^{M\times R}$，$\boldsymbol{B}\in\mathbb{R}_+^{N\times R}$。显然，$\mathrm{rank}(\boldsymbol{Y})\leqslant\mathrm{rank}_+(\boldsymbol{Y})$。

多线性秩和非负多线性秩：向量 $\boldsymbol{r}=(R_1, R_2, \cdots, R_N)$，$R_n$ 是 $\mathcal{Y}$ 的多线性秩，其中，$R_n=\mathrm{rank}[\boldsymbol{Y}_{(n)}]$。如果 $R_n=\mathrm{rank}_+[\boldsymbol{Y}_{(n)}]$，那么向量 $\boldsymbol{r}_+=(R_1, R_2, \cdots, R_N)$ 就是非负张量 $\mathcal{Y}$ 的多线性秩。

用张量的 F 范数作为距离函数，由此可以建立非负张量分解模型如下：

$$\begin{cases}\min\limits_{\boldsymbol{u}_m,\boldsymbol{v}_m,\boldsymbol{w}_m} F=\dfrac{1}{2}\|\mathcal{A}-\sum\limits_{m-1}^{r}\boldsymbol{u}_m\circ\boldsymbol{v}_m\circ\boldsymbol{w}_m\|_F^2\\ \text{s. t. } \boldsymbol{u}_m\geqslant\boldsymbol{0},\ \boldsymbol{v}_m\geqslant\boldsymbol{0},\ \boldsymbol{w}_m\geqslant\boldsymbol{0}\\ m=1, 2, \cdots, r\end{cases} \tag{7-3}$$

一般情况下，$r<\min(I, J, K)$。由于张量不存在最佳低秩逼近，模型旨在寻找秩不超过 r 的非负张量，能够近似逼近目标张量 $\mathcal{A}$。

非负 Tucker 张量分解是将一个 N 阶非负张量 $\mathcal{A}\in\mathbb{R}_+^{I_1\times I_2\times\cdots\times I_N}$ 分解为一个低维非负核心张量 $\mathcal{G}\in\mathbb{R}_+^{J_1\times J_2\times\cdots\times J_N}$ 与 $\boldsymbol{N}$ 个非负矩阵 $\boldsymbol{U}^{(n)}\in\mathbb{R}_+^{I_n\times J_n}$ 的模式积，即 $\mathcal{A}\approx\mathcal{G}\times_1\boldsymbol{U}^{(1)}\times\cdots\times_N\boldsymbol{U}^{(N)}$。

张量 $\mathcal{A}$ 的最优非负 Tucker 分解可通过求解如下的优化问题而得到：

$$\begin{cases}\min \| \mathcal{A}-\mathcal{G}\times_1 \boldsymbol{U}^{(1)}\times\cdots\times_N \boldsymbol{U}^{(N)} \| \\ \text{s. t. } \mathcal{G}\in \mathbb{R}_+^{J_1\times J_2\times\cdots\times J_N} \\ \boldsymbol{U}^{(n)}\in \mathbb{R}_+^{I_n\times J_n} \\ n=1, 2, \cdots, N\end{cases} \tag{7-4}$$

上述优化问题是关于核心张量与 N 个模式矩阵的块优化问题，故通常采用交替式方法求解，即固定 $N+1$ 个块变量中的 N 个，寻求另外一个最优的块变量值。

考虑非负张量 $\mathcal{A}$ 含有丢失元素的情形。用张量 $\boldsymbol{H}\in \mathbb{R}^{I_1\times I_2\times\cdots\times I_N}$ 来指示 $\mathcal{A}$ 的元素是否丢失：如果 $a_{i_1 i_2\cdots i_N}$ 丢失，则 $h_{i_1 i_2\cdots i_N}=0$；否则 $h_{i_1 i_2\cdots i_N}=1$。非负张量补全就是根据 $\mathcal{A}$ 的丢失元素来恢复所有元素。假设 $\mathcal{A}$ 是低秩或者接近低秩的，即至少存在一个正整数 n，使得 $J_N\ll I_N$。基于此假设，使用非负 Tucker 张量分解来补全张量，即

$$\begin{cases}\min f= \| \mathcal{A}.^* \mathcal{H}-(\mathcal{G}\times_1 \boldsymbol{U}^{(1)}\times\cdots\times_N \boldsymbol{U}^{(N)}).^* \mathcal{H} \| \\ \text{s. t. } \mathcal{G}\in \mathbb{R}_+^{J_1\times J_2\times\cdots\times J_N} \\ \boldsymbol{U}^{(n)}\in \mathbb{R}_+^{I_n\times J_n}, n=1, 2, \cdots, N\end{cases} \tag{7-5}$$

基于局部代价函数约束最小化和分层交替最小二乘(HALS)的非负 Tucker 分解算法的伪代码如下。

算法 7-1：HALSNTD 算法

输入：$\boldsymbol{Y}$(数据大小为 $I_1\times I_2\times\cdots\times I_N$)，$J_1$，$J_2\cdots$，$J_N$ 为每个因素的基本组成数量

输出：$\boldsymbol{A}^{(n)}\in \mathbb{R}_+^{I_n\times J_n}$ 和核心张量 $\mathcal{G}\in \mathbb{R}_+^{J_1\times J_2\times\cdots\times J_N}$

开始：

  初始化 $\boldsymbol{A}^{(n)}$ 和 $\mathcal{G}$

  归一化 $a_{jn}^{(n)}$ 为单元长度

  $\varepsilon=\mathcal{Y}-\mathcal{G}\times_1 \boldsymbol{A}^{(1)}\times_2 \boldsymbol{A}^{(2)}\cdots\times_N \boldsymbol{A}^{(N)}$

  重复直到达到精度要求：

    for $n=1$ to N do

      $\mathcal{X}=\mathcal{G}\times_{-n}\mathcal{A}$

        for $jn=1$ to N do

          $w_{jn}=\| \mathcal{X}_{kn=jn} \|_F^2$

          $\boldsymbol{a}_{jn}^{(n)*}\leftarrow\left[\boldsymbol{a}_{jn}^{(n)}+\frac{1}{w_{jn}}\langle\varepsilon, \mathcal{X}_{kn=jn}\rangle_{-n}\right]_+$

          $\varepsilon\leftarrow\varepsilon+\mathcal{X}_{kn=jn}\times_n[\boldsymbol{a}_{jn}^{(n)}-\boldsymbol{a}_{jn}^{(n)*}]$

          $\boldsymbol{a}_{jn}^{(n)*}\leftarrow\boldsymbol{a}_{jn}^{(n)*}/\| \boldsymbol{a}_{jn}^{(n)*} \|_2$

    for each $\bar{j}=[j_1, \cdots, j_N]$, $j_1=1, \cdots, J_1, \cdots,$

          $j_N=1, \cdots, j_N$ do

          $\boldsymbol{g}_{\bar{j}}^*\leftarrow[\boldsymbol{g}_{\bar{j}}+\boldsymbol{\varepsilon}\bar{\times}_1 \boldsymbol{a}^{(1)} j_1\cdots\bar{\times}_N \boldsymbol{a}^{(N)} j_N]_+$

          $\varepsilon\leftarrow\varepsilon+(\boldsymbol{g}_{\bar{j}}-\boldsymbol{g}_{\bar{j}}^*)\boldsymbol{a}_{j1}^{(1)}\circ\cdots\circ\boldsymbol{a}_{jN}^{(N)}$

  End for

由于张量不存在最佳低秩逼近，上述模型旨在寻找不超过 r 的张量逼近目标 $\mathcal{X}$，Liu 等人[9]提出了经典低秩张量补全模型：

$$\begin{aligned} &\min_{\mathcal{A}} \|\mathcal{A}\|_* \\ &\text{s.t.}\ \ \mathcal{P}_\Omega(\mathcal{M})=\mathcal{P}_\Omega(\mathcal{A}) \end{aligned} \tag{7-6}$$

实际工程应用中，大部分数据都是正数，即补全后的张量 $\mathcal{M}$ 也是非负的。

进一步将模型(7－6)优化如下：

$$\begin{cases} \min\limits_{\mathcal{A}\geqslant \mathbf{0}} \|\mathcal{A}\|_* \\ \text{s.t.}\ \ \mathcal{P}_\Omega(\mathcal{M})=P_\Omega(\mathcal{A}) \\ \mathcal{M}\geqslant \mathbf{0} \end{cases} \tag{7-7}$$

7.3　NWLRTC 模型及算法

NWLRTC 模型的核心是 TNN 优化模块和张量方向权重(TW)的融合[3,7]。通过在低秩张量补全模型中加入截断核范数和因子方向权重系数，可以获得更好的补全精度。NWLRTC 方法框架如图 7－1 所示，其数据是不完整的，NWLRTC 模型通过使用 ADMM 算法获得了最终补全的数据。

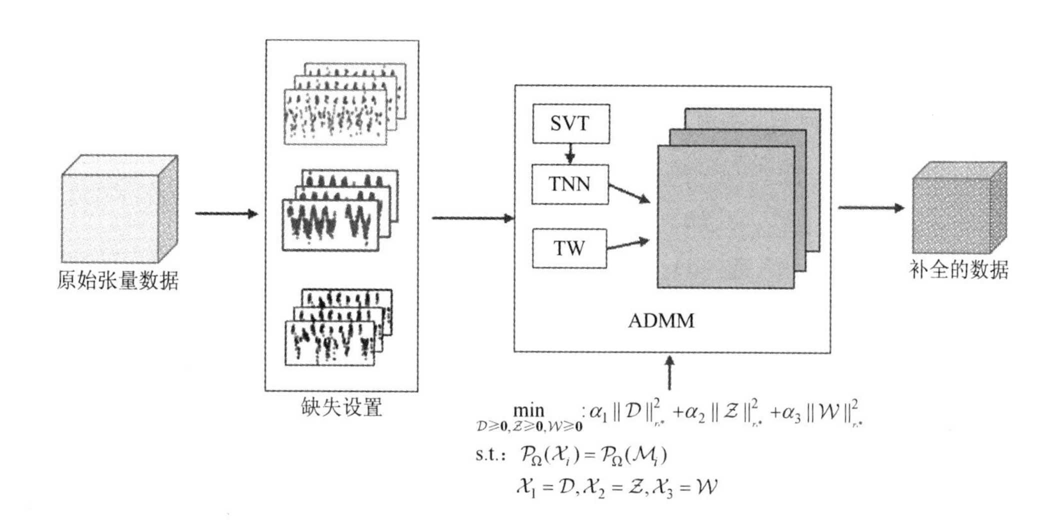

图 7－1　NWLRTC 方法框架

7.3.1　NWLRTC 模型

截断核范数定义如下：给定一个矩阵 $\boldsymbol{X}\in\mathbb{R}^{m\times n}$ 和一个正整数 $r<\min\{m,n\}$，截断核范数为矩阵的最小奇异值之和的形式，即

$$\begin{aligned}\|\mathcal{X}\|_r &= \frac{1}{n_3}\|\bar{\mathcal{X}}\|_r \\ &= \frac{1}{n_3}\sum_{j=1}^{n_3}\sum_{i=r+1}^{p}\sigma_i[\bar{\boldsymbol{X}}^{(j)}] \\ &= \frac{1}{n_3}\sum_{j=1}^{n_3}\sum_{i=1}^{p}\sigma_i[\bar{\boldsymbol{X}}^{(j)}]-\frac{1}{n_3}\sum_{j=1}^{n_3}\sum_{i=1}^{r}\sigma_i[\bar{\boldsymbol{X}}^{(j)}] \\ &= \sum_{i=1}^{p}\sigma_i(\mathcal{X})-\sum_{i=1}^{r}\sigma_i(\mathcal{X})\end{aligned} \tag{7-8}$$

其中：$\|.\|_r$ 为矩阵的截断核范数；tr(·)为矩阵的迹；$\sigma_i(\boldsymbol{X})$为 $\boldsymbol{X}$ 的第 i 个奇异值，奇异值由大到小排序：$\sigma_1\geqslant\sigma_2\geqslant\cdots\geqslant\sigma_{\min\{m,n\}}\geqslant 0$。

根据张量奇异值理论的定义进行扩展，Song 等人[8]对截断奇异值进行了推论：有张量的切片矩阵 $\boldsymbol{X}\in\mathbb{R}^{m\times n}$，对于任意 $\rho>0$，$\boldsymbol{Z}\in\mathbb{R}^{m\times n}$，取矩阵的截断核范数，基于矩阵截断核范数的奇异值阈值理论可以重写为

$$\min_{\boldsymbol{X}}\|\boldsymbol{X}\|_{r,*}+\frac{\rho}{2}\|\boldsymbol{X}-\boldsymbol{Z}\|_F^2 \tag{7-9}$$

将模型(7-7)加入截断核范数理论，有

$$\begin{aligned}&\min_{\mathcal{A}\geqslant\boldsymbol{0}}\|\mathcal{A}\|_{r,*}\\ &\text{s.t. } \mathcal{P}_\Omega(\mathcal{M})=\mathcal{P}_\Omega(\mathcal{A})\end{aligned} \tag{7-10}$$

为了避免对数据的输入方向产生依赖性和保留数据集内部重要的特征信息，用加权思想来尽量消除数据输入方向的影响，定义 3 个张量的模式大小分别为 $\mathcal{D}\in\mathbb{R}^{n_1\times n_2\times n_3}$，$\mathcal{Z}\in\mathbb{R}^{n_2\times n_3\times n_1}$，$\mathcal{W}\in\mathbb{R}^{n_3\times n_1\times n_2}$，使用对 3 个张量加权的方式来替代原始张量，等同于取原始张量的三向切片，再加入张量的截断核范数定义，将模型(7-10)重新建模如下：

$$\begin{cases}\min\limits_{\mathcal{X},\mathcal{D},\mathcal{Z},\mathcal{W}}\alpha_1\|\mathcal{D}\|_{r,*}+\alpha_2\|\mathcal{Z}\|_{r,*}+\alpha_3\|\mathcal{W}\|_{r,*}\\ \text{s.t. } \mathcal{P}_\Omega(\mathcal{X}_i)=P_\Omega(\mathcal{M}_i)\\ \mathcal{X}_1=\mathcal{D},\ \mathcal{X}_2=\mathcal{Z},\ \mathcal{X}_3=\mathcal{W}\end{cases} \tag{7-11}$$

权重 $\sum\limits_{i=1}^{3}\alpha_i$ 的总和为 1，$\mathcal{M}_i(i=1,2,3)$ 的大小与对应张量的大小相同，使得变换后的观测元素仍和补全后观测位置的元素相等。根据 Liu[9] 在求解多重 TNN 时所采取的方法，引入一个 3 阶辅助张量变量 $\mathcal{X}_i$ 和一组附加的约束条件 $\mathcal{M}_i=\mathcal{X}_i(i=1,2,3)$，将上述问题转化为如下可处理的形式：

我们在 G 数据集上测试，发现虽然实验结果取得了良好的补全精度，但是某次迭代补全后的数据出现负数。209 路段 14 天的道路流量数据如图 7-2 所示，在随机缺失率为 40%时，在路段 209 上 18 点 50 分到 19 点 20 分时间段内交通流量为负值，补全后的值为 −3.96549981339，−8.55240683856，−4.41907331737，−0.423154421689，但原始值为 6.683，6.864，7.49，8.216。原始数据是交通流量数据，负值是不可解释的。这就为后期进一步进行数据分析带来了困难。

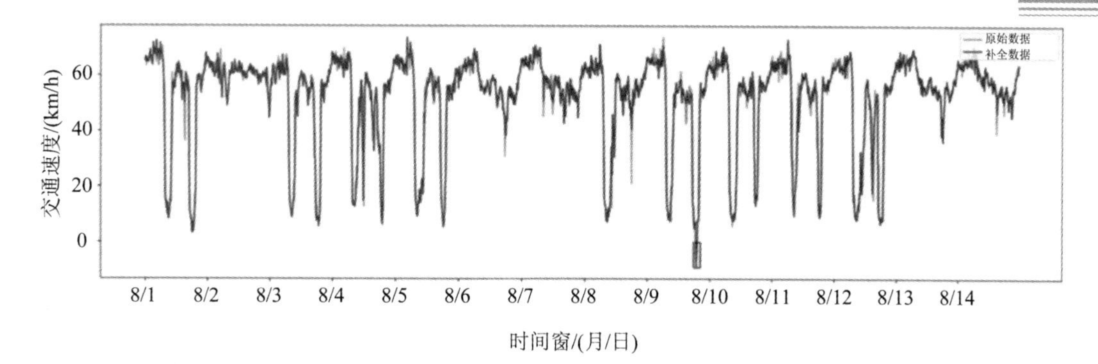

图 7－2　路段 209 上 14 天的道路流量数据(灰色为原始流量数据，黑色为补全后的流量数据)

为解决补全后数据的可解释性，将式(7－11)进行优化，得到最终的 NWLRTC 模型：

$$\begin{cases}\min\limits_{\mathcal{D}\geqslant\mathbf{0},\ \mathcal{Z}\geqslant\mathbf{0},\ \mathcal{W}\geqslant\mathbf{0}}\alpha_1\|\mathcal{D}\|_{r,*}+\alpha_2\|\mathcal{Z}\|_{r,*}+\alpha_3\|\mathcal{W}\|_{r,*}\\ \text{s.t. } \mathcal{P}_\Omega(\mathcal{X}_i)=\mathcal{P}_\Omega(\mathcal{M}_i)\\ \mathcal{X}_1=\mathcal{D},\ \mathcal{X}_2=\mathcal{Z},\ \mathcal{X}_3=\mathcal{W}\end{cases} \tag{7-12}$$

其中：$\mathcal{M}_1\in\mathbb{R}_+^{n_1\times n_2\times n_3}$，$\mathcal{M}_2\in\mathbb{R}_+^{n_2\times n_3\times n_1}$，$\mathcal{M}_3\in\mathbb{R}_+^{n_3\times n_1\times n_2}$。

7.3.2　NWLRTC 算法

用交替方向乘子法(ADMM)对 NWLRTC 模型进行求解，定义增强的拉格朗日函数如下：

$$\begin{aligned}&\mathcal{L}(\mathcal{X},\mathcal{D},\mathcal{Z},\mathcal{W},\mathcal{Y})\\&=\alpha_1\|\mathcal{D}\|_{r,*}+\alpha_2\|\mathcal{Z}\|_{r,*}+\alpha_3\|\mathcal{W}\|_{r,*}+\langle\mathcal{Y}_1,\mathcal{X}_1-\mathcal{D}\rangle+\frac{\rho}{2}\|\mathcal{X}_1-\mathcal{D}\|_F^2+\\&\quad\langle\mathcal{Y}_2,\mathcal{X}_2-\mathcal{Z}\rangle+\frac{\rho}{2}\|\mathcal{X}_2-\mathcal{Z}\|_F^2+\langle\mathcal{Y}_3,\mathcal{X}_3-\mathcal{W}\rangle+\frac{\rho}{2}\|\mathcal{X}_3-\mathcal{W}\|_F^2\end{aligned} \tag{7-13}$$

其中：$\mathcal{Y}_1\in\mathbb{R}_+^{n_1\times n_2\times n_3}$、$\mathcal{Y}_2\in\mathbb{R}_+^{n_2\times n_3\times n_1}$、$\mathcal{Y}_3\in\mathbb{R}_+^{n_3\times n_1\times n_2}$ 为定义的拉格朗日乘子，ρ 为惩罚参数。将 $\mathcal{D}$，$\mathcal{Z}$，$\mathcal{W}$，$\mathcal{X}$，$\mathcal{Y}$ 分别进行交替迭代更新操作。

$\mathcal{D}^{l+1}$ 更新公式如下：

$$\begin{aligned}\mathcal{D}^{l+1}&=\arg\min_{\mathcal{D}\geqslant\mathbf{0}}\mathcal{L}(\mathcal{X}^l,\mathcal{D}^l,\mathcal{Z}^l,\mathcal{W}^l,\mathcal{Y}_1^l)\\&=\alpha_1\|\mathcal{D}^l\|_{r,*}+\langle\mathcal{Y}_1^l,\mathcal{X}_1^l-\mathcal{D}^l\rangle+\frac{\rho}{2}\|\mathcal{X}_1^l-\mathcal{D}^l\|_F^2\\&=\alpha_1\|\mathcal{D}^l\|_{r,*}+\frac{\rho}{2}\left\|\mathcal{D}^l-\left\langle\mathcal{X}_1^l+\frac{1}{\rho}\mathcal{Y}_1^l\right\rangle\right\|_F^2\\&=\mathcal{D}^l_{\frac{\alpha_1}{\rho},r,*}\left(\mathcal{X}_1^l+\frac{1}{\rho}\mathcal{Y}_1^l\right)\end{aligned} \tag{7-14}$$

式中：$\mathcal{D}_{\frac{\alpha_1}{\rho},r,*}\left(\mathcal{X}_1^l+\frac{1}{\rho}\mathcal{Y}_1^l\right)$是对每个切片进行矩阵奇异值阈值分解的核范数截断，$\tau=\frac{\alpha_1}{\rho}$。

$\mathcal{Z}^{l+1}$ 更新公式如下：

$$\mathcal{Z}^{l+1}=\arg\min_{\mathcal{Z}\geqslant\mathbf{0}} L(\mathcal{X}^l, \mathcal{D}^{l+1}, \mathcal{Z}^l, \mathcal{W}^l, \mathcal{Y}_2^l)$$
$$=\arg\min_{\mathcal{Z}\geqslant\mathbf{0}} \alpha_2 \| \mathcal{Z}^l \|_{r,*}+\langle \mathcal{Y}_2^l, \mathcal{X}_2^l-\mathcal{Z}^l\rangle+\frac{\rho}{2}\| \mathcal{X}_2^l-\mathcal{Z}^l \|_F^2$$
$$=\mathcal{Z}^l_{\frac{\alpha_2}{\rho},r,*}\left(\mathcal{X}_2^l+\frac{1}{\rho}\mathcal{Y}_2^l\right) \tag{7-15}$$

$\mathcal{W}^{l+1}$更新公式如下：

$$\mathcal{W}^{l+1}=\arg\min_{\mathcal{W}\geqslant\mathbf{0}} \mathcal{L}(\mathcal{X}^l, \mathcal{D}^{l+1}, \mathcal{Z}^{l+1}, \mathcal{W}^l, \mathcal{Y}_3^l)$$
$$=\arg\min_{\mathcal{W}\geqslant\mathbf{0}} \alpha_3 \| \mathcal{W}^l \|_{r,*}+\langle \mathcal{Y}_3^l, \mathcal{X}_3^l-\mathcal{W}^l\rangle+\frac{\rho}{2}\| \mathcal{X}_3^l-\mathcal{W}^l \|_F^2$$
$$=\mathcal{W}^l_{\frac{\alpha_3}{\rho},r,*}\left(\mathcal{W}_3^l+\frac{1}{\rho}\mathcal{Y}^l\right) \tag{7-16}$$

$\mathcal{X}_i^{l+1}$更新公式如下：

$$\mathcal{X}_i^{l+1}=\arg\min_{\mathcal{X}\geqslant\mathbf{0}} \mathcal{L}(\mathcal{X}_i^l, \mathcal{D}^{l+1}, \mathcal{Z}^{l+1}, \mathcal{W}^{l+1}, \mathcal{Y}_i^l)$$
$$=\langle \mathcal{Y}_1^l, \mathcal{X}_1^l-\mathcal{D}^{l+1}\rangle+\frac{\rho}{2}\| \mathcal{X}_1^l-\mathcal{D}^{l+1} \|_F^2+\langle \mathcal{Y}, \mathcal{X}_2^l-\mathcal{Z}^{l+1}\rangle+$$
$$\frac{\rho}{2}\| \mathcal{X}_2^l-\mathcal{Z}^{l+1} \|_F^2+\langle \mathcal{Y}_3^l, \mathcal{X}_3^l-\mathcal{W}^{l+1}\rangle+\frac{\rho}{2}\| \mathcal{X}_3^l-\mathcal{W}^{l+1} \|_F^2 \tag{7-17}$$
$$=\sum_{i=1}^{3}\left[(\mathcal{D}^{l+1}+\mathcal{Z}^{l+1}+\mathcal{W}^{l+1})-\frac{1}{\rho}\mathcal{Y}_i^l\right]$$

将未缺失的原始数据与缺失的已补全数据结合，构成处理后的完整张量：

$$\mathcal{X}_i^{l+1}=\sum_{i=1}^{3}\left[(\mathcal{D}^{l+1}+\mathcal{Z}^{l+1}+\mathcal{W}^{l+1})-\frac{1}{\rho}\mathcal{Y}_i^l\right]_{\bar{\Omega}}+\mathcal{P}_\Omega(\mathcal{M}) \tag{7-18}$$

最后求解 $\mathcal{Y}_i^{l+1}$：

$$\mathcal{Y}_i^{l+1}=\mathcal{Y}_i^l+\rho[a_1(\mathcal{D}^{l+1}-\mathcal{X}_1^{l+1})+a_2(\mathcal{Z}^{l+1}-\mathcal{X}_2^{l+1})+a_3(\mathcal{W}^{l+1}-\mathcal{X}_3^{l+1})] \tag{7-19}$$

于是 NWLRTC 算法的伪代码如下：

算法 7-2：NWLRTC 算法

输入：$\mathcal{X}\geqslant\mathbf{0}$，$\mathcal{M}\geqslant\mathbf{0}$，$\mathcal{P}_\Omega(\mathcal{M}_i)=\mathcal{P}_\Omega(\mathcal{X}_i)$，$\mathcal{D}\in\mathbb{R}_+^{n_1\times n_2\times n_3}$，$\mathcal{Z}\in\mathbb{R}_+^{n_2\times n_3\times n_1}$，$\mathcal{W}\in\mathbb{R}_+^{n_3\times n_1\times n_2}$，$\mathcal{Y}_i=\mathbf{0}$

输出：补全后的加量 $\mathcal{X}$

While 未收敛 do

For i = 1 to k do

　　利用式(7-14)计算 $\mathcal{D}^{l+1}$

　　利用式(7-15)计算 $\mathcal{Z}^{l+1}$

　　利用式(7-16)计算 $\mathcal{W}^{l+1}$

利用式(7－18)计算 $\mathcal{X}_i^{l+1}$

利用式(7－19)计算 $\mathcal{Y}_i^{l+1}$

If $\dfrac{\| \mathcal{X}^{l+1} - \mathcal{X}^{l} \|_F^2}{\| \mathcal{P}_\Omega(\mathcal{X}) \|_F^2} < \varepsilon$ Then

Break

End if

End for

End

7.4 实验过程及分析

选取数值型数据以及图像数据两种类型分别进行实验。实验过程中，重点测试截断以及迭代步长等参数的确定，对所提出的 NWLRTCS 算法进行评估。

7.4.1 实验数据

1. 数值型数据

使用 Chen 等人[10]公开的数据集进行实验。此数据集为中国广州的城市交通数据集，时间为 2016 年 8 月 1 日至 2016 年 9 月 30 日的 61 天的数据，以 10 min 为间隔，由 214 条匿名路段(主要由城市高速公路和干道组成)信息组成。根据时空属性，建立 $\mathcal{X} \in \mathbb{R}^{214\times61\times144}$，其中张量的各维度分别为路段、日期和时间窗口。总的数据个数为 1 855 5891 855 589，原始的数据缺失率为 1.29%。为了简单起见，将该数据集用“G”来简称。

2. 图像数据

使用西安市某路段的静态图像，图像分辨率为 1125×1500，建立 $\mathcal{X} \in \mathbb{R}^{1125\times1500\times3}$，3 表示三种颜色通道，将此数据集简称为“P”。通过图像数据可以更直观地观察不同的缺失情况与迭代次数时数据补全的情况。

7.4.2 数据缺失设置

补全精度使用 MAPE 和 RMSE 的数值大小来判断。数据的缺失设置为非随机缺失(NM)、随机缺失(RM)、块缺失(BM)3 种情况。非随机缺失是指每个传感器在几天内丢失了观测值。随机缺失是指每个传感器完全随机丢失观察结果。块缺失是指所有传感器在几个连续的时间点都失去了观察结果。在实际的智能交通中，由于信号传输受外界偶然因素的影响，数据随机缺失经常发生。当数据的存储设备或者采集设备损坏时，将会产生非随机缺失和块缺失的情况。图 7－3 所示为 3 种缺失方式在不同缺失率下的数据分布。

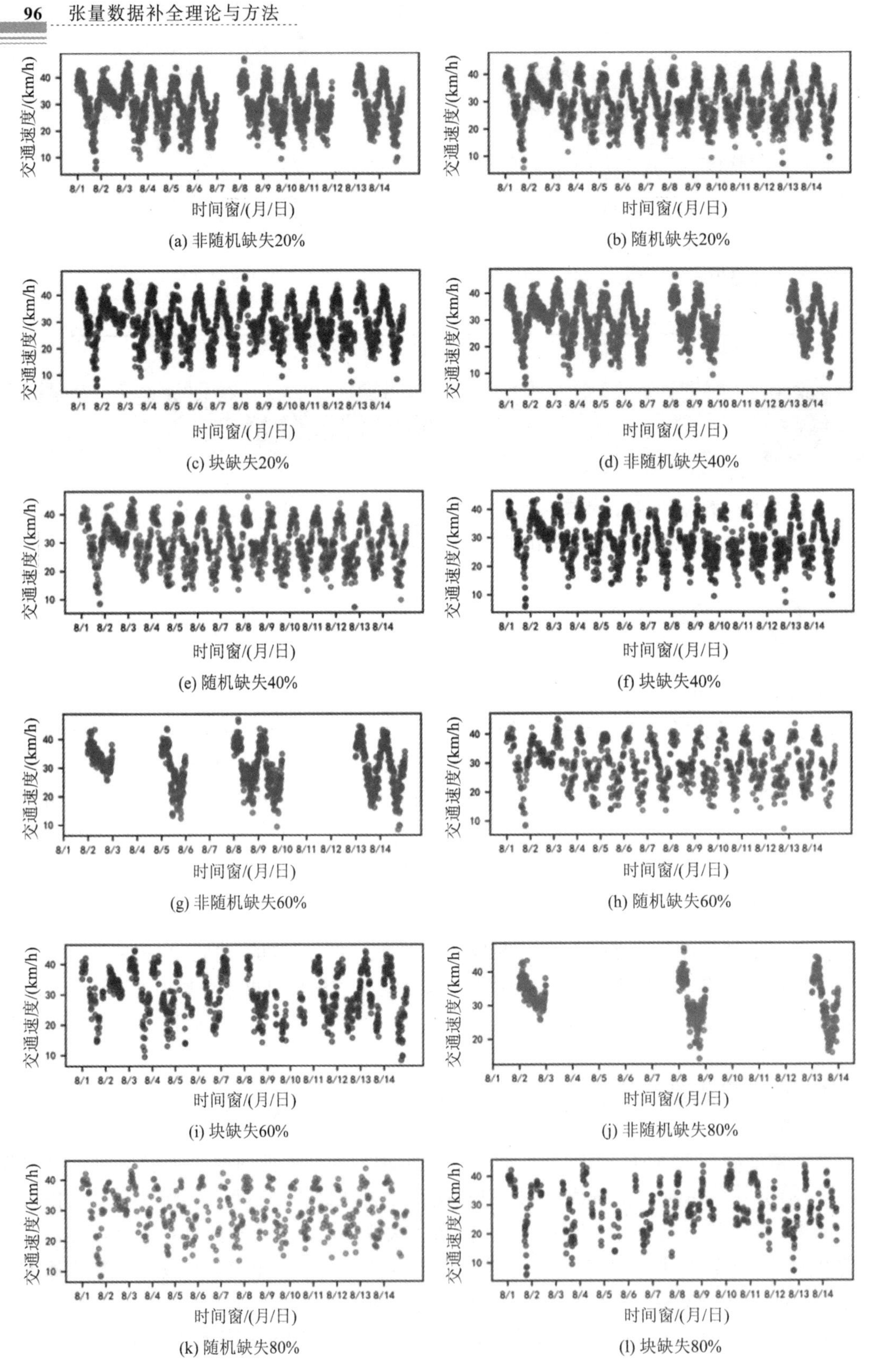

(a) 非随机缺失20%

(b) 随机缺失20%

(c) 块缺失20%

(d) 非随机缺失40%

(e) 随机缺失40%

(f) 块缺失40%

(g) 非随机缺失60%

(h) 随机缺失60%

(i) 块缺失60%

(j) 非随机缺失80%

(k) 随机缺失80%

(l) 块缺失80%

图 7-3　3 种缺失方式在不同缺失率下的数据分布

7.4.3 实验分析

将 NWLRTC 模型与 CP_ALS、HaLRTC 、BGCP、LRTC-TNN、BTTF 模型进行比较。CP_ALS 是运用最小二乘法对 CP 分解模型进行求解的补全算法。HaLRTC 是最经典的低秩张量补全模型，基于多重 TNN 的方式来替代张量的核范数最小化问题，使用交替方向乘子法(ADMM)对模型进行求解。BGCP 是一种利用马尔可夫链学习潜在因子矩阵(即低秩结构)的全贝叶斯张量分解模型。LRTC-TNN 是将低秩张量完备(LRTC)与截断核范数(TNN)相结合的算法。BTTF 通过将低秩矩阵/张量分解和向量自回归(VAR)过程集成到一个概率图模型进行求解。

在数据集 G 上，分别运行各基线算法。数据缺失率设置为 20%、30%、40%、50%、60%、70%、80%；ρ 为迭代步长，初始设 $\rho=1e-5$，通过 $\rho=\min\{1.05\rho, \rho_{max}\}$来对 ρ 进行更新；ε 为收敛精度，初始设 $\varepsilon=1e-4$。实验中发现，在随机缺失情况下，初始设 $\rho=1e-4$，$\varepsilon=1e-3$，会得到更好的收敛速度和补全精度。在块缺失和非随机缺失方式下，初始设 $\rho=1e-5$，$\varepsilon=1e-4$，算法运行结果更好。图 7-4 所示是随机缺失方式下各算法不同缺失率的 RSME 值对比。从对比结果(见表 7-2)可以看出，相比于 BTTF、LRTC_TNN、BGCP、CP_ALS 算法，NWLRTC 模型的补全精度一直远优于其他模型算法，即使在缺失率为 80%时也保持了良好的补全精度。

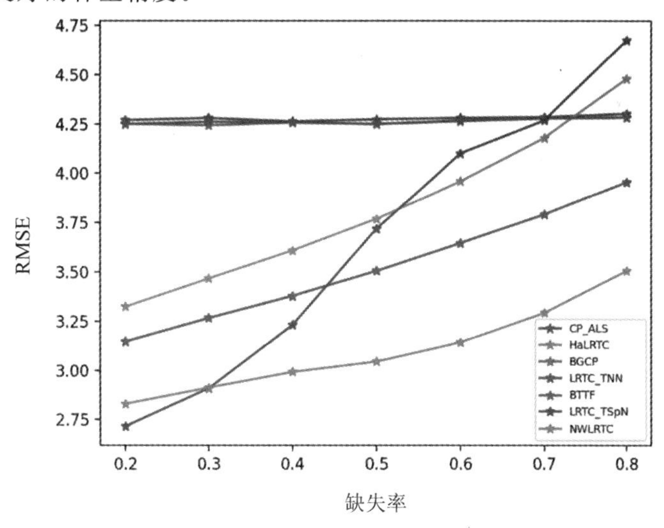

图 7-4 随机缺失方式下各算法不同缺失率的 RMSE 值对比

表 7-2 随机缺失方式下各算法的 MAE、MAPE 值

缺失率	CP_ALS	HaLRTC	BGCP	LRTC_TNN	BTTF	LRTC_TSpN	NWLRTC
20%	2.81/10.20	2.29/8.13	2.80/10.15	2.12/7.43	2.80/10.14	1.90/6.37	1.96/6.48
30%	2.82/10.22	2.38/8.48	2.80/10.09	2.18/7.70	2.79/10.14	2.02/6.88	2.00/6.66
40%	2.82/10.16	2.48/8.86	2.80/10.14	2.25/7.79	2.80/10.14	2.23/7.80	2.06/6.83
50%	2.82/10.17	2.60/9.29	2.81/10.10	2.32/8.27	2.80/10.10	2.55/9.10	2.09/6.95

续表

缺失率	CP_ALS	HaLRTC	BGCP	LRTC_TNN	BTTF	LRTC_TSpN	NWLRTC
60%	2.82/10.23	2.75/9.83	2.81/10.18	2.40/8.61	2.80/10.16	2.81/10.06	2.14/7.16
70%	2.83/10.22	2.93/10.46	2.82/10.18	2.49/8.97	2.81/10.20	2.92/10.56	2.22/7.50
80%	2.84/10.26	3.19/11.33	2.83/10.21	2.59/9.35	2.82/10.19	3.21/11.77	2.35/7.99

在非随机缺失方式下，当缺失率为70%时，HaLRTC算法出现明显的劣势，CP_ALS在缺失率为80%时，也同样出现补全精度大大降低的现象，而NWLRTC模型则一直保持稳定的补全精度(如图7-5，表7-3所示)。

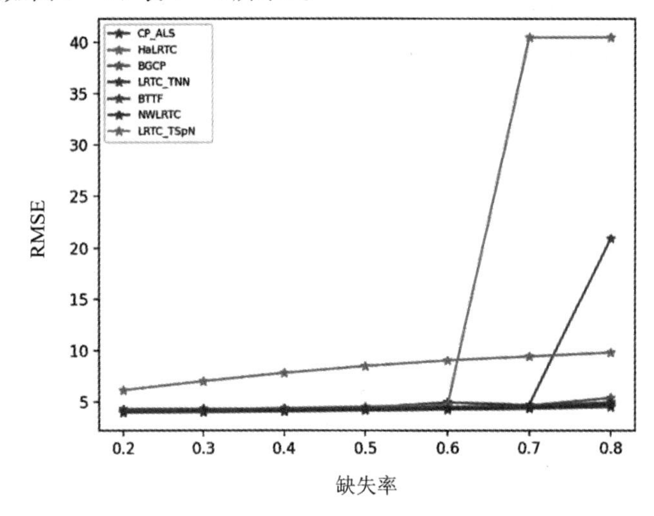

图7-5 非随机缺失方式下各算法不同缺失率的RMSE值对比

表7-3 非随机缺失方式下各算法的MAE、MAPE值

缺失率	CP_ALS	HaLRTC	BGCP	LRTC_TNN	BTTF	LRTC_TSpN	NWLRTC
20%	2.84 /10.30	2.90 /10.45	2.81 /10.31	2.57 /9.7	2.82 /10.27	4.09 /15.09	2.85 /10.06
30%	2.86 /10.29	2.97 /10.61	2.84 /10.24	2.61/9.43	2.82/10.22	4.84/17.38	2.89/10.11
40%	2.88 /10.29	3.07/10.88	2.86 /10.23	2.65/9.54	2.86/10.25	5.56/19.57	2.90/10.15
50%	2.90 /10.49	3.20/11.30	2.90/10.30	2.70/9.74	2.88/10.46	6.16/21.47	2.93/10.03
60%	2.95 /10.97	3.38/11.80	2.91 /10.59	2.75/9.92	2.94/10.56	6.68/22.99	2.95/10.42
70%	3.05 /10.96	38.97/100.00	3.00 /10.84	2.81/20.21	3.01/10.89	7.04/24.29	3.03/10.83
80%	4.27/16.29	38.98/100.00	3.16 /11.68	2.93/10.57	3.27/11.47	7.35/25.35	3.21/11.45

在块缺失方式下，HaLRTC算法与CP_ALS算法在高缺失率时，也同样表现不佳，如图7-6、表7-4所示。从图7-6中可以看出，NWLRTC算法不仅在20%至70%的缺失率区间表现了较好的补全精度，当缺失率为80%时，NWLRTC算法也保持了较高的补全精度。

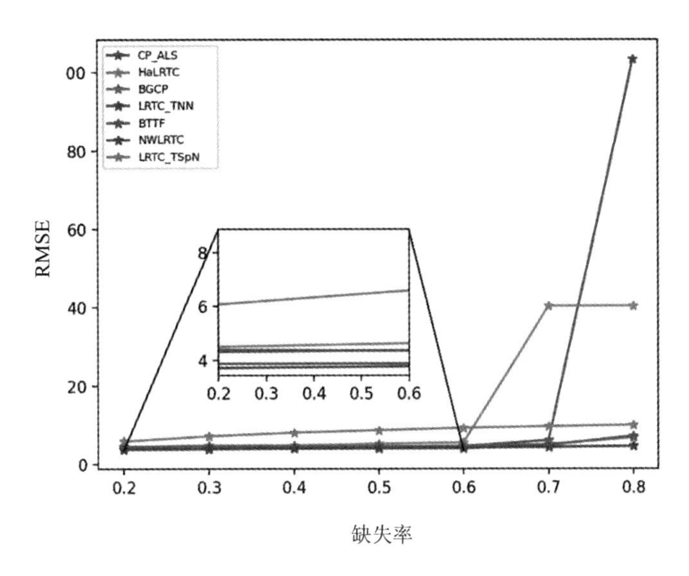

图 7-6　块缺失方式下各算法不同缺失率的 RMSE 值对比

表 7-4　块缺失方式下各算法的 MAE、MAPE 值

Missing rate	CP_ALS	HaLRTC	BGCP	LRTC_TNN	BTTF	LRTC_TSpN	NWLRTC
20%	2.87/10.34	3.11/11.21	2.93/10.78	2.47/9.10	2.80/10.60	4.12/14.73	4.42/8.62
30%	2.89/10.58	3.35 /12.38	2.98/10.15	2.57/9.09	2.87/10.37	5.26/17.98	2.50/8.90
40%	2.95/10.29	3.56/12.07	2.90/10.39	2.68/9.68	2.90/10.35	6.04/20.73	2.63/9.26
50%	2.95/10.59	3.85/13.30	2.96 /10.77	2.70/10.00	2.94/10.20	6.54/21.32	2.65/9.27
60%	3.70/10.82	4.40/14.10	2.91/11.04	2.76/9.96	2.99/10.61	7.00/24.15	2.74/9.30
70%	3.54/13.02	39.08/100.00	3.38/11.65	2.77/10.24	3.27/11.41	7.32/24.49	2.90/10.09
80%	628.70/82.62	39.06/100.00	3.65/13.46	3.12/10.79	4.07 /15.14	7.59/26.11	3.08/10.49

在随机缺失方式下，由时空交通数据构建的张量模式内部数据的丢失是随机发生的，即使出现大量数据缺失，数据内部仍保留了较多的特征值数据。NWLRTC 模型可充分利用这些特征信息，精确地恢复出原始数据。在非随机缺失方式下，时空交通数据的连续缺失减少了核心特征数据，但 NWLRTC 模型用足够小的截断核范数方式对相关性信息进行提取，同样获得了很好的效果。

上述算法中实验数据的大小为 214×144×61，如果其大小变为 214×61×144，BGCP、LRTC_TNN、BTTF、HaLRTC 和 LRTC_TSpN 算法的误差结果将略有波动，但 CP_ALS 算法的误差结果会发生很大变化。由于在 NWLRTC 算法中添加了方向权重，即使输入方向不同，随机缺失和非随机缺失方式下的实验结果也并没有改变。

图 7-7 所示为路段 209 上 14 天各种缺失方式下的数据补全效果对比。NWLRTC 算法不仅取得了良好的补全精度，而且保证了补全后数据的非负性。

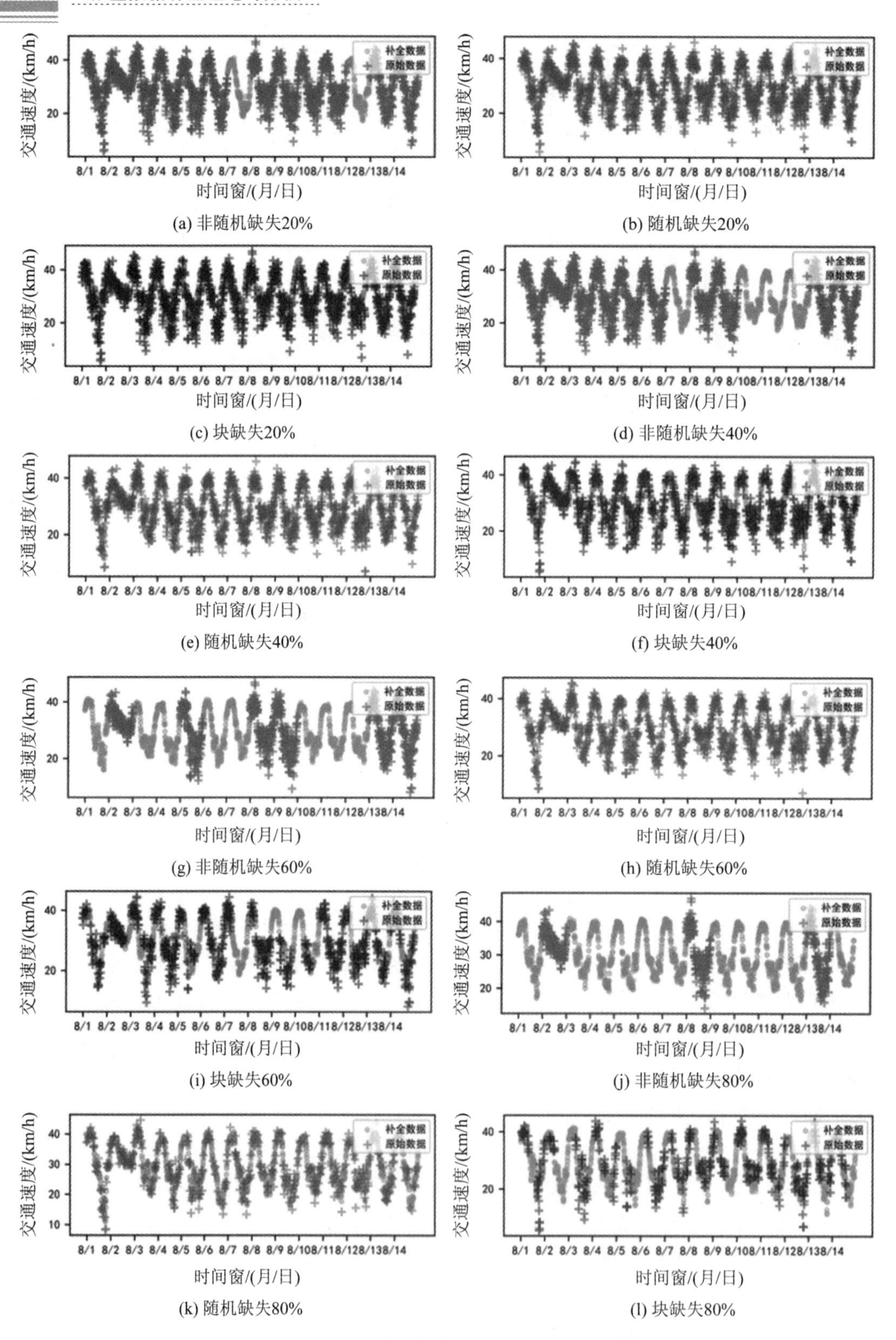

(a) 非随机缺失20%　(b) 随机缺失20%　(c) 块缺失20%　(d) 非随机缺失40%　(e) 随机缺失40%　(f) 块缺失40%　(g) 非随机缺失60%　(h) 随机缺失60%　(i) 块缺失60%　(j) 非随机缺失80%　(k) 随机缺失80%　(l) 块缺失80%

图 7-7　路段 209 上 14 天各种缺失方式下的数据补全效果对比

设置同样的迭代次数，对比补全后的图像，可以直观地看出不同缺失方式下的补全效果(见图 7－8)。在 P 数据集上，设置迭代次数分别为 2、5、10、40 的情况下，可以观察到随机补全图像的清晰度明显高于非随机补全图像。这进一步说明了关键特征数据对补全效果具有很大的影响，NWLRTC 模型更擅于捕获这种潜在的特征数据，从而得到更好的补全效果。

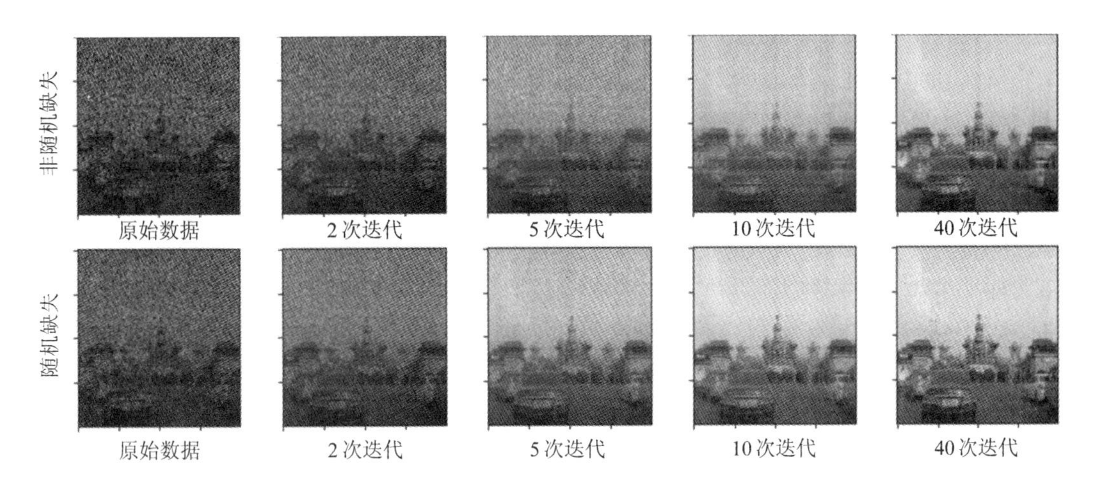

图 7－8　非随机缺失与随机缺失方式不同迭代次数下的补全效果

本章小结

低秩张量补全方法建模的关键是对核范数模型的选取。实验表明 NWLRTC 算法使用截断核范数作为优化模型，使得算法具有较高且稳定的补全精度，在缺失率较高时，仍能稳定地工作，但也因此需要付出求解奇异值的计算代价。考虑到实际交通中的数据通常是非负的，将 NWLRTC 模型加入非负性约束，从而去除不可解释的非负数据。下一步研究方向：一是考虑降低算法的时间复杂度；二是在分析数据关联关系的基础上再进行补全，这将更有利于充分利用数据的特征信息。

参考文献

[1]　TAN H，FENG G，FENG J，et al. A tensor-based method for missing traffic data completion[J]. Transportation research part C：emerging technologies，2013，28：15-27.

[2]　TUCKER L R. Some mathematical notes on three-mode factor analysis [J]. Psychometrika，1966，31(3)：279-311.

[3] LIU J, MUSIALSKI P, WONKA P, et al. Tensor completion for estimating missing values in visual data [J]. IEEE transactions on pattern analysis and machine intelligence, 2013, 35(1):208-220.

[4] BENGUA J A, PHIEN H N, TUAN H D, et al. Efficient tensor completion for color image and video recovery: Low-rank tensor train[J]. IEEE transactions on image processing, 2017, 26(5): 2466-2479.

[5] ZHENG Y, HUANG T, JI T, et al. Low-rank tensor completion via smooth matrix factorization[J]. Applied mathematical modelling, 2019, 70: 677-695.

[6] DU S, XIAO Q, SHI Y, et al. Unifying tensor factorization and tensor nuclear norm approaches for low-rank tensor completion [J]. Neurocomputing, 2021, 458: 204-218.

[7] CHEN X, YANG J, SUN L. A nonconvex low-rank tensor completion model for spatiotemporal traffic data imputation[J]. Transportation research part C: emerging technologies, 2020, 117: 102673.

[8] SONG Y, LI J, CHEN X, et al. An efficient tensor completion method via truncated nuclear norm[J]. Journal of visual communication and image representation, 2020, 70:102791.

[9] LIU J, MUSIALSKI P, WONKA P, et al. Tensor completion for estimating missing values in visual data [J]. IEEE transactions on pattern analysis and machine intelligence, 2013, 35(1): 208-220.

[10] CHEN X Y, CHEN Y X, HE Z C. Urban traffic speed dataset of Guangzhou, China [2020-10]. Zenodo. https://doi.org/10.5281/zenodo.1205229.

8 第8章 低秩张量补全的交通预测

本章介绍适用于时空缺失数据集的低秩拉普拉斯自回归张量补全（Low-rank Laplacian Autoregressive Tensor Completion，LLATC）预测方法。为加强交通数据的空间关联关系捕获能力，基于低秩张量补全方法构建了张量多尺度数据与路网邻接矩阵数据融合的拉普拉斯卷积空间正则项；利用自回归时间正则项，提升了交通数据的时间关联关系捕获能力；使用交替方向乘子法（Alternating Direction Multiplier Method，ADMM）实现了高效的 LLATC 算法，并通过时域与频域信号的转换提高了算法的效率。实验结果表明 LLATC 算法在缺失率为 20% 至 70% 的交通数据集上均有较高的预测精度。

8.1 面向缺失数据集的交通预测研究现状

8.1.1 问题描述

目前学者们提出了许多交通预测的方法，如基于统计学的平均自回归方法（Autoregressive Integrated Moving Average，ARIMA），基于机器学习的支持向量机（Support Vector Machines，SVM）方法，基于深度学习的长短时记忆网络（Long Short-term Memory，LSTM）和门控循环单元（Gated Recurrent Unit，GRU）等方法。统计学存在计算难度高、预测精度较低等缺点。机器学习虽然可以很好地提高预测精度，但当处理数据量较大时，深度学习比机器学习表现出了更好的适应性。因此，如何充分利用深度学习各模型的优点预测交通速度是目前交通预测研究的热点。由于交通数据具有明显的时间周期性，如每周、每日交通速度数据的周期性；同时，交通数据也具有明显的空间特征，如中心路段的拥堵情况将直接影响周围其他路段的交通速度，而末端路段的拥堵情况对其他路段的速度影响甚微。因此，如果预测模型能够同时捕获时空特征，将会大大提高预测的精度。GRU、LSTM 等深度学习网络在时间特征捕获方面表现出了较好的效果，捕获空间特征的网络如 GCN、图注意力网络（Graph Attention Network，GAN）等。尽管深度模型在预测方面取得了较好的效果，但目前研究主要基于完整的交通数据集，在缺失数据集上的预测精度并不高。

将加州交通绩效测量系统（PeMS）实时收集的探测器数据进行随机缺失处理，使用经典的 LSTM 算法进行 1 h 交通流量预测，得到的不同缺失率下的交通流预测精度对比如图 8－1 所示。

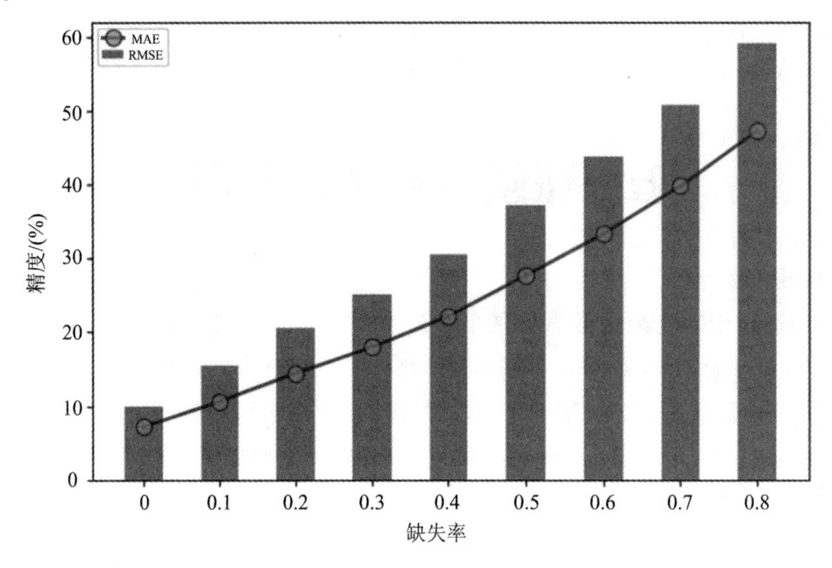

图 8－1 不同缺失率下的交通流预测精度对比图

由图 8－1 可知，当缺失率从 0 变化到 0.8(80％)时，MAE 和 RMSE 的值不断增大。因此，缺失率对预测精度有着直接影响，提高数据补全精度对改进交通流预测精度具有关键性作用。

虽然可将数据补全与交通预测分成两个阶段分别处理，但这种做法增加了问题处理的流程，计算量也随之增大。如何直接基于缺失的不完整数据进行交通预测，是目前交通预测亟需解决的问题。目前已有学者进行了相关研究，Cui 等人[1]提出了 LSTM-I 数据插补机制，在预测的同时插入插补单元，提高了单条道路的预测精度，但这种方法忽略了道路间的空间相关性。Yang 等人[2]使用四阶张量对交通流进行建模，并计算了各维度的相关性，然而使用张量补全直接进行预测，重点是要提高模型在非随机缺失下的补全精度，但文章对此讨论较少。Zhong 等人[3]构建了多个图并采用循环神经网络来捕获每个路段的时间相关性，提高了同时对多条道路的预测精度，但算法的时间复杂度偏高。Tan 等人[4]将交通数据表示为动态张量模式，预测精度有一定的提高。这些成果在一定程度上推动了基于缺失数据集上交通预测方法的研究，但预测精度还有待提高。本章讨论的 G-LATC 方法能为缺失集上的预测问题提供一定的理论与方法支撑。

8.1.2 问题研究现状

近几年，张量补全理论在交通数据补全中展现了其较好的应用前景，为具有多维、多模态和多相关结构的交通数据精确补全奠定了理论基础。Tan [5]等人首次将张量理论引入交通数据建模，并通过实验证明即使在缺失率高达 90％的情况下张量补全方法仍然能保持良好的性能。在交通数据处理方面，已有学者开展了基于张量补全理论的交通需求与路网异常检测、路径规划、交通流重构、交通预测等研究。一种常用的张量补全方法是用张量的核范数近似逼近低秩求解模型，并利用凸松弛技术将非凸优化转变为凸优化问题。2013 年

Liu 等人[6]第一个论述了低秩张量补全理论以及张量迹范数的定义，实现了经典的低秩张量补全算法(Low Rank Tensor Completion，LRTC)。在此基础上，出现了很多优化算法，如 LRTC_TNN 模型，低秩自回归张量完成(LATC)框架，SiLRTC_TT、SMF_LRTC 模型。同时，LATC 框架采用自回归模型刻画时间变化，在交通速度、时间序列数据中表现出更好的补全效果。

目前张量补全方法在构建方面主要考虑时间特性的捕获，如文献[7-9]中，交通数据被构建为天、时间窗口、路段(或传感器)的 3 维张量。以时间特性为基础，建立基于时间维度的张量补全，取得了很大的成果。但交通数据同时具有很强的空间关系特征，如路段之间的连接关系可直接影响路段的速度信息。图 8-2 所示为路段 A、B、C 的连接关系，路网中的 A 路段严重拥堵，将会影响与它直接连接的路段 B，甚至会进一步影响与 B 直接连接的路段 C。因此，路段之间的连接关系是交通预测的重要影响因素。

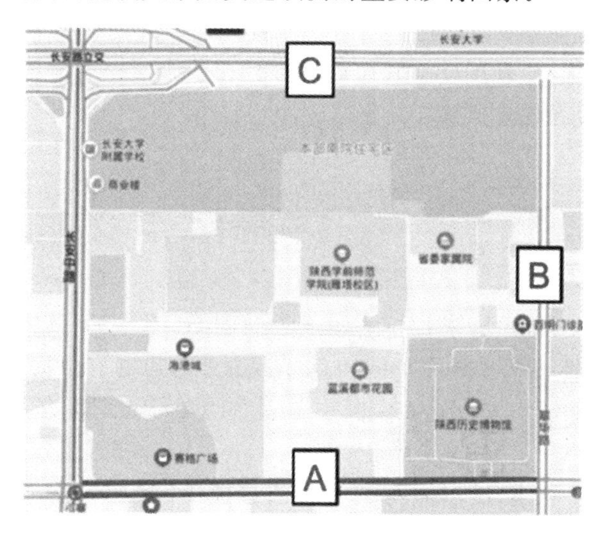

图 8-2 路段 A、B、C 的连接关系

现有方法在建模中为了考虑路段的空间相关性，大多数解决方案中应用 CNN 或其扩展的图卷积网络 (GCN) 来计算空间。例如，Cui 等人[10]将图卷积网络与 LSTM 模型结合实现新的预测方法，取得了较好的效果，但这种方法并未考虑路网的动态变化性。Guo 等人[11]提出了一种用于交通预测的新型动态图卷积网络，其中引入潜在网络提取时空特征，自适应构建动态道路网络图矩阵。Gu 等人[12]提出了一种时空注意图卷积网络(STAGCN)，可从数据中获取静态图和动态图。但图卷积网络在学习层次特征方面存在明显不足，不能很好地表示尺度的变化。Chang[13]构建了一种低维传播图表示，将复杂的节点关系投影到一阶邻域中，以捕获不同空间和时间尺度的动态变化。在基础的图网络中加入注意力机制，如 ASTGAT、ADSTGCN、iDCGCN、STGAT 等模型在局部信息的捕获能力方面有一定的提升，但构建模型比较复杂。本文采用基于张量的补全方法获取全局信息，融合 GCN 与自回归模型捕获局部信息，构建了高效的时空预测模型，实现缺失数据集上的交通速度数据预测。交通流预测模型是交通管理和交通规划中非常重要的工具。传统的方法可能依赖历史交通流数据，使用统计或者机器学习方法进行时间序列分析，从而预测未来的交通流量。然而，由于交通流数据往往会出现丢失或者不完整的情况，因此需要一种

能够处理不完整数据并准确预测交通流的模型。

低秩张量补全理论提供了一种有效处理多维数据缺失问题的方法。在交通流预测领域，可以将时间、空间和道路等信息综合起来构建一个高维数据张量，但这个张量可能在某些维度上存在数据缺损。通过低秩张量补全，可以估算出缺失的交通流数据，从而获得更完整的信息以供后续分析。结合自回归(Autoregressive，AR)正则项与拉普拉斯(Laplacian)正则项的交通流预测模型，是在标准的低秩张量补全方法基础上引入了额外的约束项来提高预测的精度和可靠性。自回归正则项可能用于捕获交通流数据随时间的自相关性，即当前的交通流量可能与之前的交通流量有一定的相关性。通过加入自回归正则项，模型可以在时间序列分析中考虑到前后时间点的交通流量关联。拉普拉斯正则项来源于图论，在交通流预测模型中可能用来表示空间上的交通网络连通性。通过拉普拉斯正则项，模型可以考虑到路网中各个节点之间的空间关系，从而更准确地评估和预测相邻地区的交通流变化。综合这些理论和正则项，模型可同时考虑空间的联系和时间的依赖性，以期达到更精准的交通流量预测效果，在辅助交通管理部门实时动态评估交通情况时，更好地进行决策支持，实现交通拥堵的预防和缓解。

8.2 交通图定义

本文只考虑单向交通路网，将路网表示成无向图 $G(V, E)$，其中，V 是结点的有限集合，记为 $V(G)$；E 是连接 V 中两个不同结点(结点对)的边的有限集合，记为 $E(G)$。在图神经网络中，图定义为 $G=(V, E, \mathbf{A})$，其中 V 是顶点或结点的集合，E 是结点之间边的集合，$\mathbf{A}$ 是邻接矩阵。

定义 8.1 一级结点。若结点 B 与结点 A 直接连接，则称 B 为 A 的一级结点。由一级结点构成的集合称为一级结点集合。

定义 8.2 二级结点。结点 B 是结点 A 的一级结点，若结点 C 与结点 B 直接连接，则称 C 为 A 的二级结点。

定义 8.3 交通图定义为一种特定类型的图 $G=(V, E, \mathbf{A})$，其中 V 为结点集，E 为边集，$\mathbf{A}$ 为邻接矩阵。对于单个时间步 t 以及 G，结点特征矩阵 $\mathbf{X}^t \in \mathbb{R}^{N\times d}$ 包含特定的流量速度，其中 N 为结点个数，d 为速度状态变量个数(特征数)。

通常，结点 A 的交通状态受到的一级结点交通状态的影响大于二级结点交通状态的影响。也会产生 $C-B-A$ 的逐级影响。因此，在进行交通速度补全时，可通过将某结点的一级结点以及二级结点的交通信息融入该结点，以提高补全精度。

8.2.1 拉普拉斯卷积正则项

路段之间的连接关系是影响交通预测精度的重要因素之一。为加强交通数据的空间关联关系捕获能力，下面构建基于低秩张量补全方法的拉普拉斯卷积空间正则项。路网的图结构定义为 $G=(V, E, \mathbf{A})$，其中 V 是顶点或结点的集合，E 是结点之间边的集合，$\mathbf{A}$ 是邻接矩阵。若 $\mathbf{A}$ 中元素 a_{ij} 的值为 1，则表示图中的两个结点之间有边连接，即两条路段直接

相接；否则元素 a_{ij} 的值为0，即

$$a_{ij}=\begin{cases}1, & v_{ij}\in E\\ 0, & \text{其他}\end{cases} \tag{8-1}$$

假设无向图 G 有 n 个顶点，邻接矩阵为 $\boldsymbol{A}$，加权度矩阵为 $\boldsymbol{D}$。拉普拉斯矩阵定义为加权度矩阵与邻接矩阵之差。对称归一化后的拉普拉斯矩阵为

$$\begin{aligned}\boldsymbol{L}&=\boldsymbol{D}^{-\frac{1}{2}}\boldsymbol{L}\boldsymbol{D}^{-\frac{1}{2}}\\&=\boldsymbol{D}^{-\frac{1}{2}}(\boldsymbol{D}-\boldsymbol{A})\boldsymbol{D}^{-\frac{1}{2}}\\&=\boldsymbol{D}^{-\frac{1}{2}}\boldsymbol{D}\boldsymbol{D}^{-\frac{1}{2}}-\boldsymbol{D}^{-\frac{1}{2}}\boldsymbol{A}\boldsymbol{D}^{-\frac{1}{2}}\\&=\boldsymbol{I}-\boldsymbol{D}^{-\frac{1}{2}}\boldsymbol{A}\boldsymbol{D}^{-\frac{1}{2}}\end{aligned} \tag{8-2}$$

由于循环矩阵具有如下的形式：

$$\boldsymbol{C}=\begin{bmatrix}z_0 & z_{n-1} & \cdots & z_1\\ z_1 & z_0 & \cdots & z_2\\ \vdots & \vdots & & \vdots\\ z_{n-2} & z_{n-3} & \cdots & z_{n-1}\\ z_{n-1} & z_{n-2} & \cdots & z_0\end{bmatrix}\overset{\text{def}}{=\!=}\boldsymbol{C}(\boldsymbol{z})$$

其中 $\boldsymbol{z}=[z_0, z_1, \cdots, z_{n-1}]^{\mathrm{T}}$。易知循环矩阵的第二列是由第一列往下移一位得到的，第三列则是由第二列再往下移一位得到的，依次类推。循环矩阵 $\boldsymbol{C}$ 由其第一列 $\boldsymbol{z}$ 确定，因此只需存储第一列。

Parseval 定理表明信号的能量在时域与频域相等。在离散傅里叶变换中，对于任意向量 $\boldsymbol{x}=(x_1, x_2, \cdots, x_T)^{\mathrm{T}}\in\mathbb{R}^T$，离散形式的 Parseval 定理可表示为

$$\|\mathcal{X}\|_2^2=\frac{1}{T}\|\mathcal{F}(x)\|_2^2 \tag{8-3}$$

对于任意矩阵 $\boldsymbol{X}\in\mathbb{R}^{M\times N}$ 与 $\boldsymbol{K}\in\mathbb{R}^{M\times N}$，若两者之间的循环卷积为 $\boldsymbol{Y}=\boldsymbol{K}*\boldsymbol{X}\in\mathbb{R}^{M\times N}$，二维循环卷积与离散傅里叶变换之间的卷积定理可表示为如下形式(∘表示 Hadamard 积)：

$$\boldsymbol{Y}=\boldsymbol{K}*\boldsymbol{X}=\mathcal{F}^{-1}[\mathcal{F}(\boldsymbol{K})\circ\mathcal{F}(\boldsymbol{X})] \tag{8-4}$$

其中，$\mathcal{F}(\cdot)$表示傅里叶变换，$\mathcal{F}^{-1}(\cdot)$表示傅里叶逆变换。矩阵 $\boldsymbol{Y}$ 的第 m 行为

$$\begin{aligned}y_{m,:}&=\sum_{i=1}^{v_1}k_{i,:}*x_{m-i+1,:}\\&=\sum_{i=1}^{v_1}\mathcal{F}^{-1}[\mathcal{F}(k_{i,:})\circ\mathcal{F}(x_{m-i+1,:})]\end{aligned} \tag{8-5}$$

矩阵 $\boldsymbol{Y}$ 的第 n 列为

$$\begin{aligned}y_{:,n}&=\sum_{j=1}^{v_2}k_{:,j}*x_{:,n-j+1}\\&=\sum_{j=1}^{v_2}\mathcal{F}^{-1}[\mathcal{F}(k_{:,j})\circ\mathcal{F}(x_{:,n-j+1})]\end{aligned} \tag{8-6}$$

对于 $\mathcal{X}\in\mathbb{C}^{n_1\times n_2\times n_3}$，$\bar{\mathcal{X}}$是 $\mathcal{X}$ 进行傅里叶变换后的表示形式，通过傅里叶逆变换，同样可以将 $\bar{\mathcal{X}}$ 变换为 $\mathcal{X}$。给定 $\bar{\mathcal{X}}\in\mathbb{C}^{n_1\times n_2\times n_3}$ 为一个块对角矩阵，其中对角线上的第 i 块 $\bar{\boldsymbol{X}}^{(i)}$ 对应

着 $\bar{\mathcal{X}}$的第 i 个正向切片，记为

$$\bar{\boldsymbol{X}}=\mathrm{bdiag}(\bar{\mathcal{X}})=\begin{bmatrix}\bar{\boldsymbol{X}}^{(1)} & & & \\ & \bar{\boldsymbol{X}}^{(2)} & & \\ & & \ddots & \\ & & & \bar{\boldsymbol{X}}^{(n_3)}\end{bmatrix} \tag{8-7}$$

$\mathrm{bcirc}(\mathcal{X})$表示张量 $\mathcal{X}$的块状循环矩阵，记为

$$\mathrm{bcirc}(\mathcal{X})=\begin{bmatrix}\boldsymbol{X}^{(1)} & \boldsymbol{X}^{(n_3)} & \cdots & \boldsymbol{X}^{(2)} \\ \boldsymbol{X}^{(2)} & \boldsymbol{X}^{(1)} & \cdots & \boldsymbol{X}^{(3)} \\ \vdots & \vdots & & \vdots \\ \boldsymbol{X}^{(n_3)} & \boldsymbol{X}^{(n_3-1)} & \cdots & \boldsymbol{X}^{(1)}\end{bmatrix} \tag{8-8}$$

块循环矩阵经过傅里叶变换后，采用离散傅里叶变换对其在变换域中进行块对角化，即

$$\bar{\mathcal{X}}=(\boldsymbol{F}_{n_3}\otimes\boldsymbol{I}_{n_1})\cdot\mathrm{bcirc}(\mathcal{X})\cdot(\boldsymbol{F}_{n_3}^{-1}\otimes\boldsymbol{I}_{n_2}) \tag{8-9}$$

其中，$\boldsymbol{F}_{n_3}\in\mathbb{C}^{n_3\times n_3}$为离散傅里叶变换矩阵，$\boldsymbol{I}_{n_1}$表示大小为 $n_1\times n_1$ 的矩阵，$\otimes$表示 Kronecker 乘积。利用循环块矩阵的傅里叶变换可以大大提高运算效率，降低计算复杂度。

利用傅里叶变换的性质，给定 $\bar{\mathcal{X}}\in\mathbb{C}^{n_1\times n_2\times n_3}$，实值信号在频域内的共轭对称性质为

$$\begin{cases}\bar{\boldsymbol{X}}^{(1)}\in\mathbb{R}^{n_1\times n_2} \\ \mathrm{conj}(\bar{\boldsymbol{X}}^{(i)})=\bar{\boldsymbol{X}}^{(n_3-i+2)},\ i=2,\ \cdots,\ \left\lceil\dfrac{n_3+1}{2}\right\rceil\end{cases} \tag{8-10}$$

定义 8.4 (t-product)$\mathcal{A}\in\mathbb{C}^{n_1\times d\times n_3}$ 和 $\mathcal{B}\in\mathbb{C}^{d\times n_2\times n_3}$之间的 t-product 定义为大小为 $n_1\times n_2\times n_3$的 3 维张量 $\mathcal{C}$:

$$\mathcal{C}=\mathrm{fold}[\mathrm{bcirc}(\mathcal{A})\cdot\mathrm{unfold}(\mathcal{B})] \tag{8-11}$$

式(8-11)等价于两个张量中管纤维之间的卷积，即

$$\mathcal{C}(i,\ j,\ :)=\sum_{k=1}^{n_2}\boldsymbol{A}(i,\ k,\ :)\cdot\boldsymbol{B}(j,\ k,\ :) \tag{8-12}$$

在时间序列缺失值重构任务中，对全局趋势与局部趋势建模往往缺一不可。对于任意时间序列 $\boldsymbol{x}=(x_1,\ x_2,\ \cdots,\ x_T)^{\mathrm{T}}\in\mathbb{R}^T$ 而言，可采用循环矩阵核范数捕捉低秩信息、借助拉普拉斯卷积正则项刻画局部趋势，由此得到的目标函数兼具循环矩阵核范数与循环卷积，即

$$\begin{cases}\min\limits_{x}\|\mathrm{bcirc}(\mathcal{X})\|_*+\dfrac{\gamma}{2}\|\ell*\mathcal{X}\|_2^2 \\ =\min\limits_{\mathcal{X}}\|\mathcal{F}(\mathcal{X})\|_1+\dfrac{\gamma}{2}\|\mathcal{F}^{-1}[\mathcal{F}(\ell)\circ\mathcal{F}(\mathcal{X})]\|_2^2 \\ \mathrm{s.t.}\ \ \|\mathcal{P}_\Omega(\mathcal{X}-\mathcal{M})\|_2\leqslant\varepsilon\end{cases} \tag{8-13}$$

其中，$\ell\in\mathbb{R}^T$ 为表征时序关联的拉普拉斯矩阵；γ 为拉普拉斯时序正则项的权重系数；约束条件中的 ε 表示容许误差。

8.2.2　LLATC 算法架构

如图 8-3 所示，LLATC 算法由拉普拉斯卷积正则项（Laplacian Convolutional Regularization，LCR）和自回归正则项（Autoregressive Regularization，AGR）构成。原始数据表示为路段、天、时间窗的三维张量，拉普拉斯矩阵表示路网中路段的关联关系。LLATC 算法可以保障局部空间和时间的一致性，充分利用全局和局部模式。将数据按一定的时间间隔构成时间序列，在时间序列基础上采用自回归模型刻画时间变化。

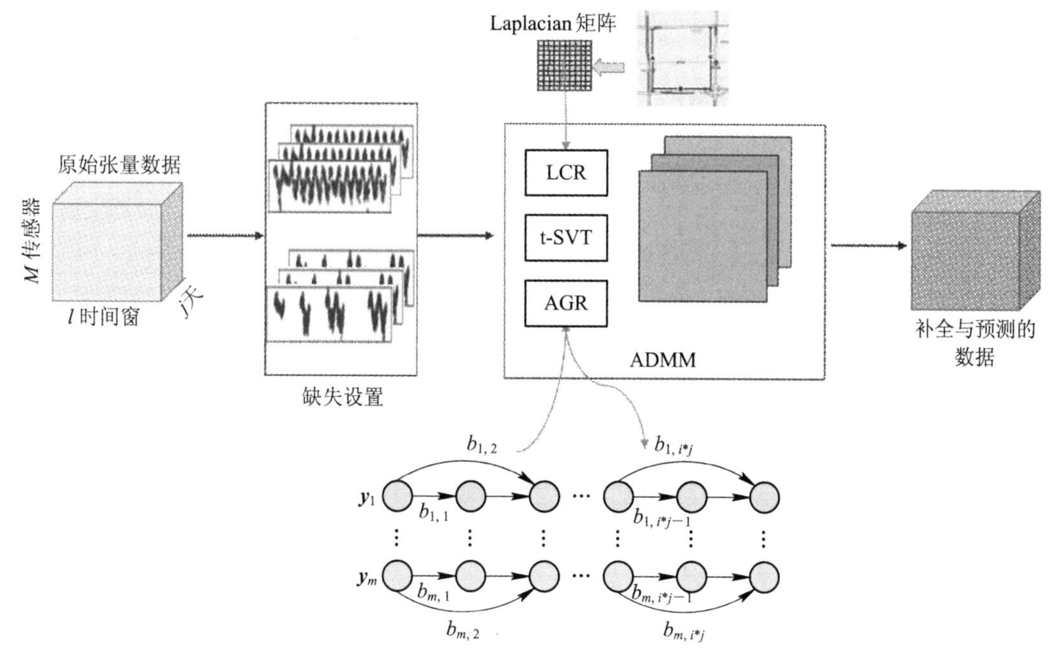

图 8-3　LLATC 方法框架

LLATC 的模型表示如下[14]：

$$\begin{cases} \min\limits_{x} \| \mathrm{bcirc}(\mathcal{X}) \|_{r,*} + \dfrac{\gamma}{2} \| \boldsymbol{L} * \mathcal{X} \|_2^2 + \dfrac{\lambda}{2} \| \boldsymbol{G} \|_{\boldsymbol{B},\mathcal{H}} \\ \text{s. t.} \begin{cases} \mathcal{Q}(\boldsymbol{G}) = \mathcal{X} \\ \| \mathcal{P}_\Omega(\mathcal{M} - \mathcal{X}) \|_2 \leqslant \varepsilon \end{cases} \end{cases} \tag{8-14}$$

其中：$\mathcal{Q}(\cdot)$为前向张量算子，该算子将多变量时间序列矩阵转换为 3 阶张量；$\mathcal{Q}^{-1}(\cdot)$表示 $\mathcal{Q}(\cdot)$的逆算子，将张量转换为原始时间序列矩阵；$\boldsymbol{G} \in \mathbb{R}^{M \times d}$ 为随时间变化的时间序列矩阵，表示如下：

$$\| \boldsymbol{G} \|_{\boldsymbol{B},\mathcal{H}} = \sum_{m,t} (\mathcal{G}_{m,t} - \sum_i b_{m,i} \mathcal{G}_{m,t-h_i})^2 \tag{8-15}$$

式中：$\boldsymbol{B}$ 为系数矩阵；$\mathcal{H}$ 为时间间隔集合，$\mathcal{H} = (h_1, h_2, \cdots, h_d)$。

8.2.3　LLATC 算法

用交替方向乘子法（ADMM）对 LLATC 模型进行求解，定义增强的拉格朗日函数如下：

$$\mathcal{L}(\mathcal{X},\mathcal{G},\boldsymbol{B}^d,\mathcal{Y})=\|\mathcal{X}\|_{r,*}+\frac{\gamma}{2}\|\boldsymbol{L}*\mathcal{X}\|_2^2+\frac{\lambda}{2}\|\boldsymbol{G}\|_{\boldsymbol{B}^d,\mathcal{H}}+$$
$$\frac{\rho}{2}\|\mathcal{X}-\mathcal{Q}(\boldsymbol{G})\|_F^2+\langle\mathcal{X}-\mathcal{Q}(\boldsymbol{G}),\mathcal{Y}\rangle+\eta\|\mathcal{P}_\Omega[\mathcal{Q}(\boldsymbol{G})-\mathcal{Y}]\|_2 \tag{8-16}$$

式中：$\mathcal{Y}\in\mathbb{R}_+^{n_1\times n_2\times n_3}$为定义的拉格朗日乘子，$\rho$为惩罚参数；将$\mathcal{X}$，$\boldsymbol{G}$，$\mathcal{Y}$分别进行以下交替迭代更新操作：

$\mathcal{G}^{+1}$更新公式如下：

$$\begin{aligned}\mathcal{G}^{+1}&=\arg\min_{\boldsymbol{G}}\mathcal{L}(\mathcal{X}_i^{l+1},\boldsymbol{G},\mathcal{Y}_i^{l+1})\\&=\arg\min_{\boldsymbol{G}}\alpha\|\boldsymbol{G}\|_{\boldsymbol{B}^l,\mathcal{H}}-\langle\mathcal{Q}(\boldsymbol{G}),\mathcal{Y}_i^{l+1}\rangle+\frac{\rho}{2}\|\mathcal{X}_i^{l+1}-\mathcal{Q}(\boldsymbol{G})\|_F^2+\eta\|\mathcal{P}_\Omega[\mathcal{Q}(\boldsymbol{G})-\mathcal{Y}_i^{l+1}]\|\\&=\arg\min_{\boldsymbol{G}}\alpha\|\boldsymbol{G}\|_{\boldsymbol{B}^l,\mathcal{H}}+\frac{\rho}{2}\left\|\boldsymbol{G}-\mathcal{Q}^{-1}\left(\frac{\mathcal{X}_i^{l+1}+\mathcal{Y}_i^{l+1}}{\rho}\right)\right\|_F^2+\eta\|\mathcal{P}_\Omega[\mathcal{Q}(\boldsymbol{G})-\mathcal{Y}_i^{l+1}]\|\end{aligned} \tag{8-17}$$

$\mathcal{X}_i^{l+1}$更新公式如下：

$$\begin{aligned}\mathcal{X}_i^{l+1}&=\arg\min_{\mathcal{X}_i^l}\mathcal{L}(\mathcal{X}_i^l,\boldsymbol{G}^{l+1},\mathcal{Y}_i^{l+1})\\&=\arg\min_{\mathcal{X}_i^l}\alpha\|\mathcal{X}_i^l\|_{r,*}+\frac{\rho}{2}\|\mathcal{Q}^{-1}(\mathcal{X}_i^l)-\boldsymbol{G}^{l+1}\|_F^2+\langle\mathcal{Q}^{-1}(\mathcal{X}_i^l)-\boldsymbol{G}^{l+1},\mathcal{Q}^{-1}(\mathcal{Y}_i^{l+1})\rangle+\\&\quad\eta\|\mathcal{P}_\Omega[\mathcal{Q}(\boldsymbol{G})-\mathcal{Y}_i^{l+1}]\|\\&=\arg\min_{\mathcal{X}_i^l}\alpha\|\mathcal{X}_i^l\|_{r,*}+\frac{\rho}{2}\left\|\mathcal{X}_i^l-\left[\frac{\mathcal{Q}(\boldsymbol{G}^{l+1})-\mathcal{Y}_i^{l+1}}{\rho}\right]\right\|_F^2+\eta\|\mathcal{P}_\Omega[\mathcal{Q}(\boldsymbol{G})-\mathcal{Y}_i^{l+1}]\|\end{aligned} \tag{8-18}$$

最后求解$\mathcal{Y}_i^{l+1}$：

$$\mathcal{Y}_i^{l+1}=\mathcal{Y}_i^l+\rho[\mathcal{Q}(\boldsymbol{G}^{l+1})-\mathcal{X}_i^{l+1}] \tag{8-19}$$

LLATC算法的伪代码如下：

算法 8-1：LLATC 算法

输入：$\mathcal{X}\geqslant 0$，$\boldsymbol{B}$，$\mathcal{Y}_i=\boldsymbol{0}$，$\rho$，$l$，$r$

输出：补全后的张量$\mathcal{X}$

For $i=1$ to l

  利用式(8-17)计算$\mathcal{G}^{+1}$

  利用式(8-18)计算$\mathcal{X}_i^{l+1}$

  利用式(8-19)计算$\mathcal{Y}_i^{l+1}$

  If $\dfrac{\|\mathcal{X}_i^{l+1}-\mathcal{X}_i^l\|_F^2}{\|\mathcal{P}_\Omega(\mathcal{X}_i^l)\|_F^2}<\varepsilon$ Then

  Break

  End if

End for

8.3 实验过程及分析

选取两个数据集分别进行实验。在验证预测精度时，将原始数据需要预测的时间区域的数据设置为空，因此，可将预测直接看作特殊的补全过程。

整个实验分为两部分：

第一部分重点测试了截断以及迭代步长等参数的确定，对所提出的 LLATC 算法在各种缺失情况下的补全效果进行了评估；

第二部分分别从 1 h，1 d 的时间周期评估算法的预测精度。

8.3.1 实验数据

实验数据选取 Zhao 等人[15]公开的数据集，包括高速公路传感器数据以及出租车行驶速度数据。

1. SZ 数据集

该数据集为 2015 年 1 月 1 日至 1 月 31 日深圳市出租车行驶速度数据。选取罗湖区 156 条主要道路作为研究区域。实验数据主要包括邻接矩阵和特征矩阵。邻接矩阵描述了道路之间的空间关系，大小为 156×156；每行表示一条道路，矩阵中的值表示道路之间的连接关系。特征矩阵描述了每条道路上速度随时间的变化；每行代表一条道路，每列是不同时间段道路上的交通速度，每 15 min 计算一次每条道路的交通速度。特征矩阵构造为路段×时间窗×天的 3 维张量，即大小为 156×96×31 的张量数据。

2. LP 数据集

该数据集是环路检测器实时收集的洛杉矶高速公路交通速度数据，包含了从 2012 年 3 月 1 日到 3 月 7 日的 207 个传感器数据。每 5 min 计算一次交通速度。邻接矩阵由交通网络中传感器之间的距离计算得出。特征矩阵构造为路段×时间窗×天的 3 维张量，即大小为 207×288×7 的张量数据。

8.3.2 数据缺失设置

数据的缺失设置为：非随机缺失（NM）、随机缺失（RM）两种情况。非随机缺失是指每个传感器在几天内丢失了观测值。随机缺失是指每个传感器完全随机丢失观察结果。在实际的智能交通中，由于信号传输受外界偶然因素的影响，数据随机缺失经常发生。当数据的存储设备或者采集设备损坏时，将会产生非随机缺失情况。图 8-4 所示为两种缺失方式在不同缺失率下的数据分布。

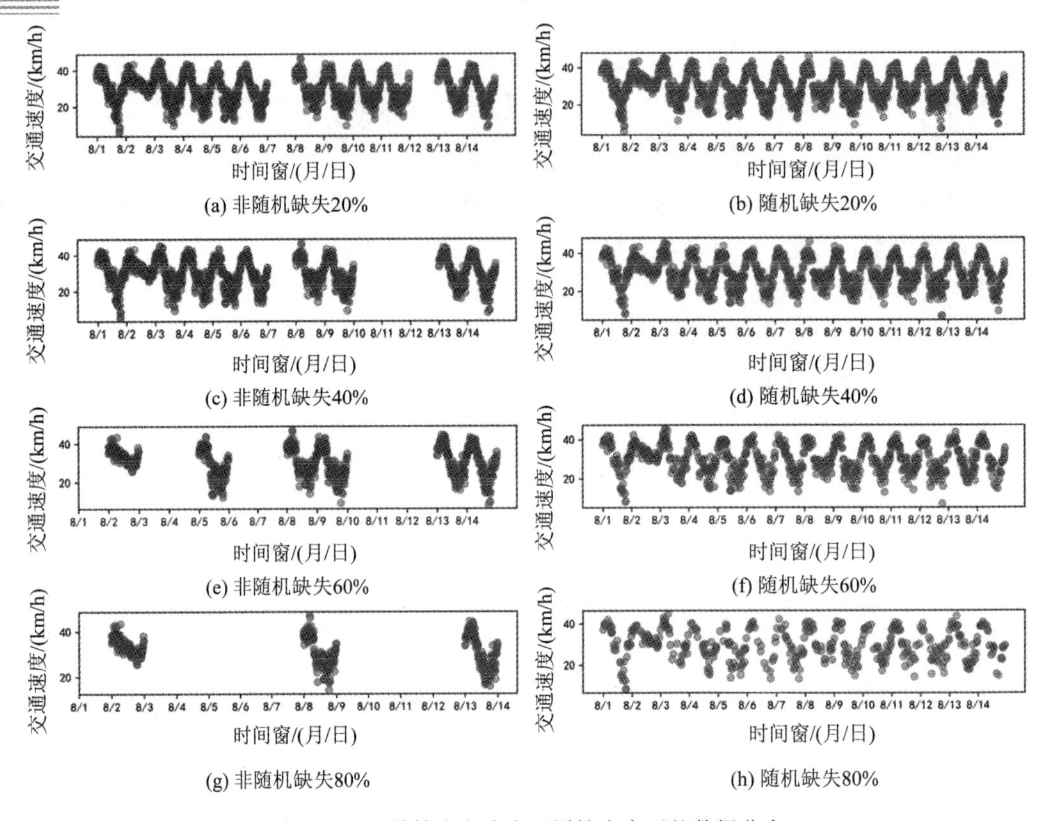

(a) 非随机缺失20%　(b) 随机缺失20%
(c) 非随机缺失40%　(d) 随机缺失40%
(e) 非随机缺失60%　(f) 随机缺失60%
(g) 非随机缺失80%　(h) 随机缺失80%

图 8-4　两种缺失方式在不同缺失率下的数据分布

8.3.3 实验结果分析

选取 CP-ALS、HaLRTC、BGCP、LRTC_TNN、BTTF、GTC 作为补全效果的对比算法。在 SZ 和 LP 数据集上，分别运行 LLATC 和各基线算法。缺失率设置为 20%、30%、40%、50%、60%、70%、80%；ρ 为迭代步长，初始设 $\rho=1e-5$，通过 $\rho=\min\{1.05\rho, \rho_{\max}\}$ 来对 ρ 进行更新；ε 为收敛精度，初始设 $\varepsilon=1e-4$。通过对比随机缺失和非随机缺失方式下的补全精度(如表 8-1 和表 8-2 所示)发现，LLATC 算法表现更优。

表 8-1　随机缺失方式下数据补全精度(MAE/RMSE)

	缺失率	CP-ALS	HaLRTC	BGCP	LRTC_TNN	BTTF	LLATC
SZ	20%	3.78/5.44	3.73/5.41	3.76/5.42	3.60/5.26	3.78/5.44	3.54/5.14
	30%	3.76/5.43	3.77/5.45	3.76/5.41	3.63/5.28	3.78/5.44	3.57/5.20
	40%	3.79/5.46	3.81/5.51	3.76/5.42	3.65/5.32	3.80/5.46	3.62/5.27
	50%	3.80/5.48	3.87/5.57	3.78/5.45	3.68/5.35	3.79/5.45	3.64/5.29
	60%	3.82/5.51	3.95/5.66	3.80/5.46	3.72/5.37	3.80/5.46	3.68/5.33
	70%	3.87/5.58	4.05/5.79	3.82/5.48	3.76/5.43	3.85/5.52	3.72/5.38
	80%	3.97/5.76	4.20/6.00	3.85/5.53	3.81/5.49	3.87/5.55	3.80/5.45

续表

	缺失率	CP-ALS	HaLRTC	BGCP	LRTC_TNN	BTTF	LLATC
LP	20%	3.55/5.73	3.32/8.13	3.97/6.53	2.66/4.31	3.55/5.73	**2.65/4.26**
	30%	3.57/5.75	3.47/8.48	3.99/6.55	2.74/4.46	3.56/5.75	**2.74/4.43**
	40%	3.58/5.76	3.61/8.86	4.00/6.57	**2.83**/4.61	3.57/5.77	2.84/**4.58**
	50%	3.59/5.79	3.77/9.29	4.00/6.56	**2.94**/4.81	3.58/5.79	2.96/**4.76**
	60%	3.61/5.83	3.96/9.83	4.01/6.59	3.09/5.05	3.60/5.83	**3.09/5.01**
	70%	3.65/5.89	4.18/10.46	4.04/6.62	3.29/5.39	3.63/5.88	**3.28/5.35**
	80%	3.73/6.00	4.48/11.33	4.06/6.66	3.63/**5.90**	3.70/5.97	**3.60**/5.91

表 8-2　非随机缺失方式下数据补全精度(MAE/RMSE)

	缺失率	CP-ALS	HaLRTC	BGCP	LRTC_TNN	BTTF	LLATC
LP	**20%**	3.95/5.62	3.82/5.48	3.95/5.62	3.62/5.23	3.95/5.62	**3.58/5.17**
	30%	3.97/5.66	3.89/5.59	3.97/5.66	3.66/5.30	3.97/5.66	**3.62/5.27**
	40%	3.95/5.66	3.96/5.68	3.95/5.66	3.68/5.33	3.96/5.66	**3.64/5.27**
	50%	3.95/5.65	4.06/5.79	3.95/5.65	3.70/5.35	3.95/5.65	**3.67/5.32**
	60%	3.97/5.67	4.22/5.99	3.97/5.67	3.75/5.41	3.97/5.67	**3.72/5.36**
	70%	3.96/5.67	4.59/6.47	3.96/5.66	3.79/5.45	3.96/5.66	**3.77/5.43**
	80%	3.98/5.67	5.61/7.90	3.97/5.66	**3.86/5.52**	3.97/5.67	3.89/5.62
LP	**20%**	3.51/5.73	3.42/5.04	3.91/6.52	2.82/4.70	3.50/5.74	**2.79/4.57**
	30%	3.51/5.75	3.81/5.41	3.93/6.51	2.94/4.89	3.51/5.73	**2.89/4.75**
	40%	3.48/5.70	4.33/5.81	3.90/6.46	3.00/4.99	3.48/5.69	**2.99/4.96**
	50%	18.22/115.26	5.84/7.21	3.95/6.51	3.21/5.33	3.52/5.74	**3.17/5.27**
	60%	108.12/292.34	11.16/13.86	4.00/6.61	4.26/9.19	3.59/6.42	**4.18/7.30**
	70%	229.93/609.04	21.60/26.37	4.34/6.94	8.93/19.69	6.42/11.30	**5.60/8.97**
	80%	155.33/521.23	37.14/40.70	17.48/30.72	16.13/29.04	22.04/36.81	**6.98/10.71**

随机缺失方式下，由于张量模式内部数据的丢失是随机发生的，即使出现大量数据缺失，数据内部仍保留了较多的特征值数据。在非随机缺失方式下，时空交通数据的连续缺失减少了核心特征数据，但 LLATC 模型由于能够更好地捕捉空间信息，同样获得了很好的效果。图 8－5 所示为路段 4 在缺失率为 60％时的数据补全结果，其中灰色表示原始数据，黑色表示补全数据。

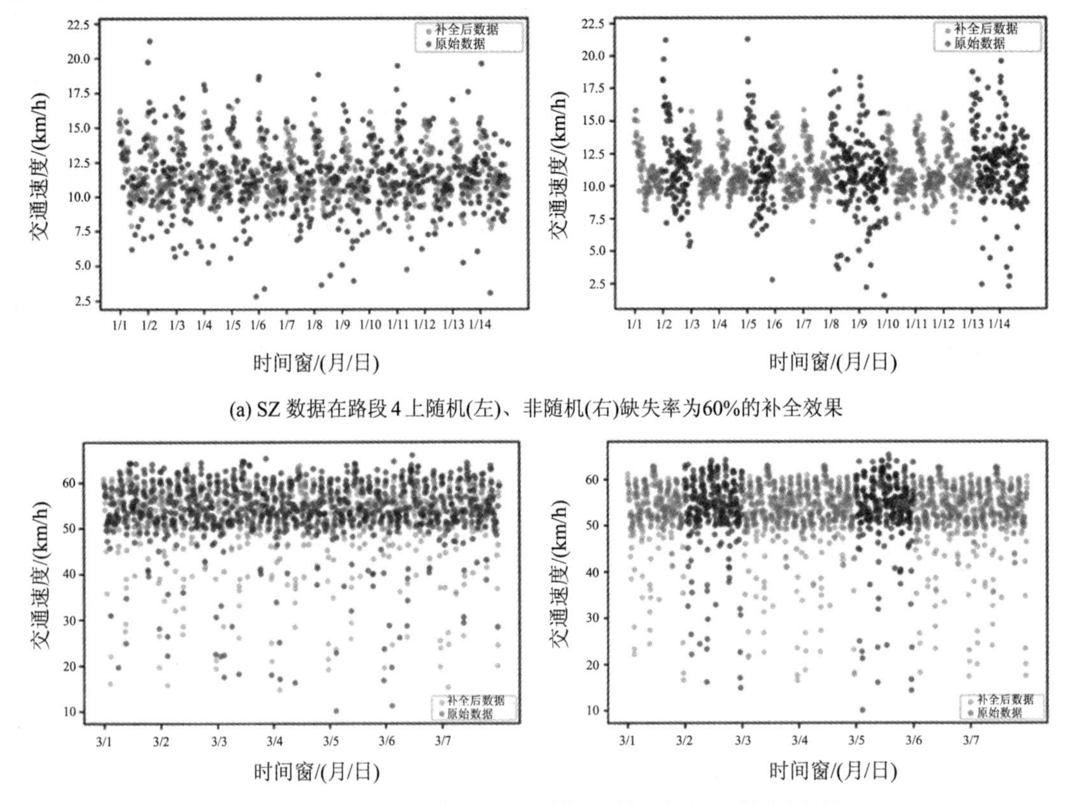

(a) SZ 数据在路段 4 上随机(左)、非随机(右)缺失率为60%的补全效果

(b) LP数据在路段 4 上随机(左)、非随机(右)缺失率为60%的补全效果

图 8－5 路段 4 的交通速度数据补全效果

若将预测时间段内的数据认为是缺失数据，则预测问题和非随机补全问题就是同一个问题。从图 8－5 所示的数据补全的效果可以看出，LLATC 算法不仅在随机缺失方式下具有很好的补全效果，在连续时间段内的缺失补全也表现出了较好的性能，因此证明了 LLATC 算法在预测方面也具有较好的效果。实验中选取了统计方法模型 HA、ARIMA，深度学习模型 LSTM、GRU、T_GCN 作为预测对比的基线模型。

为了更加准确地对比随着缺失率的增加各算法的预测效果，其他基线算法预测前加入了数据补全阶段。使用基于补全精度较好的 LRTC_TNN 算法对数据进行补全，再进行预测。在 SZ 数据集设置随机、非随机缺失率分别为 0～80％，表 8－3、表 8－4 所示为各基线算法的 SZ 数据集在路段 4 上 1 天的预测结果。从表中可以看出 LLATC 算法取得了较好的效果。随机缺失方式下，由于 LLATC 算法同时考虑了时空信息的关联关系，因此在缺失率较大时也表现出了较好的预测效果。但在非随机缺失方式下缺失率超过 80％时，LLATC 算法的预测效果不如 LSTM 和 GRU。图 8－6 所示为随机和非随机缺失方式下各算法的

RMSE 对比。

表 8-3　随机缺失方式下的数据预测值(MAE/RMSE)

缺失率	HA	ARIMA	LSTM	GRU	T-GCN	LLATC
0%	1.69/2.42	2.18/2.98	1.60/2.07	1.60/2.06	2.34/3.01	1.38/1.75
20%	1.63/2.35	2.18/2.97	1.57/2.01	1.65/2.08	2.23/2.88	**1.38/1.77**
30%	1.59/2.31	2.17/2.96	1.62/2.11	1.55/1.99	1.75/2.32	1.38/1.79
40%	1.57/2.25	2.17/2.96	1.53/2.05	1.45/1.91	1.83/2.37	1.41/1.82
50%	1.51/2.13	2.17/2.96	1.57/2.07	1.56/2.01	2.19/2.75	1.43/1.84
60%	1.51/2.09	2.17/2.96	1.59/2.07	1.47/1.93	1.67/2.21	1.43/1.85
70%	1.64/2.27	2.17/2.96	1.61/2.03	1.51/1.93	1.50/1.98	1.43/1.85
80%	10.76/10.93	2.17/2.95	1.46/1.92	1.51/1.96	1.87/2.41	1.46/1.87

表 8-4　非随机缺失方式下的数据预测值(MAE/RMSE)

缺失率	HA	ARIMA	LSTM	GRU	T-GCN	LLATC
0%	1.69/2.42	2.18/2.98	1.60/2.07	1.60/2.06	2.34/3.01	1.35/1.75
20%	1.56/2.18	2.17/2.97	1.59/2.06	1.57/2.02	2.10/2.69	1.33/1.73
30%	1.52/2.13	2.18/2.97	1.59/2.02	1.54/1.97	2.20/2.84	1.34/1.73
40%	1.52/2.13	2.17/2.97	1.59/2.03	1.53/1.99	2.32/2.95	1.33/1.75
50%	1.60/2.23	2.17/2.96	1.58/2.03	1.54/2.01	2.18/2.84	1.35/1.81
60%	1.59/2.22	2.17/2.96	1.60/2.05	1.58/2.04	2.25/2.86	1.38/1.83
70%	1.56/2.15	2.17/2.95	1.54/1.96	1.52/1.95	2.52/3.13	1.39/1.81
80%	1.53/2.15	2.17/2.95	1.51/1.94	1.51/1.93	1.82/2.44	1.93/2.44

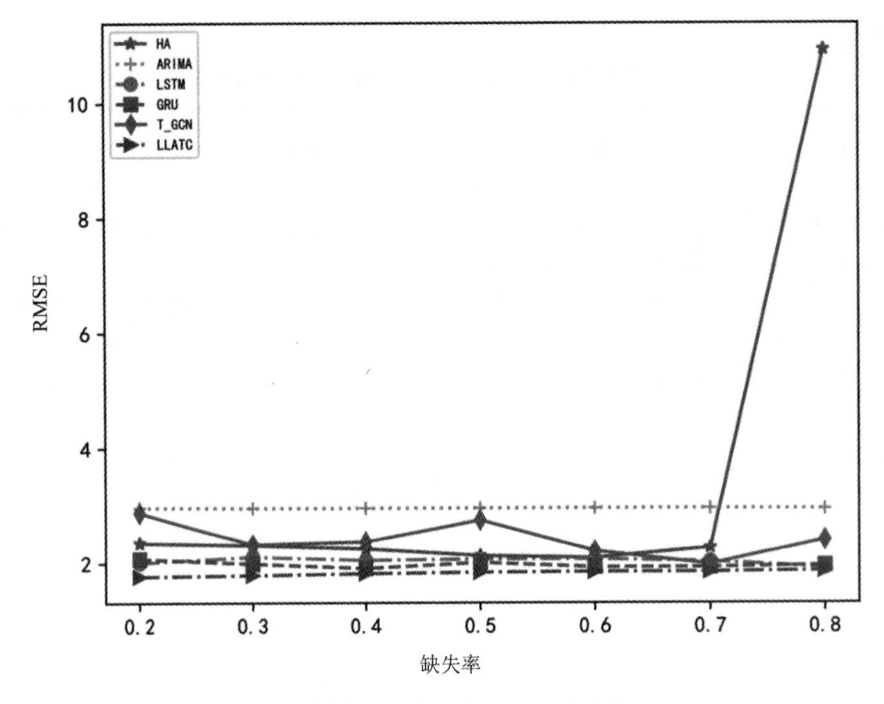

(a) 随机缺失方式下各算法RMSE值比较

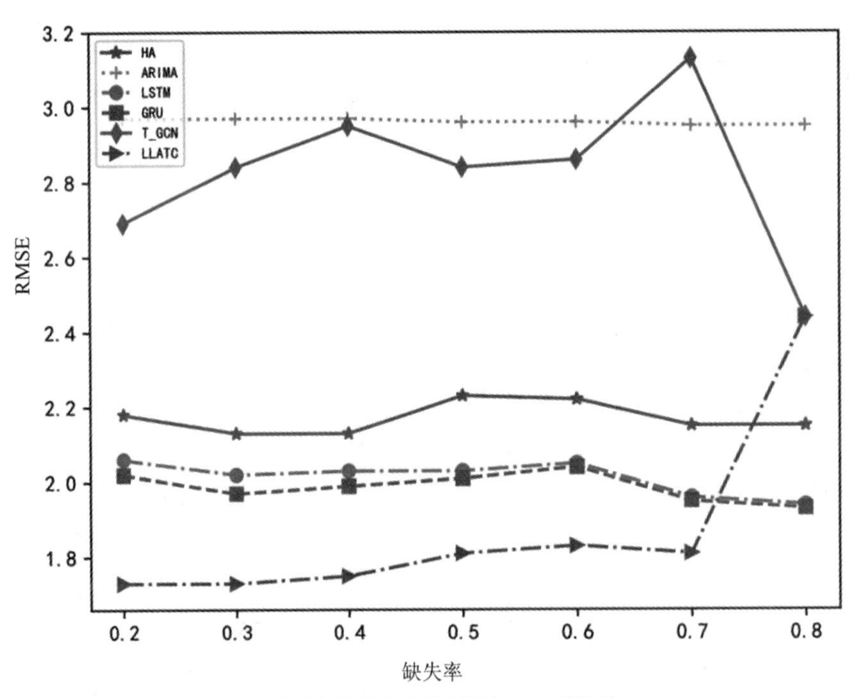

(b) 非随机缺失方式下各算法RMSE值比较

图 8-6　随机和非随机缺失方式下各算法的 RMSE 对比

图 8-7 所示为 LLATC 算法的 SZ 数据集和 LP 数据集 1 h 和 1 d 的原始值和预测值的对比，其中缺失率为 20%。SZ 数据集的时间间隔为 15 min，LP 数据集的时间间隔为 5 min。LLATC 算法统一了补全模型与预测模型，简化了数据处理流程，取得了较好的预测精度。

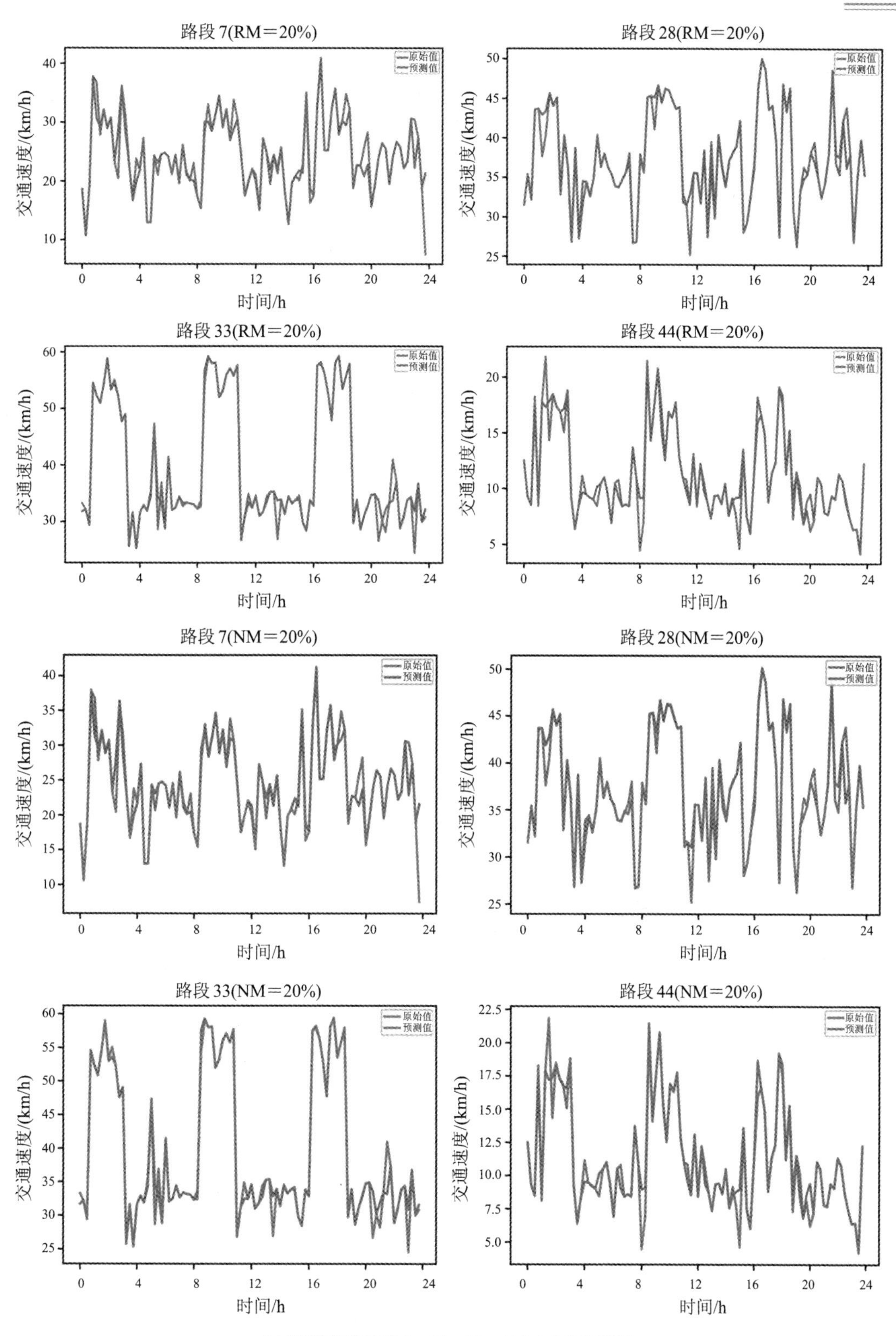

(a) SZ 数据集路段 7、28、33、44上 1 d 的预测值

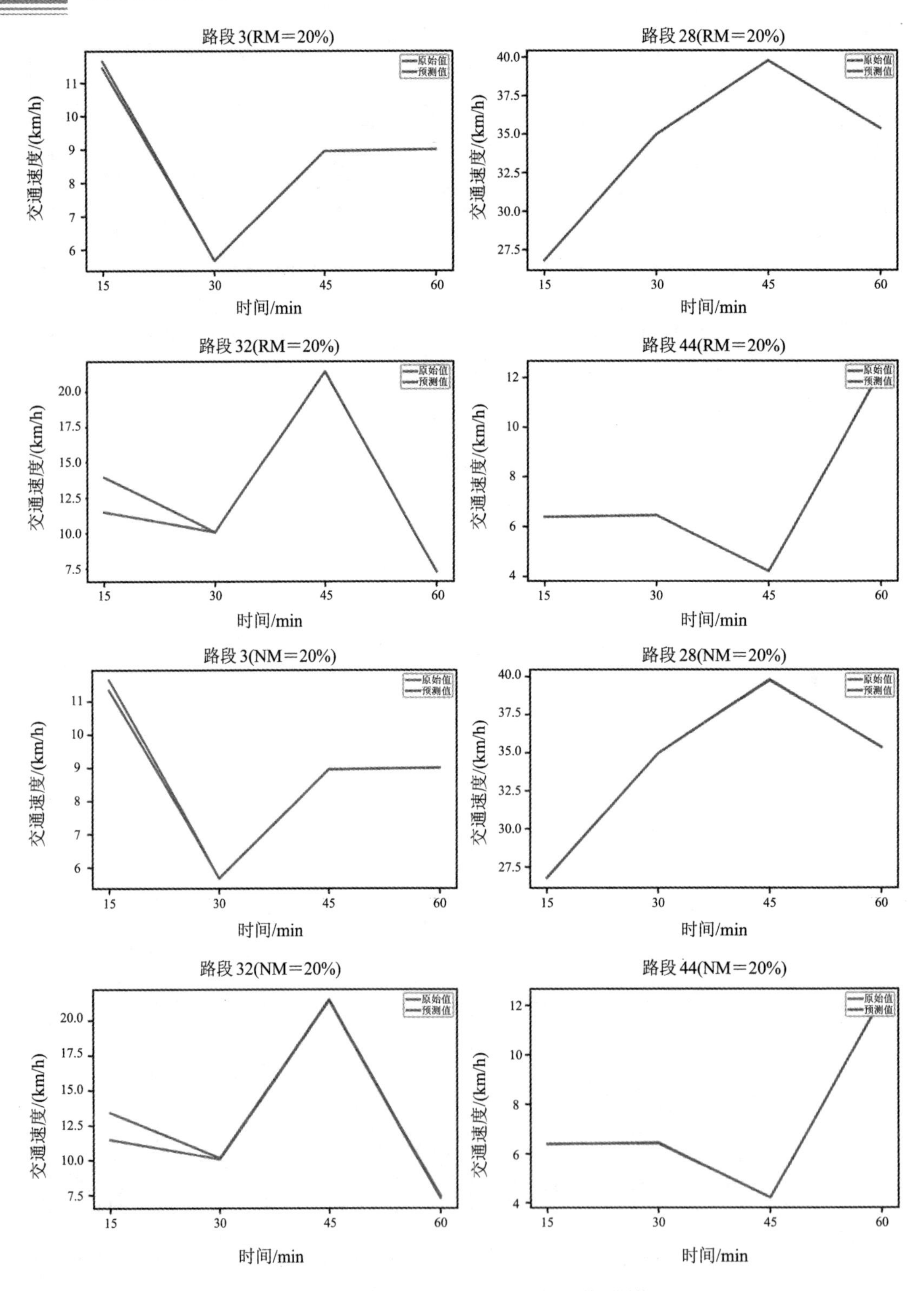

(b) SZ数据集路段3、28、32、44上1 h的预测值

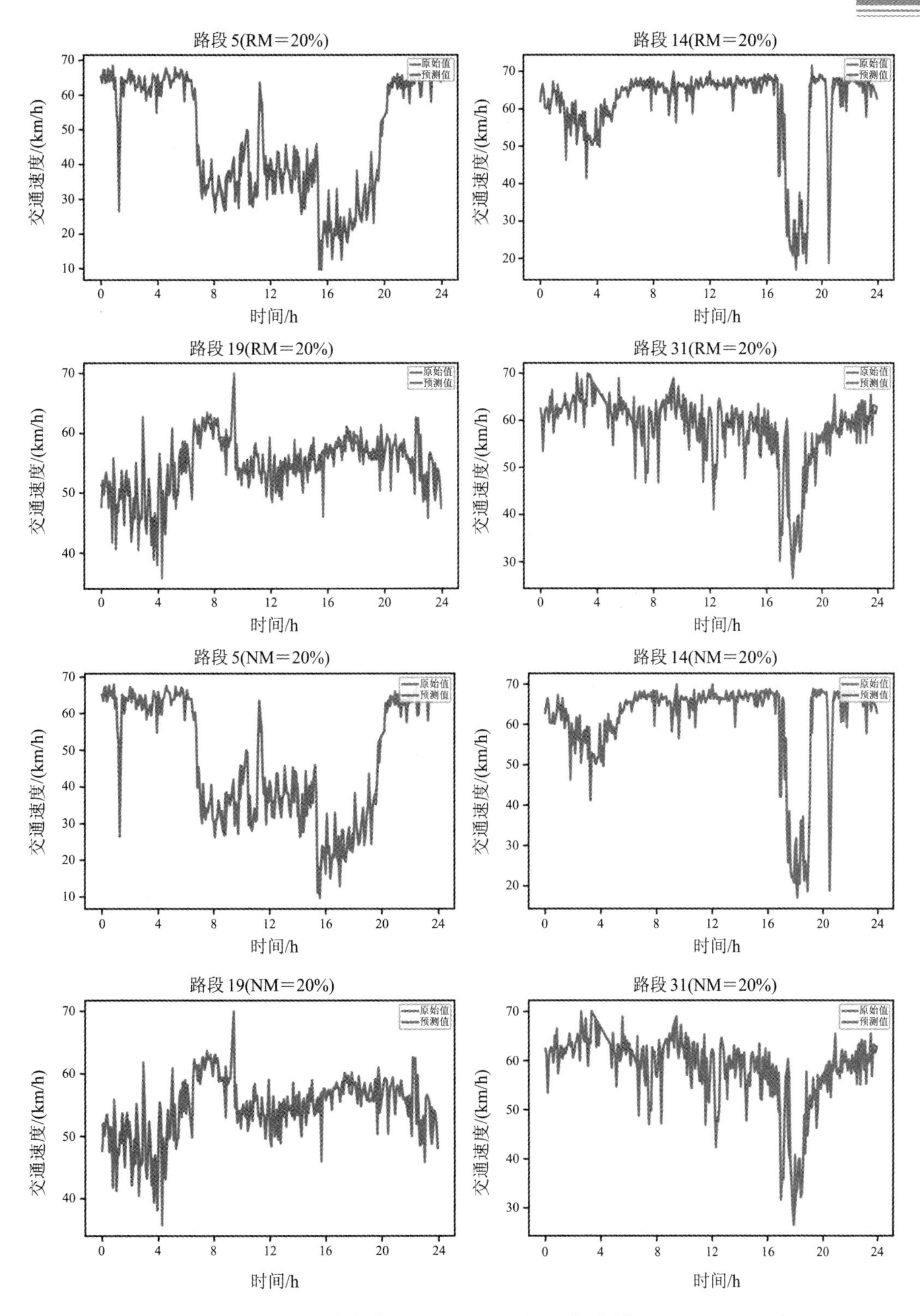

(c) LP 数据路段 5、14、19、31上 1 d 的预测值

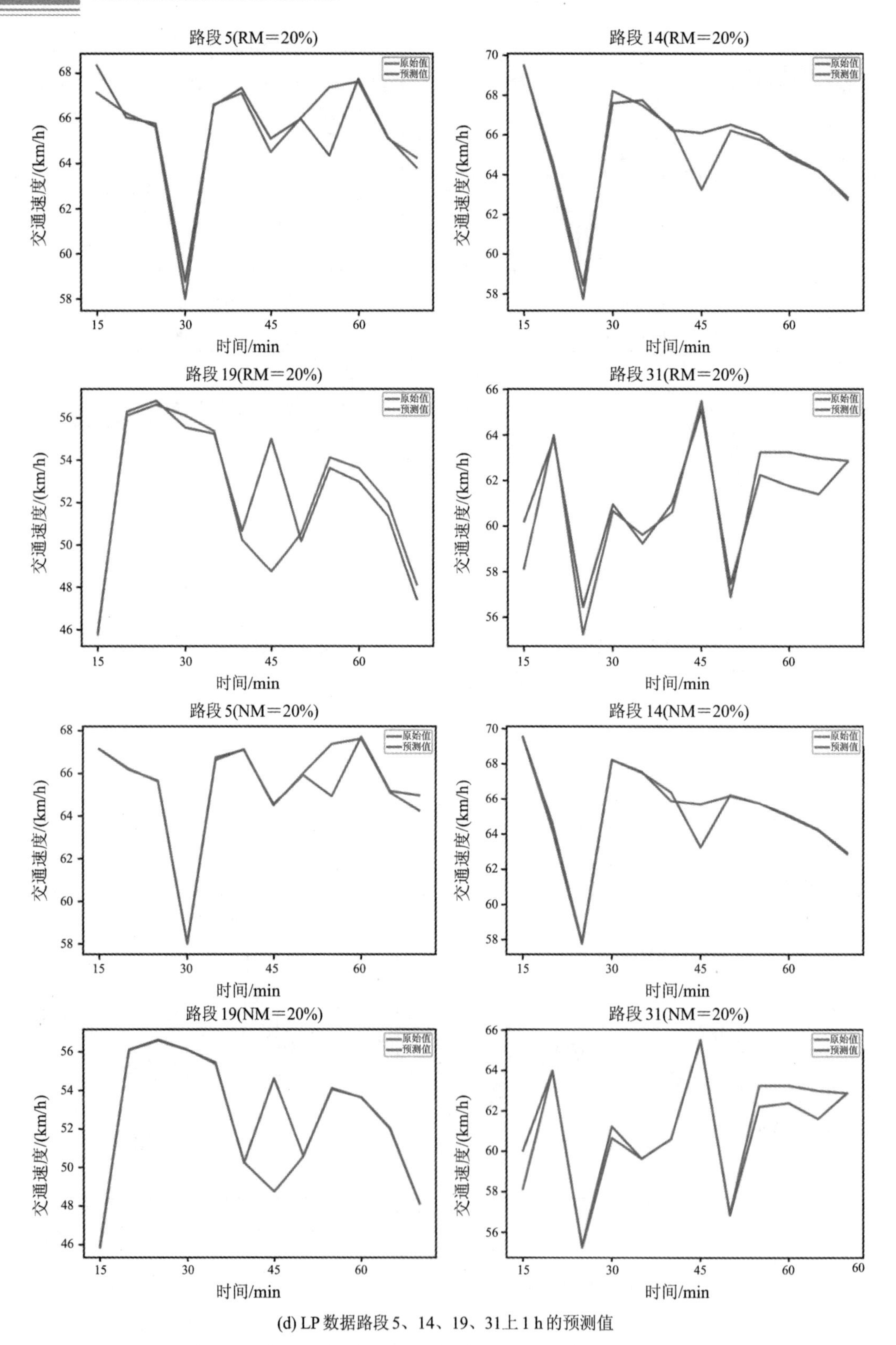

(d) LP数据路段5、14、19、31上1 h的预测值

图 8-7 随机缺失率、非随机缺失率为 20%时 SZ、LP 数据集 1 d、1 h 的预测结果

本章小结

本章专注于一个重要且具有挑战性的任务，即基于缺失数据集的交通速度预测。数据缺失补全对数据预测非常重要。若补全精度不够，则将直接影响预测的效果。若将时间向后延伸，将延伸部分的预测数据视为缺失数据，则数据预测可认为是数据补全的特殊情况。低秩张量补全方法是对全路段、全周期数据的处理，并且张量本身可以自然地建立多尺度数据，对时空数据全局、局部特征挖掘非常有利。因此本文基于低秩张量补全方法结合交通数据特点，构建了LLATC算法。通过对公路交通速度的实验结果对比发现，基于补全数据的预测精度要优于基于原始数据的预测精度，进一步验证了低秩张量补全方法本身具有一定的预测能力。公路交通流量数据与速度数据具有近似的特征，因此本方法对交通流量预测同样适用。但由于交通工具的差异性较大，如在对地铁流量数据进行处理时，邻接矩阵表示的路网只能表示两个站点是否直连，而通常乘客不会乘坐一站就下车，乘坐站点的数量与出发意图有直接关系，因此考虑历史OD矩阵更有利于地铁流量数据补全。下一步将结合OD矩阵构建动态邻接矩阵，改进LLATC算法对地铁流量的预测能力。

参考文献

[1] CUI Z, KE R, PU Z, et al. Stacked bidirectional and unidirectional LSTM recurrent neural network for forecasting network-wide traffic state with missing values[J]. Transportation research part C: emerging technologies, 2020, 118: 102674.

[2] YANG F, LIU G, HUANG L, et al. Tensor decomposition for spatial: temporal traffic flow prediction with sparse data[J]. Sensors, 2020, 20(21): 6046.

[3] ZHONG W, SUO Q, JIA X, et al. Heterogeneous spatio-temporal graph convolution network for traffic forecasting with missing values[C]//2021 IEEE 41st International Conference on Distributed Computing Systems (ICDCS). IEEE, 2021: 707-717.

[4] TAN H, WU Y, SHEN B, et al. Short-term traffic prediction based on dynamic tensor completion[J]. IEEE transactions on intelligent transportation systems, 2016, 17(8): 2123-2133.

[5] TAN H, WU Y, FENG G, et al. A new traffic prediction method based on dynamic tensor completion[J]. Procedia-social and behavioral sciences, 2013, 96: 2431-2442.

[6] LIU J, MUSIALSKI P, WONKA P, et al. Tensor completion for estimating missing values in visual data[J]. IEEE transactions on pattern analysis and machine intelligence, 2012, 35(1): 208-220.

[7] CHEN X, LEI M, SAUNIER N, et al. Low-rank autoregressive tensor completion for spatiotemporal traffic data imputation[J]. IEEE transactions on intelligent transportation systems, 2021, 23(8): 12301-12310.

[8] SHI X, QI H, SHEN Y, et al. A spatial-temporal attention approach for traffic prediction[J]. IEEE transactions on intelligent transportation systems, 2020, 22(8): 4909-4918.

[9] GUO K, HU Y, SUN Y, et al. An optimized temporal-spatial gated graph convolution network for traffic forecasting[J]. IEEE intelligent transportation systems magazine, 2020, 14(1): 153-162.

[10] CUI Z, HENRICKSON K, KE R, et al. Traffic graph convolutional recurrent neural network: a deep learning framework for network-scale traffic learning and forecasting[J]. IEEE transactions on intelligent transportation systems, 2019, 21(11): 4883-4894.

[11] GUO K, HU Y, QIAN Z, et al. Dynamic graph convolution network for traffic forecasting based on latent network of laplace matrix estimation[J]. IEEE transactions on intelligent transportation systems, 2020, 23(2): 1009-1018.

[12] GU Y, DENG L. STAGCN: spatial temporal attention graph convolution network for traffic forecasting[J]. Mathematics, 2022, 10(9): 1599.

[13] CHANG M, DING Z, CAI Z, et al. Prediction of evolution behaviors of transportation hubs based on spatiotemporal neural network[J]. IEEE transactions on intelligent transportation systems, 2021, 23(7): 9171-9183.

[14] CHEN X, CHENG Z, SAUNIER N, et al. Laplacian convolutional representation for traffic time series imputation[J]. arXiv preprint arXiv:2212.01529, 2022.

[15] ZHAO L, SONG Y, ZHANG C, et al. T-gcn: a temporal graph convolutional network for traffic prediction[J]. IEEE transactions on intelligent transportation systems, 2019, 21(9): 3848-3858.

第9章 多源数据融合的交通出行数据补全

交通缺失数据补全是智能交通系统的基本需求。然而，时空交通数据的补全问题具有相当的挑战性，特别是对于具有复杂缺失机制的高维数据。不同缺失模式中的补全方法通过有效表征复杂的时空相关性证明了张量学习的优越性。本章介绍一种新的张量补全框架，称为多源数据融合张量补全。考虑到公交车与地铁之间存在一定的转乘关系，因此将公交数据融合到地铁数据补全中，能够提高数据补全精度。本章将公交转乘客流量数据结合其他维度(不同的路段、时间间隔、天数)创新性地设计了4维低秩张量补全数据框架。此外，为了提高补全的精度，本章推导了截断$\ell_{2,p}$范数优化模型，以增强张量补全过程中目标函数的非凸性。实验表明地铁和公交融合数据明显优于仅使用地铁数据的补全方法。

9.1 多源数据融合交通补全研究现状

在数据驱动的众多应用中，对数据进行稳健而准确的补全非常重要。数据融合通过组合来自多个来源的数据可将结果的不确定性最小化。Roy等人[1]通过结合多种先进的融合策略，改善了图像和非图像模态之间非视距(NLOS)条件下的车辆跟踪和检测。Senel等人[2]通过协同使用多个传感器，融合了来自分布式汽车传感器的对象列表级数据。Chen等人[3]对交通流量、占用率和房车速度数据进行融合，利用动态BP融合方法进行动态训练。Lin等人[4]将传统的速度传感数据与跨领域的新型“传感”数据相融合，以改进道路交通速度预测。Zißner等人[5]介绍了DataFITS(智能交通系统数据融合)，DataFITS显著提高了道路覆盖率，并提高了高达40%的道路信息质量。这些案例充分验证了多源数据可从不同维度提供更多的信息，从而提高数据分析的质量。

由于交通数据包括各种多源异构性数据，因此，对数据融合方法提出了更高的要求。目前经典的数据融合方法有卡尔曼滤波、贝叶斯、D-S证据理论、神经网络、模糊理论、表决法等，这些方法也被应用到了交通领域的车辆定位、交通事件识别、交通事件的预测、交通诱导等方面。从目前的研究成果看，使用频率较高的方法是卡尔曼滤波和D-S证据理论方法。近年来随着人工智能的发展，一些机器学习方法也被广泛应用于交通领域，如循环神经网络、卷积神经网络和图神经网络已经成功地预测了交通流。Ji等人[6]对空间和时间维度上的每个特征进行编码，将与流量直接相关的数据作为图卷积网络(GCN)的输入。Satish等人[7]提出了一种多维的K-Means++数据(属性值)，并将其融合到单一(或)极少数的维度上。Zhang等人[8]提出了一种基于贝叶斯融合规则的数据融合方法，从系统的角度考虑多个交通因素之间的关系，根据多个数据源在高阶多元马尔可夫模型中的先验概率来融合不同数据源的交通速度。但是神经网络训练时间长，建模复杂，且维度问题[9]仍然是融合方法的难点问题之一。

张量是高维数据的一种自然数学表达形式。类似压缩感知理论，假设：当目标张量具有一个低秩结构或能够被一低秩张量很好地逼近时，可利用一小部分观察值对未知信息进行准确恢复。张量补全理论在交通数据补全中展现了其较好的应用前景，为具有多维、多模态和多相关结构的交通数据精确补全奠定了理论基础。

近些年多模态数据低维融合受到学者们的广泛关注。基于张量的分解可将多模态数据映射到统一的低维子空间内，在子空间内完成聚类、分类等数据融合分析。Shen 等人[10]提出了一种完整的多源交通数据分析与处理方法，包括基于时空回归模型的数据分析方法和基于置信张量的证据理论的数据融合方法。Xing 等人[11]构建了一种新的张量分解数据融合框架，证明了将车辆牌照识别(LPR)数据和手机位置(CL)数据相结合，明显优于仅使用 LPR 数据的插补方法。Respati 等人[12]提出一种自适应权重融合技术(ABAFT)，将数据空间覆盖率和质量或置信度作为构建权重的因素。不同缺失模式中的补全方法通过有效表征复杂的时空相关性证明了张量学习的优越性。本章主要介绍基于张量表示高维数据，融合地铁和公交数据实现高效的多源数据补全方法。

9.2 多源交通数据特点分析

9.2.1 数据采集的类型和方式

大数据时代交通数据由原来单一的结构化的静态数据集拓展至静态与动态数据相结合的多源、多态、多结构数据集。交通数据采集由原来调查者设计问卷、被调查样本选择、发放问卷、数据录入等分时段步骤，向交通用户出行信息与社会经济属性信息收集与录入一体化和同步化转变。对交通运行数据的采集也由原来的样本路径观测、数据录入转变为全路网数据采集，不仅包括交通流量、车队长度、车型，车辆行驶方向、行程时间、瞬时车速、行程车速等常规数据，也包括人或车辆的个体属性数据。交通信息获取的方式如图 9－1 所示。

以人为对象进行交通数据采集主要包括公交 IC 卡数据和手机 GPS 数据，可以得到公共交通 OD 信息、公交走廊流量和各个站点客流量等信息。目前，交通信息中心和手机服务商的合作成为了大数据应用的主要模式：北京市交通信息中心利用中国移动提供的手机 GPS 数据感知交通出行信息，分析居民出行分布特征。

以机动车为对象的数据采集和人类似，可以通过机动车的电子车牌等搭载 GPS，进而采集车辆的实时信息，并获得各个道路的交通状况。传统的基于浮动车的交通数据采集方式在国内外都有应用。例如，2005 年左右，北京市利用出租车的数据来反映整个城市路网的运行情况，到 2014 年出租车数量已达到 3 万辆。随着电子车牌的普及，在大数据的支持下，对于机动车全样本行驶状态信息的采集、处理和分析将成为可能。

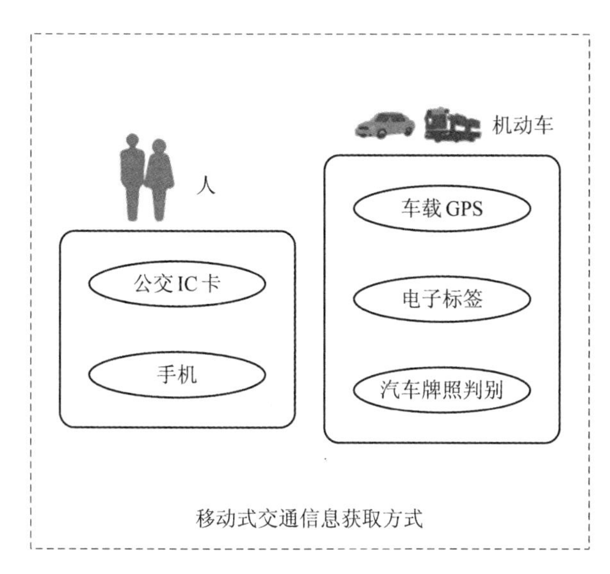

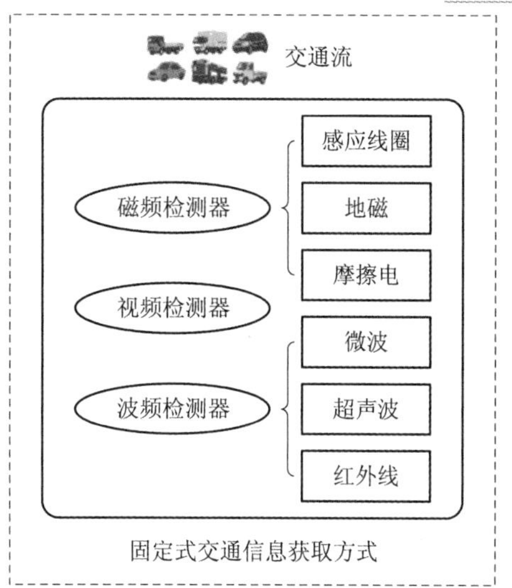

图 9-1　交通信息获取的方式

大数据时代，交通领域的非结构化数据也值得关注。可以通过抓取 Web 点击流、文档、社交网络、物联网、电话呼叫日志、视频、照片、RFID 等数据资料的有用信息，研究人的出行行为，尤其是社交网络。例如，微博、微信等平台，其有关出行的状态信息体现出良好的实时性和动态性，也突破了传统问卷式交通数据采集样本固定的局限。此外，还要采集车辆、驾驶人档案数据和人口、土地利用、遥感影像、道路网络、道路规划、交通设施网络等空间 GIS 数据作为预测的基础，最终形成交通信息数据库和交通领域相关的基础信息数据库。马克等人(2011)抽取英国利兹的 9223 个用户为期 4 个月的 Twitter 数据，结合 GIS 技术运用智能模型判断城市居民生活、教育、工作、娱乐和购物 5 种基本行为活动和与之紧密联系的出行模式。

9.2.2　交通数据的存储与分析

大数据对数据的存储和传输带来了很大的挑战。在广州，交通综合处理服务平台每日新增城市交通运营数据记录超过 12 亿条，每天产生的数据量巨大，达到 150～300 GB。为了以较低成本存储巨量数据和支持数据的快速读取和并发访问，分布式存储和对象存储架构更为有效。针对具体的数据形式，学者们提出了压缩数据的方法。例如，马庆禄等人(2013)将城市交通海量 GPS 数据进行压缩编码(压缩比不低于 60%)，去除了冗余信息，提高了海量信息服务的实时性。

以视频为载体的交通数据往往较大，基于 5G、4G 及 WiFi 等移动互联网的传输方式是目前较为先进的传输方式，其能根据移动互联网信号不稳定、带宽窄、网速低等特点动态调节视频帧率，实现数据的快速传输，从而在最大程度上满足用户实时查看的需求。

由于现实采集到的数据与交通大数据分析过程所需的数据往往存在结构不一致或不完整的情况，交通大数据预处理过程可以通过数据提取、转换和加载等操作，对采集到的数据进行初步组织和梳理，从而提高大数据分析质量和效率。此外，当数据在交通信息采集仪器、设备产生后，不是将原始数据直接传到数据平台，而是先行做整合、甄别、筛选处理，再把有用的信息传到平台，这样也可以缓解大数据传输和存储的压力。

交通大数据采集、处理与分析如图 9－2 所示。交通大数据的分析根据即时性要求的不同分为即时性分析和非即时性分析两类。很多时候简单的数据对即时决策更加有价值。即时性交通大数据分析要求处理步骤简化，应用程式化的信息分析方法，得出公众认可的交通决策信息，如交通拥堵指数。而非即时性交通大数据分析更侧重于研究，如依据个体交通数据进行居民时空行为分析。还可以通过交通大数据检验交通需求预测模型的精度。大数据也为交通数据挖掘提供了基础：利用特定的数学模型和算法对交通大数据进行分析，解释数据间隐藏的关系、模式和趋势，为决策提供新的知识。

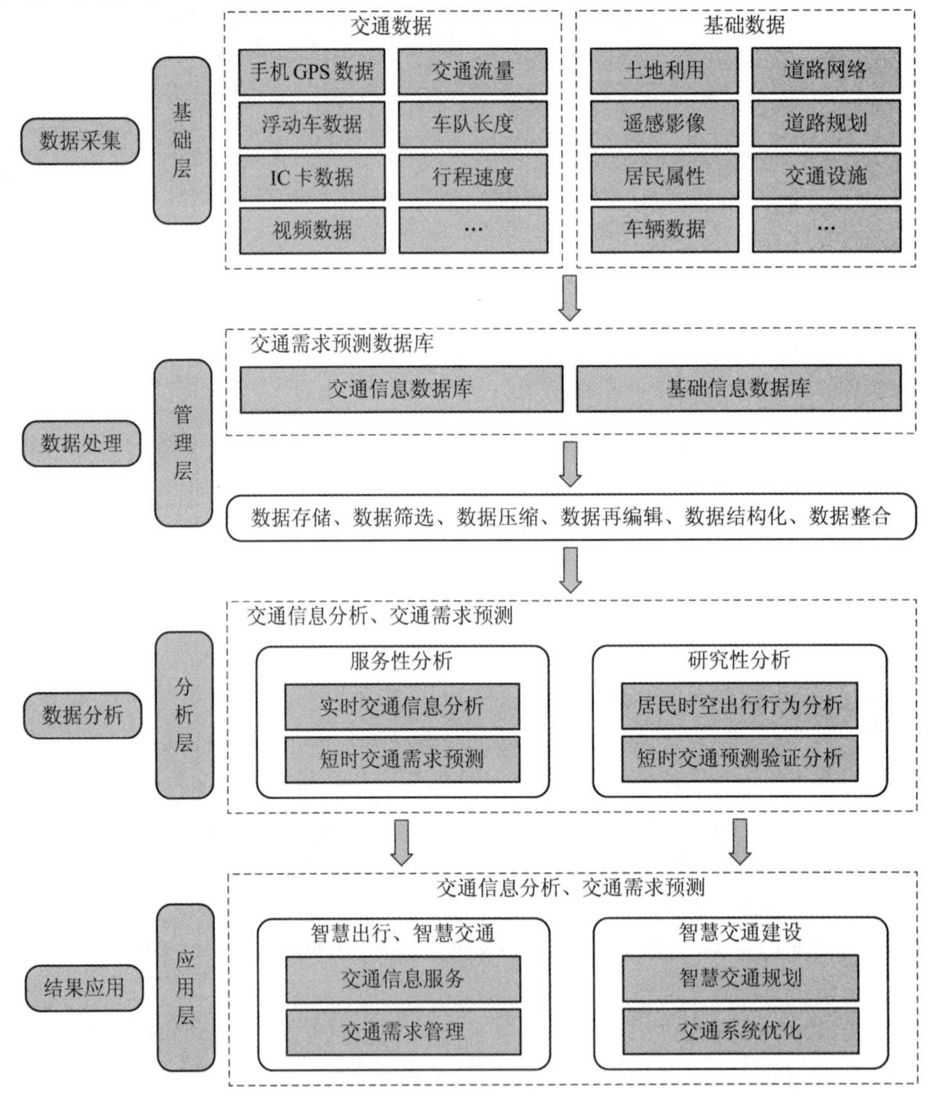

图 9－2 交通大数据采集、处理与分析

实际交通中包含不同来源、不同结构的复杂交通数据，如公路交通速度数据、地铁客流数据、公交车客流数据、共享单车骑行数据、手机信令数据等。例如，表 9－1～表 9－3 所列的部分交通工具数据，每种数据的数据结构存在较大差异。对于同一种交通工具，如公交车，由于数据来源不同，采集关注点不同，数据的结构也有所不同(见表 9－4)。交通系统是复杂、动态交互的系统，需要进一步对数据进行融合处理，才能有效捕获交通系统的全局交互。

表 9－1　地铁刷卡数据的数据结构

字段名	OUT_T	STA_ID	CAR_ID	IN_T	CAR_ISS_ID	PRO_ID	COST	DEV_ID
字段含义	出站时间	站点编号	卡号	进站时间	发卡单位	卡片类型	费用	进出站闸机编号

表 9－2　共享单车数据的数据结构

字段名	字段含义
orderID	订单 ID
vehicleID	车辆 ID
passengerID	用户 ID
date	订单日期
return_t	订单还车时间
lat_return	订单还车点纬度
lng_return	订单还车点经度
pick_t	订单取车时间
lat_pick	订单取车点纬度
lng_pick	订单取车点经度

表 9－3　手机信令数据的数据结构

字段名	字段含义
date	日期
e_hour	到达时间(时)
o_grid	起点网格
d_grid	终点网格
distance	隐藏 od 量字段
gender	性别
age	年龄
npop	符合过审要求的字段
wpop	联通扩样人口
gwpop	联通性别扩样人口
qppop	七普扩样人口

表 9-4 公交车多源数据的数据结构[13]

数据源	关键字段
乘客刷卡数据	IC 卡卡号、刷卡时刻、车牌号、线路号
车辆报站数据	车牌号、线路号、车站名、进站时间、出站时间
车辆坐标与线路表	线路名、方向、站点列表、站点坐标、线路轨迹
车辆调度记录	车辆调度记录、发车班次、车牌号、发车时刻、经停站点

9.3 截断 $\ell_{2,p}$ 范数低秩补全模型

9.3.1 截断 $\ell_{2,p}$ 范数

截断 $\ell_{2,p}$ 范数(P2TN)作为秩最小化问题的替代方法，综合了截断核范数与 $\ell_{2,p}$ 范数的优点，在对秩最小化问题的逼近过程中比单一范数更为紧致。截断 $\ell_{2,p}$ 范数用截断的方式保留了大奇异值的完整特征，只针对截断后 $\min(n_1, n_2)-r$ 部分的奇异值进行 $\ell_{2,p}$ 形式的收缩，且在收缩过程中，奇异值越小后续所获得的阈值惩罚越大，最大程度上保留了足够多的内部强相关性信息。

1. $\ell_{2,p}$ 范数定义

给定一个矩阵 $\boldsymbol{X}\in\mathbb{R}^{m\times n}$，对于任何的 $p\in\mathbb{R}$：

$$\|\boldsymbol{X}\|_p^2=\frac{1}{2}\Big[\sum_{i=1}^{\min(m,n)}|\sigma_i|^{\frac{p-2}{2}}\Big] \tag{9-1}$$

式中：$\|.\|_p$ 表示取矩阵的 $\ell_{2,p}$ 范数；假定矩阵 $\boldsymbol{X}$ 的奇异值分解为 $\boldsymbol{U\Sigma V}^{\mathrm{T}}$，则有 $\boldsymbol{\Sigma}=\mathrm{Diag}[\sigma_i(\boldsymbol{X})]$；$\sigma_i$ 为矩阵的奇异值即矩阵的核范数，并且奇异值由大到小排序：$\sigma_1\geqslant\sigma_2\geqslant\cdots\geqslant\sigma_{\min(m,n)}\geqslant0$；$p$ 为收缩参数。

将 $\ell_{2,p}$ 范数扩展到张量模式，对于给定的 $\mathcal{X}\in\mathbb{R}^{n_1\times n_2\times n_3}$，那么张量模式下的 $\ell_{2,p}$ 范数可以有如下定义：

$$\|\boldsymbol{X}\|_p^2=\frac{1}{n_3}\sum_{k=1}^{n_3}\|\bar{\boldsymbol{X}}^{(i)}\|_p^2=\frac{1}{n_3}\sum_{k=1}^{n_3}\sum_{i=1}^{\min(n_1,n_2)}|\bar{\sigma}_i|^{\frac{p-2}{2}} \tag{9-2}$$

根据张量的奇异值分解原理，将 $\mathcal{X}$ 沿第三维度 n_3 进行傅里叶变换，$\bar{\mathcal{X}}^{(i)}$ 表示变换后的正向切片，为矩阵形式，$|\bar{\sigma}_i|$ 表示正向切片 $\bar{\mathcal{X}}^{(i)}$ 进行奇异值分解后的奇异值即张量核范数。

2. 张量的截断核范数定义

给定一个 3 阶张量 $\mathcal{X}\in\mathbb{R}^{n_1\times n_2\times n_3}$ 和一个正整数 $t=\min(n_1, n_2)$，截断核范数为张量最小奇异值之和的形式，即

$$
\begin{aligned}
\| \mathcal{X} \|_{r,*} &= \frac{1}{n_3} \| \bar{\boldsymbol{X}} \|_{r,*} \\
&= \frac{1}{n_3} \sum_{j=1}^{n_3} \sum_{i=r+1}^{t} \sigma_i [\bar{\boldsymbol{X}}^{(j)}] \\
&= \frac{1}{n_3} \sum_{j=1}^{n_3} \sum_{i=1}^{t} \sigma_i [\bar{\boldsymbol{X}}^{(j)}] - \frac{1}{n_3} \sum_{j=1}^{n_3} \sum_{i=1}^{r} \sigma_i [\bar{\boldsymbol{X}}^{(j)}] \\
&= \sum_{i=1}^{t} \sigma_i(\mathcal{X}) - \sum_{i=1}^{r} \sigma_i(\mathcal{X})
\end{aligned}
\tag{9-3}
$$

式中：$\|.\|_{r,*}$ 为张量的截断核范数，$\sigma_i(\mathcal{X})$ 为 $\mathcal{X}$ 的第 i 个奇异值，且截断参数 $r<\min(n_1, n_2)$。

3. 张量的截断 $\ell_{2,p}$ 范数定义

结合两种张量的范数定义，给出张量的截断 $\ell_{2,p}$ 范数定义：

$$
\| \mathcal{X} \|_{p,r}^2 = \frac{1}{n_3} \sum_{j=1}^{n_3} \sum_{i=r+1}^{t} |\bar{\sigma}_i|^{\frac{p-2}{2}} \tag{9-4}
$$

式中：$\|.\|_{p,r}^2$ 表示截断 $\ell_{2,p}$ 范数，且在张量模式下，对于任何给定的 $\mathcal{X}$、$\mathcal{Y} \in \mathbb{R}^{n_1 \times n_2 \times n_3}$，$\mu>0$，$p \in \mathbb{R}$，$r<\min(n_1, n_2)$，定义截断 $\ell_{2,p}$ 的收缩阈值算子为 $\mathcal{S}_{p,r}^{\mu}(.)$，有

$$
\mathcal{S}_p^{\mu}(\mathcal{Y}) = \underset{\mathcal{X} \in \mathbb{R}^{n_1 \times n_2 \times n_3}}{\arg\min} \| \mathcal{X} \|_{p,r}^2 + \frac{1}{2\mu} \| \mathcal{X} - \mathcal{Y} \|_F^2 \tag{9-5}
$$

由 TSVT 定理可知，$\mathcal{S}_p^{\mu}(\mathcal{Y})$ 是关于 $\mathcal{X}$ 优化问题的求解，μ 为奇异值阈值分解的阈值参数，p 为收缩参数，当 $-\infty<p<1$ 时，截断 $\ell_{2,p}$ 范数收缩阈值满足输入越大，受到的惩罚越小的性质。

9.3.2　LRTC-P2TN 模型

文献[14]中提出了 NWLRTC 模型，对其进一步优化，使用 $\ell_{2,p}$ 范数作为优化模型，得到的 LRTC-P2TN 模型如下：

$$
\begin{cases}
\underset{\mathcal{X} \geqslant \mathbf{0},\ \mathcal{D} \geqslant \mathbf{0},\ \mathcal{Z} \geqslant \mathbf{0},\ \mathcal{W} \geqslant \mathbf{0}}{\min} \alpha_1 \| \mathcal{D} \|_{p,r}^2 + \alpha_2 \| \mathcal{Z} \|_{p,r}^2 + \alpha_3 \| \mathcal{W} \|_{p,r}^2 \\
\text{s.t.}\ \mathcal{P}_{\Omega}(\mathcal{X}_i) = \mathcal{P}_{\Omega}(\mathcal{M}_i) \\
\mathcal{X}_1 = \mathcal{D},\ \mathcal{X}_2 = \mathcal{Z},\ \mathcal{X}_3 = \mathcal{W}
\end{cases}
\tag{9-6}
$$

其中，$\mathcal{D} \in \mathbb{R}^{n_1 \times n_2 \times n_3}$、$\mathcal{Z} \in \mathbb{R}^{n_2 \times n_3 \times n_1}$、$\mathcal{W} \in \mathbb{R}^{n_3 \times n_1 \times n_2}$ 分别表示时空交通数据以三个不同的方向输入，这样可以避免对数据的输入方向产生依赖性；α_1，α_2，α_3 为各方向的权重。

在用 ADMM 框架求解上述模型时，需要定义增强的拉格朗日函数，增强的拉格朗日函数如下：

$$
\begin{aligned}
&\mathcal{L}(\mathcal{X}, \mathcal{D}, \mathcal{Z}, \mathcal{W}, \mathcal{Y}) \\
&= \alpha_1 \| \mathcal{D} \|_{p,r}^2 + \alpha_2 \| \mathcal{Z} \|_{p,r}^2 + \alpha_3 \| \mathcal{W} \|_{p,r}^2 + \langle \mathcal{Y}_1, \mathcal{X}_1 - \mathcal{D} \rangle + \\
&\quad \frac{\rho}{2} \| \mathcal{X}_1 - \mathcal{D} \|_F^2 + \langle \mathcal{Y}_2, \mathcal{X}_2 - \mathcal{Z} \rangle + \\
&\quad \frac{\rho}{2} \| \mathcal{X}_2 - \mathcal{Z} \|_F^2 + \langle \mathcal{Y}_3, \mathcal{X}_3 - \mathcal{W} \rangle + \frac{\rho}{2} \| \mathcal{X}_3 - \mathcal{W} \|_F^2
\end{aligned}
\tag{9-7}
$$

式中：$\mathcal{Y}_1 \in \mathbb{R}^{n_1 \times n_2 \times n_3}$、$\mathcal{Y}_2 \in \mathbb{R}^{n_2 \times n_3 \times n_1}$、$\mathcal{Y}_3 \in \mathbb{R}^{n_3 \times n_1 \times n_2}$为定义的拉格朗日乘子，$\rho$为惩罚参数。因此，根据ADMM框架的求解方式，将$\mathcal{D}$、$\mathcal{Z}$、$\mathcal{W}$和$\mathcal{X}$、$\mathcal{Y}$分别进行交替迭代更新操作：

$$\begin{cases}\mathcal{D}^{l+1}=\arg\min\limits_{\mathcal{D}}\mathcal{L}(\mathcal{X}^l, \mathcal{D}^l, \mathcal{Z}^l, \mathcal{W}^l, \mathcal{Y}_1^l) \\ \mathcal{Z}^{l+1}=\arg\min\limits_{\mathcal{Z}}\mathcal{L}(\mathcal{X}^l, \mathcal{D}^{l+1}, \mathcal{Z}^l, \mathcal{W}^l, \mathcal{Y}_2^l) \\ \mathcal{W}^{l+1}=\arg\min\limits_{\mathcal{W}}\mathcal{L}(\mathcal{X}^l, \mathcal{D}^{l+1}, \mathcal{Z}^{l+1}, \mathcal{W}^l, \mathcal{Y}_3^l) \\ \mathcal{X}_i^{l+1}=\arg\min\limits_{\mathcal{X}}\mathcal{L}(\mathcal{X}^l, \mathcal{D}^{l+1}, \mathcal{Z}^{l+1}, \mathcal{W}^{l+1}, \mathcal{Y}_i^l) \\ \mathcal{Y}_i^{l+1}=\mathcal{Y}_i^l+\rho[a_1(\mathcal{X}^{l+1}-\mathcal{D}^{l+1})+a_2(\mathcal{X}^{l+1}-\mathcal{Z}^{l+1})+a_3(\mathcal{X}^{l+1}-\mathcal{W}^{l+1})]\end{cases} \tag{9-8}$$

模型求解步骤如下：

(1) 求解$\mathcal{D}^{l+1}$、$\mathcal{Z}^{l+1}$、$\mathcal{W}^{l+1}$。

固定$\mathcal{X}_i^l$和$\mathcal{Y}_i^l$，$\mathcal{Z}^l$，$\mathcal{W}^l$，求解$\mathcal{D}^{l+1}$：

$$\begin{aligned}\mathcal{D}^{l+1}&=\arg\min_{\mathcal{D}}\mathcal{L}(\mathcal{X}_i^l, \mathcal{D}^l, \mathcal{Z}^l, \mathcal{W}^l, \mathcal{Y}_1^l) \\ &=\alpha_1 \| \mathcal{D}^l \|_{p,r}^2+\langle \mathcal{Y}_1^l, \mathcal{X}_1^l-\mathcal{D}^l \rangle+\frac{\rho}{2}\| \mathcal{X}_1-\mathcal{D}^l \|_F^2 \\ &=\alpha_1 \| \mathcal{D}^l \|_{p,r}^2+\frac{\rho}{2}\| \mathcal{D}^l-\langle \mathcal{X}_1^l+\frac{1}{\rho}\mathcal{Y}_1^l \rangle \|_F^2 \\ &=\mathcal{D}_{\frac{\alpha_1}{\rho},r,p}\left(\mathcal{X}_1^l+\frac{1}{\rho}\mathcal{Y}_1^l\right)\end{aligned} \tag{9-9}$$

同理，$\mathcal{Z}^{l+1}$，$\mathcal{W}^{l+1}$的求解与$\mathcal{D}^{l+1}$基本相同，固定其他元素，$\mathcal{Z}^{l+1}$，$\mathcal{W}^{l+1}$的求解如下：

$$\begin{aligned}\mathcal{Z}^{l+1}&=\arg\min_{\mathcal{Z}}\mathcal{L}(\mathcal{X}^l, \mathcal{D}^{l+1}, \mathcal{Z}^l, \mathcal{W}^l, \mathcal{Y}_2^l) \\ &=\alpha_2 \| \mathcal{Z}^l \|_{p,r}^2+\langle \mathcal{Y}_2^l, \mathcal{X}_2^l-\mathcal{Z}^l \rangle+\frac{\rho}{2}\| \mathcal{X}_2^l-\mathcal{Z}^l \|_F^2 \\ &=\alpha_2 \| \mathcal{Z}^l \|_{p,r}^2+\frac{\rho}{2}\| \mathcal{Z}^l-\langle \mathcal{X}_2^l+\frac{1}{\rho}\mathcal{Y}_2^l \rangle \|_F^2 \\ &=\mathcal{D}_{\frac{\alpha_2}{\rho},r,p}\left(\mathcal{X}_2^l+\frac{1}{\rho}\mathcal{Y}_2^l\right)\end{aligned} \tag{9-10}$$

$$\begin{aligned}\mathcal{W}^{l+1}&=\arg\min_{\mathcal{W}}\mathcal{L}(\mathcal{X}_3^l, \mathcal{D}^{l+1}, \mathcal{Z}^{l+1}, \mathcal{W}^l, \mathcal{Y}_3^l) \\ &=\alpha_3 \| \mathcal{W}^l \|_{p,r}^2+\langle \mathcal{Y}_3^l, \mathcal{X}_3^l-\mathcal{W}^l \rangle+\frac{\rho}{2}\| \mathcal{X}_3^l-\mathcal{W}^l \|_F^2 \\ &=\alpha_3 \| \mathcal{W}^l \|_{p,r}^2+\frac{\rho}{2}\| \mathcal{W}^l-\langle \mathcal{X}_3^l+\frac{1}{\rho}\mathcal{Y}_3^l \rangle \|_F^2 \\ &=\mathcal{D}_{\frac{\alpha_3}{\rho},r,p}\left(\mathcal{X}_3^l+\frac{1}{\rho}\mathcal{Y}^l\right)\end{aligned} \tag{9-11}$$

由上述奇异值阈值理论可知，$\mathcal{D}_{\frac{d_i}{\rho},r,*}\left(\mathcal{X}_i^l+\frac{1}{\rho}\mathcal{Y}_i^l\right)$的求解是对张量$\left(\mathcal{X}_i^l+\frac{1}{\rho}\mathcal{Y}_i^l\right)$进行奇异值分解后的阈值截断，阈值$\tau=\frac{\alpha_i}{\rho}$。

(2) 在上一步的基础上对需要补全的数据值点进行逼近，并使观测点值与原始观测点值相同(通过替换操作来完成)：

固定 $\mathcal{D}^{l+1}$ 和 $\mathcal{Z}^{l}$，$\mathcal{W}^{l}$，$\mathcal{Y}_i^l$，求解 $\mathcal{X}_i^{l+1}$：

$$\begin{aligned}\mathcal{X}_i^{l+1} &= \arg\min_{\mathcal{X}} \mathcal{L}(\mathcal{X}_i^l, \mathcal{D}^{l+1}, \mathcal{Z}^{l+1}, \mathcal{W}^{l+1}, \mathcal{Y}_i^l) \\ &= \langle \mathcal{Y}_1^l, \mathcal{X}_1^l - \mathcal{D}^{l+1} \rangle + \frac{\rho}{2} \| \mathcal{X}_1^l - \mathcal{D}^{l+1} \|_F^2 + \\ &\quad \langle \mathcal{Y}, \mathcal{X}_2^l - \mathcal{Z}^{l+1} \rangle + \frac{\rho}{2} \| \mathcal{X}_2^l - \mathcal{Z}^{l+1} \|_F^2 + \\ &\quad \langle \mathcal{Y}_3^l, \mathcal{X}_3^l - \mathcal{W}^{l+1} \rangle + \frac{\rho}{2} \| \mathcal{X}_3^l - \mathcal{W}^{l+1} \|_F^2 \\ &= \sum_{i=1}^{3} \left[(\mathcal{D}^{l+1} + \mathcal{Z}^{l+1} + \mathcal{W}^{l+1}) - \frac{1}{\rho} \mathcal{Y}_i^l \right]\end{aligned} \tag{9-12}$$

加上剩余约束条件 $\mathcal{P}_\Omega(\mathcal{X}_i) = \mathcal{P}_\Omega(\mathcal{M}_i)$，$\mathcal{X}_i^{l+1}$ 如下：

$$\mathcal{X}_i^{l+1} = \begin{cases} \sum_{i=1}^{3} \left[(\mathcal{D}^{l+1} + \mathcal{Z}^{l+1} + \mathcal{W}^{l+1}) - \frac{1}{\rho} \mathcal{Y}_i^l \right] \\ \text{s.t. } \mathcal{P}_\Omega(\mathcal{X}_i^l) = \mathcal{P}_\Omega(\mathcal{M}_i^l) \end{cases} \tag{9-13}$$

去除约束条件，取原始观测点位置的元素替换补全张量中观测点位置的元素，$\mathcal{X}_i^{l+1}$ 如下：

$$\mathcal{X}_i^{l+1} = \sum_{i=1}^{3} \left[(\mathcal{D}^{l+1} + \mathcal{Z}^{l+1} + \mathcal{W}^{l+1}) - \frac{1}{\rho} \mathcal{Y}_i^l \right]_{\bar{\Omega}} + \mathcal{P}_\Omega(\mathcal{M}) \tag{9-14}$$

(3) 更新 $\mathcal{Y}_i^{l+1}$：

$$\mathcal{Y}_i^{l+1} = \mathcal{Y}_i^l + \rho[a_1(\mathcal{D}^{l+1} - \mathcal{X}_1^{l+1}) + a_2(\mathcal{Z}^{l+1} - \mathcal{X}_2^{l+1}) + a_3(\mathcal{W}^{l+1} - \mathcal{X}_3^{l+1})] \tag{9-15}$$

设置迭代次数，对于每次的迭代按照上述步骤进行更新，寻求模型最优解，于是 LRTC-P2TN 算法的伪代码如下：

算法 9-1：LRTC-P2TN 算法

输入：$\mathcal{X} \geqslant \mathbf{0}$，$\mathcal{R}_\Omega(\mathcal{M}_i) = \mathcal{P}_\Omega(\mathcal{X}_i)$，$\mathcal{Y}_i = \mathbf{0}$，$\rho$，$k$，$\lambda$

输出：补充后的 $\mathcal{X}$

For $i=1$ to k

  利用式(9-9)计算 $\mathcal{D}^{l+1}$

  利用式(9-10)计算 $\mathcal{Z}^{l+1}$

  利用式(9-11)计算 $\mathcal{W}^{l+1}$

  利用式(9-14)计算 $\mathcal{X}_i^{l+1}$

  利用式(9-15)计算 $\mathcal{Y}_i^{l+1}$

  If $\frac{\| \mathcal{X}^{l+1} - \mathcal{X}^l \|_F^2}{\| \mathcal{P}_\Omega(\mathcal{X}) \|_F^2} < \varepsilon$ then

  break

  End if

End for

在整个数学模型的构建与求解过程中，并未考虑噪声的影响，LRTC-P2TN 算法仅考虑了给定数据的重构精度问题。

9.3.3　多源数据融合张量补全框架

多源数据融合补全框架的核心是 LRTC-P2TN 模块，如图 9-3 所示，将具有关联关系的不同来源的数据表示为张量并设置不同的缺失率，经过 LRTC-P2TN 模块补全，得到最终的补全数据。在模型中，截断 $\ell_{2,p}$ 范数在补全算法中保障了算法的收敛性。

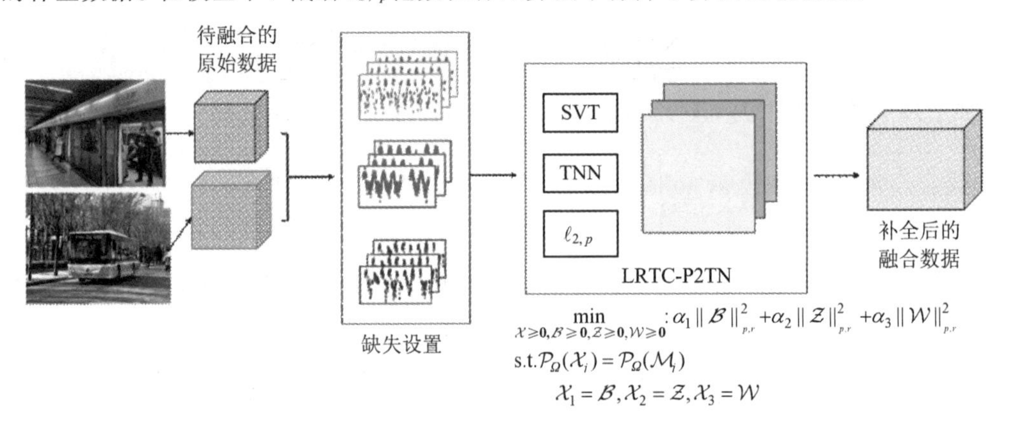

图 9-3　多源数据融合张量补全框架

9.4　实验过程及分析

9.4.1　数据准备

实验数据包括两组：一组是深圳通数据(SZ)，另一组是北京智能卡数据(BJ)。

深圳通数据为 2013 年 10 月 22 日一天的智能卡数据，包括了 117 个站点乘坐公交以及地铁数据。通过统计汇总各站点的乘客乘坐人数以及转乘信息，构造了站点×时间间隔×地铁入站客流量×地铁转乘公交客流量 4 维数据，其中第 4 个字段根据每个用户的 ID 号以及时间的先后，分析转乘关系。地铁入站客流量的统计以 5 min 为时间间隔。测试实验分为单源数据补全和多源数据补全。单源数据是由时间间隔×地铁入站流量×站点组成的 3 维数据，多源数据是时间间隔×地铁入站流量×公交转乘流量×站点的 4 维数据。通过单源数据补全与多源数据补全的 RSME 和 MAPE 值，验证融合公交数据后对仅使用地铁数据补全是否有辅助提高效果。

北京智能卡数据包含 2019 年 5 月 1 日至 2019 年 5 月 10 日数据，包括了 239 个站点，与深圳通数据一样的处理过程，以 5 min 为时间间隔构成时间间隔×地铁入站客流量×公交转乘地铁客流量×站点的 4 维数据。

9.4.2　单源数据缺失补全实验

实验数据选取北京 2019 年 5 月 6 日地铁与公交数据，以及深圳 2013 年 10 月 22 日智能卡数据。图 9-4、图 9-5 所示为两组数据的可视化结果，横坐标表示站点，纵坐标表示各时间间隔的客流量。从图中可以看出，5 月 6 日北京地铁数据的周期性更加明显，具有明显的早晚高峰。

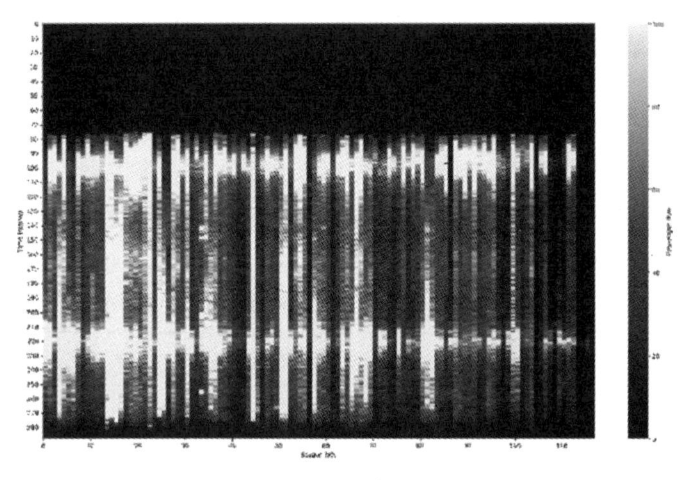

图 9-4　深圳地铁客流量数据

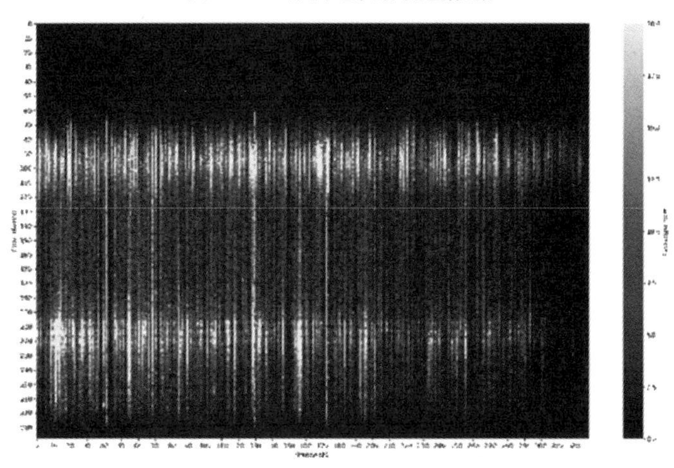

图 9-5　北京地铁客流量数据

先考虑地铁客流量数据的单源数据实验。实验数据使用站点、时间间隔、地铁客流量三维数据，截断值设置为 4.5，ρ 为每次的迭代步长，设置初始的迭代步长 $\rho=1.15$，设置 ρ 的最大值 ρ_{max} 为 1e5，在每次的迭代更新中，通过 $\rho=\min\{1.05\rho, \rho_{max}\}$来对 ρ 进行更新，迭代次数设置为 150。为记录方便、准确，表 9-5 中的数据为将 MAPE 扩大 10 倍，缺失率分别为 10%、30%、50%、70%时的 LRTC-P2TN 算法的补全结果。

表 9-5 单源数据随机缺失补全 RMSE/MAPE

数据集	缺失率			
	10%	30%	50%	70%
SZ	30.52/37.01	26.13/40.16	32.81/62.08	50.37/83.48
BJ	3.25/5.75	3.25/5.82	3.31/5.90	3.93/6.05

9.4.3 多源缺失数据补全实验

实验数据仍然选取北京 2019 年 5 月 7 日地铁与公交数据，以及深圳 2013 年 10 月 22 日智能卡数据。将测试数据构建为地铁站名、时间、地铁站点客流量、公交站点客流量 4 维张量数据。数据缺失处理时设置地铁客流量数据缺失，公交客流量数据不缺失。实验测试数据参数与单源数据一样。

表 9-6 多源数据随机缺失补全 RMSE/MAPE

数据集	缺失率			
	10%	30%	50%	70%
SZ	22.74/32.23	20.39/36.83	25.12/47.74	26.77/48.17
BJ	3.15/5.76	3.20/5.73	3.28/5.87	3.86/6.02

对比表 9-5 和表 9-6，可以看出融合了公交数据多源数据的补全效果要优于单源地铁数据补全效果。

图 9-6 和图 9-7 所示分别为缺失率为 50%时，路段 7 上单源数据与多源数据缺失数据补全后的效果。从图中可以看出，融合公交转乘数据后提高了算法对数据整体趋势的捕获。

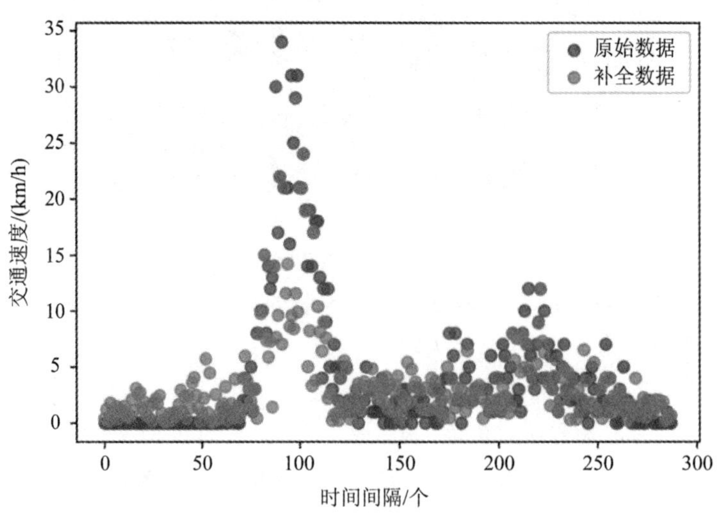

图 9-6 单源数据补全效果

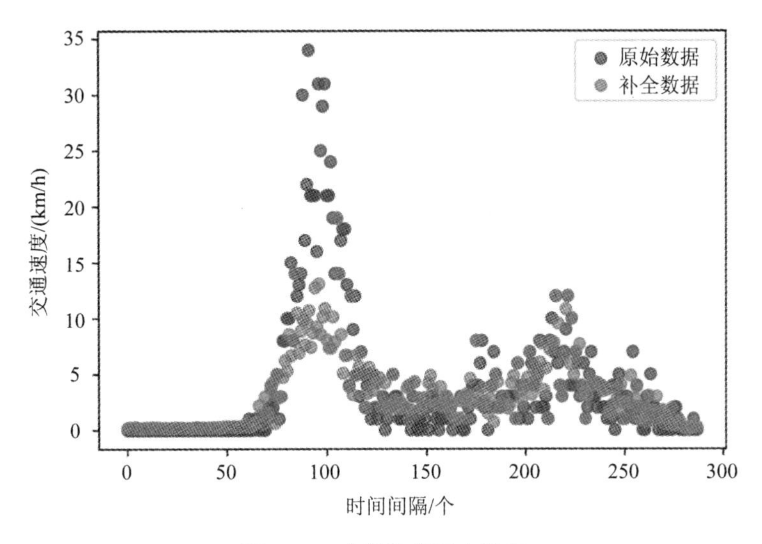

图 9-7　多源数据补全效果

9.4.4　LRTC-P2TN 算法模型与其他模型比较

将本文提出的模型与 LATC、BGCP、NWLRTC、BTTF 模型进行比较。LATC 是基于自回归的低秩张量补全算法。BGCP 是一种利用马尔可夫链的蒙特卡罗学习潜在因子矩阵(即低秩结构)的全贝叶斯张量分解模型。BTTF 将低秩矩阵/张量分解和向量自回归(VAR)过程集成到一个概率图模型中进行求解。NWLRTC 是一种非负多向加权低秩补全张量方法。

在数据集 BJ 上，分别运行各基线算法。缺失率设置为 20%、30%、40%、50%、60%、70%、80%；ρ 为迭代步长，初始设 $\rho=1e-5$，通过 $\rho=\min\{1.05\rho, \rho_{max}\}$来对 ρ 进行更新；ε 为收敛精度，初始设 $\varepsilon=1e-4$。实验中发现，在随机缺失方式下，设 $\rho=1e-4$，$\varepsilon=1e-3$，会得到更好的收敛速度和补全精度。图 9-8 所示是各算法在随机缺失方式下不同缺失率的 RMSE。对比计算结果可以看出，相比于 LATC、BGCP、NWLRTC、BTTF 模型，LRTC-P2TN 算法模型在缺失率为 20%～60%时的补全精度都优于其他模型，在缺失率为 70%、80%时 MAPE 优于其他算法，但 RMSE 较高(见表 9-7)。

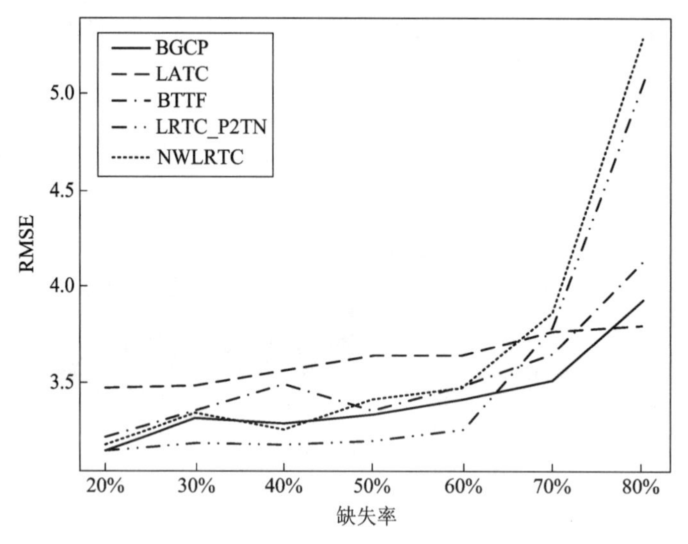

图 9-8 不同缺失率各模型 RMSE 值

表 9-7 随机缺失各模型 RMSE/MAPE 对比

缺失率	LATC	BGCP	BTTF	NWLRTC	LRTC-P2TN
20%	3.47/6.50	3.15/**5.53**	3.22/5.55	3.17/5.73	**3.15**/5.76
30%	3.48/6.69	3.31/5.65	3.35/**5.55**	3.34/5.84	**3.18**/5.63
40%	3.56/6.68	3.28/**5.55**	3.49/5.67	3.25/5.87	**3.17**/5.78
50%	3.64/6.92	3.33/**5.72**	3.36/5.74	3.41/5.95	**3.19**/5.83
60%	3.64/7.03	3.41/**5.82**	3.48/5.96	3.47/6.10	**3.26**/5.85
70%	3.77/7.32	**3.51**/6.13	3.64/6.17	3.86/6.05	3.78/**5.99**
80%	**3.79**/7.31	3.93/6.93	4.12/6.95	5.29/5.96	5.06/**5.79**

本章小结

多源数据可以对单源数据起到辅助作用，尤其是当单源数据存在大量缺失时，有关联关系的数据间可以有效地对缺失数据进行补全。本章构建了地铁与公交转乘的 4 阶张量数据，通过实验验证了加入公交转乘数据的多源数据比仅使用地铁数据的单源数据的补全精度高。张量是高维数据的自然表示，基于张量的多源数据融合具有数据表示简单、补全精度高的优势。低秩张量补全采用截断 $\ell_{2,p}$ 范数作为秩最小化问题的替代方法，综合了截断核范数与 $\ell_{2,p}$ 范数的优点，在对秩最小化问题的逼近过程中比单一范数更为紧致。

参考文献

[1] ROY D, LI Y, JIAN T, et al. Multi-modality sensing and data fusion for multi-vehicle detection[J]. IEEE transactions on multimedia, 2022, 25: 2280-2295.

[2] SENEL N, KEFFERPÜTZ, DOYCHEVA K, et al. Multi-sensor data fusion for real-time multi-object tracking[J]. Processes, 2023, 11(2): 501.

[3] CHEN R, NING J, LEI Y, et al. Mixed traffic flow state detection: a connected vehicles assisted roadside radar and video data fusion scheme[J]. IEEE open journal of intelligent transportation systems, 2023(4): 360-371.

[4] LIN L, LI J, CHEN F, et al. Road traffic speed prediction: a probabilistic model fusing multi-source data[J]. IEEE transactions on knowledge and data engineering, 2017,30(7): 1310-1323.

[5] ZIßNER P, RETTORE P H L, SANTOS B P, et al. DataFITS: a heterogeneous data fusion framework for traffic and incident prediction[J]. IEEE transactions on intelligent transportation systems, 2023, 24(10): 11466-11478

[6] JI B, et al. , SWIPT enabled intelligent transportation systems with advanced sensing fusion[J]. IEEE sensors journal, 2021,21(14): 15643-15650.

[7] SATISH V, KUMAR PAR Variance based data fusion for k-means++[C]. 2017 2nd International Conference for Convergence in Technology (I2CT). IEEE, 2017.

[8] ZHANG W, QI Y, ZHOU Z, et al. A method of speed data fusion based on bayesian combination algorithm and markov model[J]. Iet intelligent transport systems, 2018, 12(10):1312-1321.

[9] SOFUOGLU S E, AVIYENTES. Graph Regularized Tensor Train Decomposition [C]. ICASSP 2020-2020 IEEE International Conference on Acoustics, Speech and Signal Processing (ICASSP). IEEE, 2020.

[10] SHEN G, HAN X, ZHOU J, et al. Research on intelligent analysis and depth fusion of multi source traffic data[J]. IEEE access, 2018(6): 59329-59335.

[11] XING, J P. A customized data fusion tensor approach for interval-wise missing network volume imputation[C]. IEEE Transactions on Intelligent Transportation Systems, 24(11): 12107-12122, 2023.

[12] RESPATI S, CHUNG E, ZHENG Z, et al. ABAFT: an adaptive weight-based fusion technique for travel time estimation using multi-source data with different confidence and spatial coverage[J]. Journal of intelligent transportation systems, 2023: 1-14.

[13] 赵刚. 大数据技术与应用实践指南[M]. 北京:电子工业出版社, 2013.

[14] ZHAO Y M. Nonnegative low-rank tensor completion method for spatiotemporal traffic data[J]. Multimedia tools and applications, 2023: 1-16.